智慧製造系統與
智慧工廠

王進峰 著

崧燁文化

前言

　　製造業是國民經濟的支柱產業，是衡量國家綜合實力的重要標誌。 近年來，隨著科學技術的進步，大量新技術、新思想不斷湧入製造業，形成了新產業模式、新經濟形態。 各國製造業只有不斷創新製造模式，才能在國際競爭中取得領先優勢。 在此背景下，各國政府或工業團體先後出臺政策，提升工業能力，應對新一輪「工業革命」。 2012 年，德國提出「工業 4.0」，發揮德國在製造技術和製造裝備的傳統優勢，將製造業和互聯網等技術融合，圍繞「智慧工廠」和「智慧生產」兩大方向，形成了工業互聯網，以保持德國在世界領先地位。 2013 年，美國提出的「工業互聯網」策略，透過對製造領域的不同環節植入智慧感測器，結合互聯網、大數據、雲端運算技術，感知製造即時資料，實現了對製造系統的精準計劃與控制，促進了工業轉型升級。 2015 年，中國國務院發布了「中國製造 2025」國家規劃，強調了資訊技術和製造技術的深度融合是新一輪產業競爭的製高點，而智慧製造則是搶占這一製高點的主攻方向。

　　近年來，在中國自然科學基金、「雙一流」專案等的資助下，作者所在團隊在智慧製造系統，尤其是製造執行系統領域做了一些研究工作，本書將研究工作中取得的成果進行歸納和總結，從切削參數智慧優選、智慧工藝規劃、智慧製造工廠及調度、工藝規劃與工廠調度智慧集成四個方面系統地介紹了製造系統的智慧化技術及應用。 本書突出理論與實踐相結合。 理論部分較為清晰地闡述了製造系統智慧化的基礎問題，包括智慧製造核心技術，切削參數優化、工藝優化和調度的基本理論和模型，智慧製造工廠模型的基本概念、智慧優化方法等。 實踐部分列舉了大量研究案例，力圖較為清晰地論證基本理論和基礎知識。 每一章均有典型的案例，使讀者更好地理解和掌握基本理論和基礎知識。

本書在撰寫過程中，作者所在團隊的范孝良、儲開宇、康文利、丁海民給予了大力支持。 本書中的圖表由潘麗娟和李克英繪製。 感謝瀋陽機床的牟恩旭和周昱晟提供了部分案例。 本書在撰寫過程中得到了許多專家學者的鼓勵和支持，借鑒了國內外許多知名學者的研究成果，在此表示衷心的感謝！

本書內容涉及智慧製造關鍵技術，覆蓋面廣。 而目前智慧製造還處在起步和摸索階段，相關理論、方法和技術還在不斷完善中。 隨著中國智慧製造試點示範工程的不斷推進，高校等科研機構與產業聯合不斷深入，智慧製造關鍵技術將在實際應用過程中日益完善。 儘管本書是作者所在團隊研究工作的總結，但是水準有限，書中難免存在不妥之處，懇請各位專家與讀者給予批評與指正。

王進峰

目錄

85　第 3 章　智慧工藝規劃

136　第 4 章　智慧製造工廠及調度

193　第 5 章　工藝規劃與工廠調度智慧集成

232　第 6 章　智慧製造系統案例分析

279　附錄

第1章

智慧製造總論

1.1 智慧製造概述

智慧製造（intelligent manufacturing，IM）簡稱智造，源於人工智慧的研究成果，是一種由智慧機器和人類專家共同組成的人機一體化智慧系統。該系統在製造過程中可以進行諸如分析、推理、判斷、構思和決策等智慧活動，同時基於人與智慧機器的合作，擴大、延伸並部分地取代人類專家在製造過程中的腦力勞動。智慧製造更新了自動化製造的概念，使其向柔性化、智慧化和高度集成化擴展。

科技部在 2012 年 3 月發布的「智慧製造科技發展'十二五'專項規劃」中指出，智慧製造技術是在現代感測技術、網路技術、自動化技術、擬人化智慧技術等先進技術的基礎上，透過智慧化的感知、人機互動、決策和執行技術，實現設計過程、製造過程和製造裝備智慧化，是資訊技術和智慧技術與裝備製造過程技術的深度融合與集成。因此，智慧製造技術是指一種利用電腦模擬製造專家的分析、判斷、推理、構思和決策等智慧活動，並將這些智慧活動與智慧機器有機融合，使其貫穿應用於製造企業的各個子系統（如經營決策、采購、產品設計、生產計劃、製造、裝配、品質保證和市場銷售等）的先進製造技術。該技術能夠實現整個製造企業經營運作的高度柔性化和集成化，取代或延伸製造環境中專家的部分腦力勞動，並對製造業專家的經驗資訊進行收集、儲存、完善、共享、繼承和發展，從而極大地提高生產效率。

智慧製造系統是一種由部分或全部具有一定自主性和合作性的智慧製造單元組成的、在製造活動全過程中表現出類人智慧行為的製造系統，是先進製造技術、資訊技術和智慧技術在裝備產品上的集成和融合，展現了製造業的智慧化、數位化和網路化。其最主要的特徵在於工作過程中對知識的獲取、表達與使用。根據其知識來源，智慧製造系統可分為如下兩類。

① 以專家系統為代表的非自主式製造系統。該類系統的知識由人類的製造經驗知識總結歸納而來。

② 建立在系統自學習、自演化與自組織基礎上的自主型製造系統。該類系統可以在工作過程中不斷自主學習、完善與演化原有的知識，具有強大的適應性以及高度開放的創新能力。

隨著以神經網路、遺傳算法等深度學習技術為代表的人工智慧技術的發展，智慧製造系統正逐步從非自主式製造系統向具有自學習、自演化與自組織的持續發展能力的自主式智慧製造系統過渡發展。

1.2 智慧製造核心技術

　　智慧製造包含以下核心技術：工業機器人、3D 列印技術、RFID 技術（radio frequency identification，射頻識別技術）、無線感測器網路技術、物聯網與資訊物理融合系統、工業大數據、雲端運算技術、虛擬現實技術、人工智慧技術。在核心技術中，工業機器人、3D 列印是兩大硬體工具，RFID 技術和無線感測器網路技術是用於互聯互通的兩大通訊手段，物聯網、工業大數據和雲端運算是基於分散式分析和決策的三大基礎，而虛擬現實與人工智慧是面向未來的兩大牽引技術。

1.2.1 工業機器人

　　國際機器人聯合會（International Federation of Robotics，IFR）將機器人定義如下：機器人是一種半自主或全自主工作的機器，它能完成有益於人類的工作，應用於生產過程的稱為工業機器人，應用於特殊環境的稱為專用機器人（特種機器人），應用於家庭或直接服務人的稱為（家政）服務機器人[1]。國際標準化組織（International Organization for Standardization，ISO）對機器人的定義為「機器人是一種自動的、位置可控的、具有編程能力的多功能機械手，這種機械手具有幾個軸，能夠藉助於可編程序操作處理各種材料、零件、工具和專用裝置，以執行種種任務」。按照 ISO 的定義，工業機器人是面向工業領域的多自由度機器人，是靠自身動力和控制能力來自動實現各種功能的一種機器裝置[2]；它接受人類的指令後，將按照設定的程序作業。工業機器人的典型應用包括焊接、噴塗、組裝、採集和放置（例如包裝和碼垛等）、產品檢測和測試等[3]。根據美國 2013 年 3 月發布的機器人發展路線圖[4]，具有一定智慧的可移動、可作業的設備與裝備稱為機器人，如智慧吸塵器、智慧割草機、智慧家居、Google 無人車等都被認為是機器人。工業機器人按照用途通常分為以下幾類[5,6]。

　　① 行動機器人　行動機器人（automated guided vehicle，AGV）具有移動、自動導航、多感測器控制等功能，它廣泛應用於機械等行業的柔性搬運、傳輸等功能，也用於自動化立體倉庫、柔性加工和裝配系統，同時可在車站、機場、郵局的物品分揀中作為運輸工具，是智慧物聯網、智慧倉庫的重要組成部分。

②　焊接機器人　在汽車生產的流水線上，焊接機器人被用來代替人完成自動焊接工作。主要包括點焊機器人和弧焊機器人。點焊機器人主要應用於汽車整車的焊接工作，165公斤級點焊機器人是當前汽車焊接中最常用的一種機器人。弧焊機器人主要應用於各類汽車零部件的焊接生產。焊接機器人具有性能穩定、工作空間大、運動速度快和負荷能力強等特點，焊接品質明顯優於人工焊接，顯著提高了焊接作業的效率。

③　雷射加工機器人　雷射加工機器人是將機器人技術應用於雷射加工中，透過高精度工業機器人實現更加柔性的雷射加工作業。

④　真空機器人　真空機器人是一種在真空環境下工作的機器人，主要應用於半導體工業中，實現晶圓在真空腔室內的傳輸。

⑤　潔淨機器人　潔淨機器人是一種在潔淨環境中使用的工業機器人。隨著生產技術水準不斷提高，其對生產環境的要求也日益苛刻，很多現代工業產品生產都要求在潔淨環境進行，潔淨機器人是潔淨環境下生產需要的關鍵設備。

智慧製造是工業機器人產品的延伸，是現代生產中各種高技術產品的集成。而工業機器人是實現智慧製造裝備升級，提升中國製造業整體實力，真正實現「智慧製造」的關鍵環節。工業機器人在智慧化的發展歷程中主要需要解決以下核心技術[7]。

（1）高精度的運動和定位技術

透過高精度的感測器及創新的運動機構設計，使機器人到達人手級別的觸覺感知陣列；透過高精度液壓、電氣系統，使工業機器人具備執行複雜製造環境下的靈活動力性能；在執行機構的高精度和高效率方面，透過改進機械裝置、選擇先進材料、安裝智慧感測器等手段，提高工業機器人的精度、可重複性、解析度等各項性能。創新工業機器人的外骨骼、智慧假肢等機構，使得工業機器人有著較高的負載比、較低排放的執行器、人與機械之間自然的互動機構等。

（2）工業機器人自主導航技術

在由靜態障礙物、車輛、行人和動物組成的非結構化環境中實現安全的自主導航，如裝配生產線上對原材料進行裝卸處理的搬運機器人、原材料到成品高效運輸的AGV工業機器人以及類似於入庫儲存和調配的後勤操作、採礦和建築裝備的工業機器人均離不開相關的關鍵技術，需要進一步深入研發和技術攻關。一個典型的應用為無人駕駛汽車的自主導航，透過研發實現在有清晰照明和路標的任意現代化城鎮上行駛，並展示出其在安全性方面可以與有人駕駛的車輛相提並論。

（3）工業機器人環境感知與感測技術

未來的工業機器人將大大提高工廠的感知系統，以檢測機器人及周圍設備的任務進展情況，能夠及時檢測部件和產品組件的生產情況、估測出生產人員的情緒和身體狀態，需要高精度的觸覺、力覺感測器和圖像解析算法，重大的技術挑戰包括非侵入式的生物感測器及表達人類行為和情緒的模型。透過高精度感測器構建用於裝配任務和追蹤任務進度的物理模型，以減少自動化生產環節中的不確定性。多品種小批量生產的工業機器人將更加智慧、更加靈活，而且可在非結構化環境中運行，並且這種環境中有人類生產者參與，從而增加了對非結構化環境感知與自主導航的難度。

（4）工業機器人的人機互動技術

未來工業機器人的研發中越來越強調新型人機合作的重要性，需要研究全浸入式圖形化環境、三維全像環境建模、真實三維虛擬現實裝置以及力、溫度、振動等多種物理作用效應。為了達到機器人與人類生活行為環境以及人類自身和諧共處的目標，需要解決的關鍵問題包括：機器人本質安全問題，保障機器人與人、與環境間的絕對安全共處；任務環境的自主適應問題，自主適應個體差異、任務及生產環境；多樣化作業工具的操作問題，靈活使用各種執行器完成複雜操作；人機高效協同問題，機器人準確理解人的需求並主動協助。在生產環境中，注重人類與機器人之間互動的安全性。根據終端使用者的需求設計工業機器人系統以及相關產品和任務，將保證自然人機互動，不僅安全，而且效益更高。

（5）基於即時操作系統和高速通訊總線的工業機器人開放式控制系統

基於即時操作系統和高速通訊總線的工業機器人開放式控制系統，採用基於模組化結構的機器人的分散式軟體結構設計，實現機器人系統不同功能之間無縫連接，透過合理劃分機器人模組，降低機器人系統集成難度，提高機器人控制系統軟體體系的即時性；攻克現有機器人開源軟體與機器人操作系統的兼容性、工業機器人模組化軟硬體設計與介面規範及集成平臺的軟體評估與測試方法、工業機器人控制系統硬體和軟體開放性等關鍵技術；綜合考慮總線即時性要求，攻克工業機器人伺服通訊總線，針對不同應用和不同性能的工業機器人對總線的要求，攻克總線通訊協議、支持總線通訊的分散式控制系統體系結構，支持典型多軸工業機器人控制系統及與工廠自動化設備的快速集成。

1.2.2　3D 列印技術

　　3D 列印技術是快速成型製造技術的一種。其成型原理可透過圖 1-1 描述[8]：

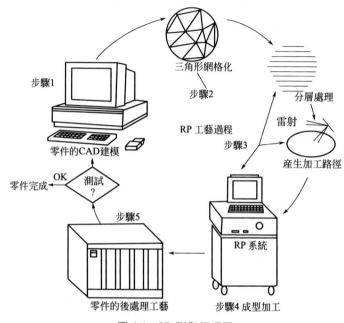

圖 1-1　3D 列印原理圖

　　從圖中可看出 3D 列印的工藝過程如下：

　　第一步，三維建模。可直接透過三維建模軟體構建，也可透過產品實體掃描後，透過點雲資料反求三維模型。

　　第二步，三角形網格化。根據 3D 列印領域的準工業標準 STL 文件格式，對三維模型的表面曲面進行平面化處理，透過一些較小的三角形面片擬合三維實體表面曲面。

　　第三步，分層處理。為了獲得用以驅動 3D 列印的 G 代碼，需要獲得截面的輪廓資料和填充資料，因此需要對第二步生產的 STL 文件進行分層處理，並將分層處理後獲得資料透過軟體生成 G 代碼。

　　第四步，成型加工。3D 列印機按照第三步生成的 G 代碼一層一層列印堆積零件。

　　第五步，後處理。根據成型工藝不同，對成型件進行打磨、拋光和

燒結等處理，以獲得最終產品。

由於 3D 列印技術採用分層製造、逐層疊加的原理製造零件，使短時間內製造出實體零件成為可能，被稱為 21 世紀最有前途的技術之一。根據成型材料及成型工藝原理的區別，3D 列印技術可分為立體光固化成型法（SLA）、分層實體製造法（LOM）、熔融沉積成型法（FDM）、選擇性雷射燒結法（SLS）以及三維印刷法（3DP）[9]。

立體光固化成型法（SLA）　該法由電腦控制雷射束照射液槽中的液態光敏樹脂，光敏樹脂快速固化，形成與三維模型對應截面相同的一層輪廓；然後工作檯下降到第 2 層截面處，雷射束再對光敏樹脂進行固化，第 2 層固化樹脂會牢固地黏在前一層上；不斷重複上述過程，即可製成整個實體零件。

分層實體製造法（LOM）　該法由熱壓輥將薄型材料（如底面塗膠的滾筒紙或金屬箔等）加熱連接，再由 CO_2 雷射束切割成要求的層面形狀。LOM 法可製造 SLA 工藝難以製造的大型模型和厚壁樣件，並便於進行簡單的設計構思和功能分析，但製出的零件強度較低。

熔融沉積成型法（FDM）　該法由電腦控制噴頭按三維模型的層面幾何資訊擠出熱塑膠，由下至上製造出實體樣件。FDM 法的最大特點是速度快。

選擇性雷射燒結法（SLS）　該法由電腦控制雷射根據截面幾何資訊對材料粉末進行掃描，被掃描到的粉末先熔化，然後凝固在一起。用 SLS 法製造的零件精度高、強度高，所以可用樣件進行功能試驗或裝配模擬。

三維印刷法（3DP）　該法是在粉末層上按零件截面形狀有選擇地噴上黏結劑，然後再噴一層粉末材料，重複上述步驟，最後將製成的零件放入爐中燒結，使之得到強化。用 3DP 法製造的零件強度較高，所以可將該法用於模具製造，但製出的模具表面精度仍然不能滿足高精度模具的要求。

1.2.3　RFID 技術

射頻識別技術（RFID）是一種非接觸的自動識別技術，其基本原理是利用射頻訊號或空間耦合的傳輸特性，實現對物體或商品的自動識別。1948 年，Harry Stockman 發表的《利用反射功率通訊》一文，奠定了 RFID 的理論基礎。RFID 系統一般由標籤、讀寫器和中央處理單元三個部分組成。標籤由耦合天線及晶片構成，每個標籤具有唯一

的電子產品代碼（EPC），並附著在標識的物體上。讀寫器用於讀寫標籤資訊，其外接天線可用於收發無線射頻訊號。中央處理單元包括中間件和資料庫等，用以對讀寫的標籤資訊進行處理，其系統組成框架如圖 1-2 所示。

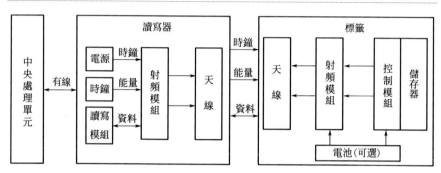

圖 1-2　RFID 技術原理

　　該技術同其他的自動識別技術，例如條形碼技術、光學識別和生物識別技術，包括虹膜、面部、聲音和指紋識別技術相比，具有抗干擾能力強、資訊量大、非視覺範圍讀寫和壽命長等優點，被廣泛應用於物流、供應鏈、動物和車輛識別、門禁系統、圖書管理、自動收費和生產製造等領域，被稱為 21 世紀最有發展前途的資訊技術之一。RFID 技術與製造技術相結合，能夠實現各種生產資料採集的自動化和即時化，及時掌握生產計畫和 MES（manufacturing execution system，製造執行系統）的運行狀態；能夠有效地追蹤、管理和控制生產所需資源和在製品，實現生產過程的視覺化管理；能夠加強生產現場物料調度的準確性和及時性，加強過程監控，提高 MES 的整體運行效率。

　　近年來，RFID 技術的開發及其在製造業的應用研究得到了學術界和產業界的雙重關注，RFID 系統在國外製造業領域已得到較為廣泛應用。國際知名大企業（如福特、豐田、BMW 等）已紛紛在汽車生產線上使用 RFID 系統，實現在製品追蹤和生產狀態監控[10]。德國漢莎公司也利用 RFID 追蹤飛機引擎、飛行器零部件，以提高維修效率。美國通用公司也將 RFID 等物聯網技術應用於航空引擎全生命週期管理。市場調查研究公司 AMR 在其研究報告中指出，採用 RFID 等資訊技術對生產資料能夠精確管理和明顯提高供應鏈性能，從而減少 15％的庫存量，訂單率提高 17％以上，生產循環週期縮短 35％[11,12]。日本歐姆龍公司和德國的巴魯夫都有多系列的成套 RFID 硬體產品及相關配套軟體。美國賓州大學的

研究者們提出把 RFID 技術應用於刀具供應鏈管理，透過 RFID 技術與 ERP（enterprise resource planning，企業資源規劃）、MES、績效管理系統和數控加工中心集成，可以極大地減小人工輸入工作量，透過降低手動輸入錯誤和減少資料匯入時間，減少了數控設備停機時間。NT、KELCH、ZULER 等對刀儀與刃具系統製造商已經成功地把 RFID 系統集成到了對刀儀中。瑞典公司開發的托馬斯（THOMAS）系統，不僅可以顯示上萬件刀具及輔具中任何一件在生產中的周轉情況，以用於指導刀具和輔具安裝、刃磨和尺寸檢查，還可以預報任何一把刀具的壽命，這使得更換產品所引起的停機時間大大縮短。中國也有部分企業已經開始在利用 RFID 系統提高生產效率，實現了精益管理。大連機床（數控）股份有限公司利用 RFID 系統在加工工廠測試刀具管理進行了生產驗證，結果表明該系統可以有效地提高工廠刀具的使用效率，解決刀具的相關問題，可以很大程度緩解刀具使用混亂造成的資源浪費問題，有效降低刀具使用成本，保證工廠生產的高品質和高可靠性。青島海爾公司的冰箱生產線上也已經開始投入使用工業級讀寫器進行產品採集。武漢華威科智慧技術有限公司針對 RFID 技術在製造、防偽、石油開採、家電等行業的應用需求，先後開發了耐高溫高壓、長壽命、抗金屬、雷射全像 RFID 標籤等特種 RFID 標籤，並在三一重工、上汽通用五菱、美的集團等中國龍頭企業製造過程管理中獲得成功應用。同時，RFID 系統也在中國服裝製造、捲菸製造、汽車引擎製造等生產線上獲得應用，日生產效率提高 10％，且生產品質事故下降 80％以上。相比國外來講，中國的應用水準還處在初級階段，多局限於把 MES 和 RFID 資料集成，以全程監測生產過程。

1.2.4　無線感測器網路技術

　　無線感測器網路（wireless sensor network，WSN）是由大量靜止或移動的感測器以自組織和多跳的方式構成的無線網路，以合作地感知、採集、處理和傳輸網路覆蓋地理區域內被感知對象的資訊，並最終把這些資訊發送給網路的所有者。無線感測器網路具有眾多類型的感測器，可探測包括地震、電磁、溫度、溼度、噪音、光強度、壓力、土壤成分、移動物體的大小、速度和方向等周邊環境中多種多樣的現象。無線感測器網路具有以下特點。

　　① 大規模　感測器網路的大規模性包括兩方面的含義：一方面是感測器節點分布在很大的地理區域內，如在原始大森林採用感測器網路進

行森林防火和環境監測，需要部署大量的感測器節點；另一方面，感測器節點部署很密集，在面積較小的空間內，密集部署了大量的感測器節點。

② 自組織　在感測器網路中的感測器節點具有自組織的能力，能夠自動進行分配和管理，透過拓撲控制機製和網路協議自動形成轉發監測資料的多跳無線網路系統。

③ 動態性　感測器網路的拓撲結構可能因為下列因素而改變：環境因素或電能耗盡造成的感測器節點故障或失效；環境條件變化可能造成無線通訊鏈路帶寬變化，甚至時斷時通；感測器網路的感測器、感知對象和觀察者這三要素都可能具有移動性；新節點的加入。因此，要求感測器網路系統要能夠適應這些變化，具有動態的系統可重構性。

④ 集成化　感測器節點的功耗低，體積小，價格便宜，實現了集成化。

1.2.5　物聯網與資訊物理融合系統

1999 年，麻省理工學院自動識別中心（MIT Auto ID Center）較早給出的「物聯網」定義為：在電腦互聯網的基礎上，利用 RFID、無線資料通訊等技術，構造一個覆蓋世界上萬事萬物的網路（Internet of Things，IoT），以實現物品的自動識別和資訊的互聯共享[13]。2005 年，國際電信聯盟（ITU）發布的《ITU 互聯網報告 2005：物聯網》[14] 中正式給出了物聯網的定義是：透過射頻識別、紅外感應器、全球定位系統、雷射掃描器等資訊感測設備，按約定的協議把任何物品與互聯網連接起來，進行資訊交換和通訊，以實現智慧化識別、定位、追蹤、監控和管理的一種網路。同時指出物聯網是互聯網應用的延伸，「RFID、感測器技術、奈米技術、智慧嵌入技術」將是實現物聯網的四大核心技術。物聯網概念發展至今雖有十餘年，但仍未有一個明確統一的定義。歐盟在 2009 年 9 月公布的一份 CERP-IoT SRA[15]（歐洲物聯網項目策略研究議程，Cluster of European Research Projects on the Internet of Things Strategic Research Agenda）中，將「物聯網」定義為：物聯網將是未來互聯網不可分割的一部分，是一個動態的全球網路架構，它具備基於一定的標準和互用的通訊協議的自組織能力。其中物理的和虛擬的「物」均具有身分標識、物理屬性和虛擬特性，並應用智慧介面可以無縫連接到資訊網路。目前中國較為多見的定義[16] 為：「物聯網，指利用各種資訊感測設備，如射頻識別裝置、紅外感測器、全球定位系統、雷射掃描

等種種裝置與互聯網結合起來而形成的一個巨大網路，其目的就是讓所有的物品都與網路連接在一起，方便識別和管理。且物聯網應該具備三個特性：一是全面感知，即利用各種可用的感知手段，實現隨時即時採集物體動態；二是可靠傳遞，透過各種資訊網路與互聯網的融合，將感知的資訊即時準確可靠地傳遞出去；三是智慧處理，利用雲端運算等智慧計算技術對海量的資料和資訊進行分析和處理，對物體實施智慧化控制。」

與物聯網類似，資訊物理融合系統（cyber-physical system，CPS），也稱為「虛擬網路、實體物理」生產系統，其目標是使物理系統具有計算、通訊、精確控制、遠端合作和自治等能力，透過互聯網組成各種相應自治控制系統和資訊服務系統，完成現實社會與虛擬空間的系統協調。與物聯網相比，CPS 更強調循環回饋，要求系統能夠在感知物理世界之後透過通訊與計算再對物理世界產生回饋控制作用。在這樣的系統中，一個工件就能算出自己需要哪些服務。透過數位化逐步升級現有生產設施，從而實現全新的體系結構。CPS 是一個綜合計算、網路和物理環境的多維複雜系統，透過 3C（computation，communication，control）技術的系統融合與深度合作，實現製造的即時感知、動態控制和資訊服務。CPS 實現計算、通訊與物理系統的一體化設計，可使系統更加可靠、高效、即時協同，具有重要而廣泛的應用前景。CPS 系統把計算與通訊深深地嵌入實物過程，使之與實物過程密切互動，從而給實物系統添加新的能力。物聯網涉及的技術很多，可總結為 8 個方面[17]：物聯網標識技術，物聯網體系架構，物聯網通訊和網路技術，物聯網搜尋和發現服務，物聯網資料處理技術，物聯網安全和隱私技術，物聯網標準，物聯網管理。

1.2.6 工業大數據

大數據一般指體量特別大、資料類別特別大的資料集，在一定時間範圍內無法用常規軟體工具進行捕捉、管理和處理，是需要新處理模式才能具有更強的決策力、洞察力和流程優化能力的海量、高成長率和多樣化的資訊資產。早在 1980 年，未來學家托夫勒在其所著的《第三次浪潮》中熱情稱頌「大數據」為「第三次浪潮的華彩樂章」[18]。而在 2008年，頂級期刊 Nature 推出了「大數據」的封面專欄後，「大數據」逐漸成為熱點詞彙[19]。關於大數據的概念，至少包含三層含義，即「資料量大」「資料類型大」「資料儲存範圍大」。不同研究機構針對大數據的含

義，給出了不同的定義。麥肯錫全球研究院（McKinsey Global Institute, MGI）對大數據技術進行了描述，即：大數據是指無法在一定時間內用傳統資料庫軟體工具對其內容進行抓取、管理和處理的資料集合[20]。美國國家標準與技術研究院（National Institute of Standards and Technology, NIST）定義的大數據是，資料大、獲取速度快或形態多樣的資料，難以用傳統關係型資料分析方法進行有效分析，或者需要大規模的水平擴展才能高效處理[21]。

大數據具有五個主要技術特徵，即大數據的 5V 特徵（IBM）。

① Volume（大量）　資料量大，計量單位從 TB 級別上升到 PB、YB 以上級別。

② Velocity（高速）　在資料量非常龐大的情況，也保持高速的資料即時處理。

③ Variety（多樣）　資料類型豐富多樣，包含生產日誌、圖片、聲音、影片、位置資訊等多元、多維度資訊。

④ Value（低價值密度）　資料資訊海量，但是存在大量的不相關資訊，因此需要利用人工智慧技術進行資料分析和探勘。

⑤ Veracity（真實性）　在由真實世界向邏輯世界和資料世界進行轉換時，基本保持了真實世界原汁原味的資訊。

大數據的產生、分析和使用如圖 1-3 所示。

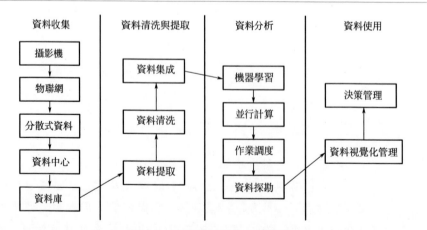

圖 1-3　大數據技術的 4 個階段

從圖中可看出大數據真正為客戶所服務，需要進行一系列的預處理工作，這個預處理的過程就是透過人工智慧技術進行資料分析和探勘的過程。由於大數據技術的廣闊應用前景，到目前為止出現了很多較為成

熟的大數據雲端平臺。表 1-1 是工業大數據發展的三個階段。

表 1-1　工業大數據發展的三個階段

	第一階段	第二階段	第三階段
時間	1990～2000 年	2000～2010 年	2010 年至今
核心技術	遠端資料監控、資料採集與管理	大數據中心和資料分析軟體	資料分析平臺與高級資料分析工具
問題對象/價值	以產品為核心的狀態監控	以使用為核心的資訊服務	以使用者為中心的平臺式服務
商業模式	產品為主的附加服務	產品租賃體系和長期服務合同	按需的個性化自服務模式,共享經濟
代表性企業和技術產品	GM OnStar™,OTIS REM™, GE Medical™ InSite	GE Aviation On-Wing Support,小鬆 Komtrax™,阿爾斯通 Track Tracer™	IMS NI LabVIEW based Watchdog Agent, GE Predix 平臺

　　對於製造業而言，大數據源於製造全生命週期的各個階段，主要包含三大部分：①來自於供應鏈管理系統（SCM），企業資源規劃系統（ERP），製造執行系統（MES）的原始資料；②來自於感測器、RFID、無線 Wi-Fi 等採集的 MES 過程中的動態製造資料；③來自於外部的製造資料，例如其他國家或地域的製造系統回饋資料、互聯網採集的客戶需求資料等。利用上述三方面的資料，建立基於大數據的製造資料分析模型，可以主動、全方位、多維度地分配和優化製造資源。由於製造過程中，資料來源於不同的空間地理位置，透過互聯網、Wi-Fi 和感測器等手段採集的生產過程資料、營運監控資料等，經過資料清洗和資料匯總後，利用資料分析和探勘技術，轉化為驅動製造系統運行的有用資料。同時，各企業系統也將自身形成製造資料，透過製造雲端平臺實現互聯網大數據的應用。

1.2.7　雲端運算技術

　　雲端運算的思想可以追溯到 1960 年代，John McCarthy 曾經提到「運算遲早有一天會變成一種公用基礎設施」。2007 年 10 月 IBM 和 Google 宣布在雲端運算領域的合作後[22]，雲端運算吸引了廣泛的關注，並迅速成為產業界和學術界研究的熱點。在 IBM 的技術白皮書 *Cloud Computing* 中關於雲端運算的描述如下：雲端運算指的是用來

描述一個系統平臺或者一種類型的應用程式。雲端運算平臺能夠按需進行動態的部署、分配、重新分配以及取消服務，可以使用物理伺服器也可使用虛擬伺服器，也包含了儲存區域網路、網路設備、防火牆以及其他安全設備等。雲端運算也是一種可透過互聯網訪問的應用程式，是一種以大規模的資料中心以及功能強勁的伺服器運行的網路應用程式或網路服務，允許任何使用者透過合適的互聯網設備和安全規則訪問雲端運算平臺。

而另一種關於雲端運算的定義為：雲端運算（cloud computing）是基於互聯網的相關服務的增加、使用和互動模式，通常涉及透過互聯網來提供動態易擴展且經常是虛擬化的資源。雲端是網路、互聯網的一種比喻說法。雲端運算可以讓使用者體驗每秒 10 萬億次的運算能力。使用者透過電腦、筆記本、手機等方式接入資料中心，按自己的需求進行運算。

雲端運算是分散式運算（distributed computing）、並行計算（parallel computing）和網格計算（grid computing）的發展，或者說是這些科學概念的商業實現。

相對於傳統的集群計算、分散式運算等先進計算模式，東南大學的羅軍舟教授將雲端運算的特點歸納為以下幾點[23]。

① 彈性服務　服務的規模可快速伸縮，以自動適應業務負載的動態變化。使用者使用的資源同業務的需求相一致，避免了因為伺服器性能過載或冗餘而導致的服務品質下降或資源浪費。

② 資源池化　資源以共享資源池的方式統一管理。利用虛擬化技術，將資源分享給不同使用者，資源的放置、管理與分配策略對使用者透明。

③ 按需服務　以服務的形式為使用者提供應用程式、資料儲存、基礎設施等資源，並可以根據使用者需求，自動分配資源，而不需要系統管理員干預。

④ 服務可計費　監控使用者的資源使用量，並根據資源的使用情況對服務計費。

⑤ 廣泛接入　使用者可以利用各種終端設備（如個人電腦、智慧型手機等）隨時隨地透過互聯網訪問雲端運算服務。

基於上述特點的雲端運算的體系結構如圖 1-4 所示。

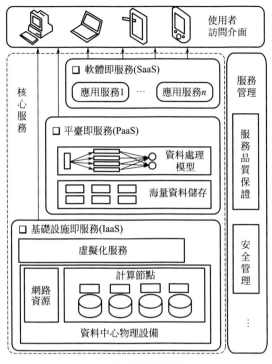

圖 1-4　雲端運算體系結構

1.2.8　虛擬現實技術

　　虛擬現實（virtual reality，VR）採用以電腦技術為核心的先進技術，生成逼真的視覺、聽覺、觸覺一體化的虛擬環境，使用者可以透過必要的輸入輸出設備與虛擬環境中的物體進行互動，相互影響，進而獲得身臨其境的感受與體驗。這種由電腦生成的虛擬環境可以是某一特定客觀世界的再現，也可以是純粹虛構的世界[24]。虛擬現實技術作為一種高新技術，集電腦仿真技術、電腦輔助設計與圖形學、多媒體技術、人工智慧、網路技術、感測技術、即時運算技術以及心理行為學研究等多種先進技術為一體，為人們探索總體世界、個體世界以及由於種種原因不能直接觀察的事物變化規律提供了極大的便利。在虛擬現實環境中，參與者藉助資料手套、資料服裝、三維滑鼠方位追蹤器、操縱桿、頭戴式顯示器、耳機等虛擬現實互動設備，同虛擬環境中的對象相互作用，虛擬現實中的物體能做出即時的回饋，產生身臨其境的互動式視景仿真和資訊交流。沉浸感、互動性和即時性是虛擬現實技術最重要的特點[25]。

(1) 沉浸感

虛擬環境中，設計者透過具有深度感知的立體顯示、精細的三維聲音以及觸覺回饋等多種感知途徑，觀察和體驗設計過程與設計結果。一方面，虛擬環境中視覺化的能力進一步增強，藉助於新的圖形顯示技術，設計者可以得到即時、高品質、具有深度感知的立體視覺回饋；另一方面，虛擬環境中的三維聲音使設計者能更為準確地感受物體所在的方位，觸覺回饋支持設計者在虛擬環境中抓取、移動物體時直接感受到物體的反作用力。在多感知形式的綜合作用下，使用者能夠完全「沉浸」在虛擬環境中，多途徑、多角度、真實地體驗與感知虛擬世界。

(2) 互動性

虛擬現實系統中的人機互動是一種近乎自然的互動，使用者透過自身的語言、身體運動或動作等自然技能，就可以對虛擬環境中的對象進行操作。而電腦根據使用者的肢體動作及語言資訊，即時調整系統呈現的圖像及聲音。使用者可以採用不同的互動手段完成同一互動任務。例如，進行零件定位操作時，設計者可以透過語音命令給出零件的定位座標點，或透過手勢將零件拖到定位點來表達零件的定位資訊。各種互動手段在資訊輸入方面各有優勢，語音的優勢在於不受空間的限製，設計者無須「觸及」設計對象，就可對其進行操縱，而手勢等直接三維操作的優勢在於運動控制的直接性。透過多種互動手段的結合，提高了資訊輸入帶寬，有助於互動意圖的有效傳達。

(3) 即時性

有兩種重要指標來衡量虛擬現實系統的即時性：其一是動態特性，視覺上，要求每秒生成和顯示 30 幀圖形畫面，否則將會產生不連續和跳動感，觸覺上，要實現虛擬現實的力的感覺，必須以每秒 1000 幀的速度計算和更新接觸力；其二是互動延遲特性，對於人產生的互動動作，系統應立即做出反應並生成相應的環境和場景，其時間延遲不應大於 0.1s。

1.2.9 人工智慧技術

人工智慧（artificial intelligence，AI）主要研究用人工的方法和技術，模仿、延伸和擴展人的智慧，實現機器智慧。1956 年麥卡錫（John McCarthy）等四位學者組織了用機器模擬人類智慧的夏季專題討論會。在此會議上，麥卡錫第一次提出了「人工智慧」的名稱，定義為製造智慧機器的科學與工程。人工智慧技術是一門新興的邊緣學科，是自然科學和社會科學的交叉學科，它吸取了自然科學和社會科學的最新成果，以智慧為核心，

形成了具有自身研究特點的新體系。人工智慧研究領域包括知識表示、搜尋技術、機器學習、求解資料和知識不確定性問題等。而且應用領域包括專家系統、賽局、定理證明、自然語言理解、圖像理解和機器人等。人工智慧也是一門綜合性的學科，是在控制論、資訊論和系統論的基礎上誕生的，涉及哲學、心理學、認知科學、電腦科學以及各種工程學方法。

近年來，隨著深度學習算法、腦機介面技術進步，使得人工智慧基本理論和方法的研究出現新的變化。2016 年 Google 人工智慧圍棋 AlphaGo 以 4：1 戰勝韓國棋手李世石，人工智慧再次成為大眾關注的焦點。其技術本質是大數據結合深度學習，透過大量的訓練資料，訓練了一個神經網路用以評估局面上的大量選點，又訓練了一個策略神經網路負責走棋子，並在蒙地卡羅樹搜尋中同時使用這兩個網路。

駕駛輔助系統是汽車人工智慧領域目前最為火熱的方向。在感知層面，其利用機器視覺與語音識別技術感知駕駛環境、識別車內人員、理解乘客需求；在決策層面，利用機器學習模型與深度學習模型建立可自動做出判斷的駕駛決策系統。按照機器介入程度，無人駕駛系統可分為無自動駕駛（L0）、駕駛輔助（L1）、部分自動駕駛（L2）、有條件自動（L3）和完全自動（L4）五個階段。目前，技術整體處於由多個駕駛輔助系統融合控制、可監控路況並介入緊急情況（L2）向基本實現自動駕駛功能（L3）轉變的階段。

中國科學院自動化研究所譚鐵牛團隊在虹膜識別領域，堅持從虹膜圖像資訊獲取的源頭進行系統創新，全面突破虹膜識別領域的成像裝置、圖像處理、特徵抽取、識別檢索、安全防偽等一系列關鍵技術，建立了虹膜識別比較系統的計算理論和方法體系，還建成了目前國際上最大規模的共享虹膜圖像庫，已大規模用於煤礦人員辨識和北京城鐵監控等，並在 70 個國家和地區的 3000 多個科研團隊推廣使用，有力推動了虹膜識別學科發展。

已在全國部分高鐵站應用的人臉識別技術是一種基於人的臉部特徵資訊進行身分識別的生物識別技術。透過攝像機採集含有人臉的圖像，透過一種叫「主成分分析」的人工智慧算法，對二維的人臉圖片進行降維和提取特徵，將其轉化為一組向量集，進而轉化為數學運算來處理。

1.3 智慧製造系統的體系結構

智慧製造系統是虛擬現實的智慧化製造網路，其體系架構是智慧製造系統研究、發展和應用的基礎，是實現智慧製造的骨架和靈魂。而構

建智慧製造系統參考架構時，要充分展現製造企業的層次功能。國際標準化組織（ISO）和國際電工協會（IEC）聯合製訂的 IEC/ISO 62264《企業控制系統集成》標準提出了製造企業功能層次模型，該標準將製造企業的功能分為 5 個層次：第 0 層是物理加工層；第 1 層是生產過程感知和操控層；第 2 層是生產過程的監測和控制層；第 3 層是製造執行控制層；第 4 層是業務計劃和物流管理層[26]。

　　智慧製造系統是以產品全壽命週期管理（product lifecycle management，PLM）為核心形成創新價值鏈，實現產品研發、生產與服務的智慧化，透過網路與有線、無線等通訊技術，實現設備與設備之間、設備與控制系統之間、企業與企業之間的互聯互通和集成，建立智慧化的製造企業創新價值網路，具有高度靈活性和可持續優化特徵。同時，在基於產品全生命週期的管理模式上，智慧製造系統應構建基於雲端安全網路（互聯網、移動互聯網、物聯網和無線網路）的智慧功能體系，能夠利用大數據、雲端運算實現產品生產製造過程中海量製造資料資訊的分析、探勘、評估、預測與優化，實現系統智慧製造的橫向集成、垂直集成和端到端集成[27]。結合 IEC/ISO 62264《企業控制系統集成》標準、數位化與智慧製造領域專家研究成果從智慧製造系統層級、全生命週期管理和智慧功能體系 3 個維度構建智慧製造系統的總體模型如圖 1-5 所示。

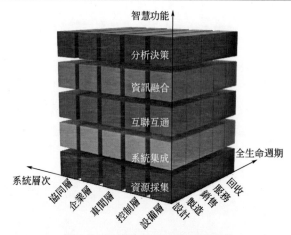

圖 1-5　智慧製造系統的總體模型

　　智慧製造系統總體模型是對智慧製造內在要素及要素間關係的一種映射。根據圖 1-5 的智慧製造系統總體模型，智慧製造系統架構與各層級構成要素如圖 1-6 所示[27]。

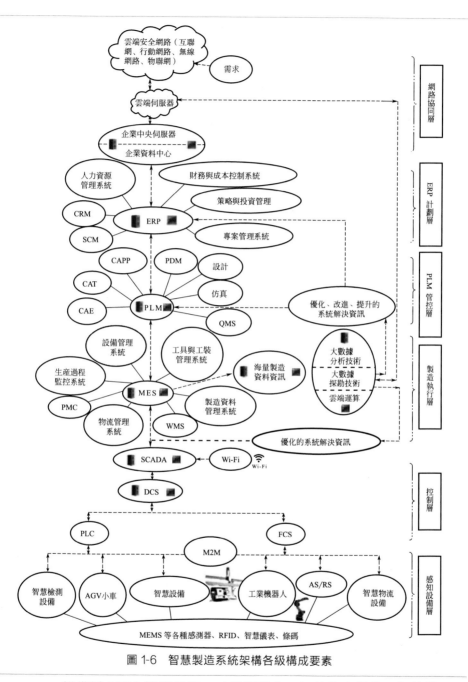

圖 1-6　智慧製造系統架構各級構成要素

　　設備層主要由智慧設備、工業機器人、智慧物流設備、智慧檢測設備、自動導引運輸車（AGV）、自動化立體倉庫（automatic storage and retrieval system，AS/RS）、射頻識別（RFID）、微機電系統（microelectro-mechanical systems，MEMS）等各種感測器、智慧儀表和條碼等要素構成，透過無線網路、物聯網等資訊通訊技術，解決機器對機器通訊（machine-to-machine，M2M），達到對設備生產過程監控、指揮調度、遠端資料採集與測量、遠端診斷等智慧化、數位化、資訊化要求，實現設備互聯互通智慧與狀態感知。

　　控制層主要由監控與資料採集系統（supervisory control and data acquisition，SCADA）、分散式控制系統（distributed control system，DCS）、可編程邏輯控制器（programmable logic controller，PLC）和現場總線控制系統（fieldbus control system，FCS）等要素構成，結合無線網路控制指令資訊和經大數據、雲端運算分析、探勘、評估、預測、優化的指令資訊，實現對感知設備層設備的監控與製造資料資訊採集。

　　工廠層主要指的是製造執行系統（MES），主要由設備管理系統、工具與工裝管理系統、物流管理系統、製造資料管理系統、生產過程監控系統、倉庫管理系統（warehouse management system，WMS）和生產及物料控制（product material control，PMC）等要素構成，根據網路協同層產業鏈上不同企業協同生產和 PLM 管控層優化的產品製造工藝，對產品生產過程狀態即時掌控，迅速處理製造過程中物料短缺、設備故障、人員缺勤等各種異常情形，將產品製造過程形成的海量資料、資訊、圖表即時由大數據、雲端運算進行分析、探勘、評估、預測和優化，從而呈現在 PLM 管控層、ERP 計劃層和協同企業的視覺化介面上，並對產品製造過程自主優化執行，達到計劃排產智慧、生產過程協同智慧、決策支持智慧、生產資源管控智慧、品質過程控制智慧，實現即時分析、自主決策、精準執行。

　　企業層包含企業資源計劃（ERP）系統和產品生命週期管理（PLM）系統。其中 ERP 系統由財務與成本控制系統、策略與投資管理、人力資源管理系統、專案管理系統、供應鏈管理（supply chain management，SCM）和客戶關係管理（customer relationship management，CRM）等要素構成，根據網路協同層產業鏈上不同企業協同研發、生產、服務分工，結合產品資料庫及大數據、雲端運算對智慧製造過程海量製造資料資訊的分析、探勘、評估、預測和優化，對企業內部資源（人、財、物、資訊）進行合理調配及優化，減少資源占用成本，實現計劃與決策支援智慧。

　　PLM 系統即主要由設計、仿真、電腦輔助工藝過程設計（computer-aided process planning，CAPP）、產品資料管理（product data management，PDM）、品質管理系統（quality management system，

QMS)、電腦輔助測試（computer-aided testing，CAT）和電腦輔助工程（computer-aided engineering，CAE）等要素構成，根據網路協同層產業鏈上不同企業協同研發、生產分工和 ERP 計劃層的資源分配，結合產品資料庫及大數據、雲端運算對智慧製造過程海量製造資料資訊的分析、探勘、評估、預測和優化，合作企業協同對產品進行優化設計、虛擬測試、生產製造過程仿真、評估、控制和生產製造資料共享，實現產品研發過程智慧決策。

網路協同層主要由雲端安全網路（互聯網、行動網路、物聯網和無線網路）、雲端伺服器、企業中央伺服器和企業資料中心等要素構成，實現產業鏈上不同企業透過雲端安全網路共享資訊實現協同研發、智慧生產、精準物流、即時資料分析計算和服務。

參考文獻

[1] International Federation of Robotics. Service Robots[EB/OL]. [2013-06-09]. http://www.ifr.org/service-robots/.

[2] International Federation of Robotics. Industrial Robots[EB/OL]. [2013-10-12]. http://www.ifr.org/industrial-robots/.

[3] 《機器人技術與應用》編輯部. 中國工業機器人現狀與發展[J]. 機器人技術與應用, 2013（2）: 1-3.

[4] Robotics Virtual Organization（Robotics VO）. A roadmap for U. S. robotics from internet to robotics, 2013 edition[EB/OL]. [2013-03-19]. http://robotics-vo.us/node/332.

[5] 丁漢. 機器人與智慧製造技術的發展思考[J]. 機器人技術與應用, 2016（04）: 7-10.

[6] 李提偉, 趙海彬. 智慧製造裝備及機器人的比較應用[J]. 現代製造技術與裝備, 2013（03）: 64-66.

[7] 王田苗, 陶永. 中國工業機器人技術現狀與產業化發展策略[J]. 機械工程學報, 2014, 50（09）: 1-13.

[8] 盧秉恆. RP 技術與快速模具製造[M]. 西安: 陝西科技出版社, 1998.

[9] 劉偉軍. 快速成型技術及應用[M]. 北京: 機械工業出版社, 2005.

[10] 尹周平, 陶波. 智慧製造與 RFID 技術[J]. 航空製造技術, 2014（03）: 32-35.

[11] 樂占威. 智慧製造中的關鍵技術及實現途徑探析[J]. 中國新技術新產品, 2016（22）: 8.

[12] 管超, 馬岩, 郝先人, 等. 新一代超高頻 RFID 技術在智慧製造領域的應用[J]. 資訊技術與標準化, 2015（12）: 22-25.

[13] Sanjay Sarma, David L Brock, Kevin Ashton. MIT Auto ID WH-001: The Networked Physical World[R]. Massachusetts: MIT Press, 2000.

[14] International Telecommunication Union（ITU）. ITU Internet Reports 2005: The

Internet of Things[R]. Tunis： World Summit on the Information Society（WSIS），2005.

[15] CERP-IoT. Internet of Things Strategic Research Roadmap[OL]. [2009-09-15]. http：//ec. europa. eu/information-society/policy/rfid/documents/in-cerp. pdf.

[16] 石軍.「感知中國」促進中國物聯網加速發展[J]. 通訊管理與技術，2009，10（5）：1-3.

[17] 寧煥生，徐群玉. 全球物聯網發展及中國物聯網建設若干思考[J]. 電子學報，2010，38（11）：2590-2599.

[18] 阿爾文·托夫勒. 第三次浪潮[M]. 黃明堅，譯. 北京：中信出版社，2006.

[19] GOLDSTON D. Big data： data wrangling[J/OL]. Nature，2008，455：15. [2013-07-24]. http：//www. nature. com/nature/index. html.

[20] Manyika J.，Chui M.，Brown B.，et al. Big data： The next frontier for innovation, competition, and productivity[R/OL]. Las Vegas： The McKinsey Global Institute. [2013-07-24]. http：//www. mckinsey. com/insight/business＿technology/big＿data_next_frontier_for_innovation.

[21] Office of Science and Technology Policy Executive. Office of President. Obama administration unveils「Big Data」initiative： Announces $ 200 million in new R&D investments[EB/OL]. [2013-07-24]. http：//www. whitehouse. gov/sites/default/files/microsites/ostp/big_data_press＿release＿final_2. pdf.

[22] IBM. Google and IBM announced university initiative to address internet scale computing challenges[EB/OL]. （2007-10-08）[2008-10-15]. http：//www-03. ibm. com/press/us/en/pressrelease/22414. wss.

[23] 羅軍舟，金嘉暉，宋愛波，等. 雲端運算：體系架構與關鍵技術[J]. 通訊學報，2011，32（07）：3-21.

[24] Gomes S A, Zachmann G.，Virtual reality as a tool for verification of assembly and maintenance processes[J]. Computers & Graphics, 1999, 23（3）：389-403.

[25] 譚建榮，劉振宇. 數字樣機：關鍵技術與產品應用[M]. 北京：機械工業出版社，2007

[26] 王松. 構建智慧製造系統參考架構的幾點思考[J]. 智慧中國，2016（09）：43-45.

[27] 張明建. 基於 CPS 的智慧製造系統功能架構研究[J]. 寧德師範學院學報（自然科學版），2016，28（2）：138-142.

第2章

切削參數智慧優選

2.1　切削參數智慧優選概述

選擇合適的切削參數會直接影響生產力、生產成本、加工精度以及自動化生產條件下刀具損耗、零件使用性能、表面品質等方面，透過研究金屬切削理論，建立切削參數的數學建模，並透過人工智慧算法獲取切削參數的最佳值，是當前切削參數選擇的一個重要方向。近些年來，用於切削參數優化的方法包括遺傳算法[1,2]、模擬退火算法[3,4]、蟻群算法[5]、蜂群算法[6]、神經網路[7]、支援向量機[8]、粒子群算法[9]、響應面法[10,11]、田口法[12-14]等。而優化目標包括效率最高（加工時間最小或材料去除率最高）[1-3,9]、成本最低[2,5-9,11]、品質最好（表面粗糙度最小和加工精度最高）[1,10-15]、能耗最低[8,14,15]等。

薛國彬等人透過正交試驗法對鈦合金 TC4 進行了車削試驗並對試驗資料處理，得到切削溫度、表面粗糙度關於切削三要素的多元線性迴歸方程；以切削速度、進給量和背喫刀量為優化變數，以最低切削溫度、最佳表面粗糙度、最大材料去除率為目標構建了切削參數的多目標優化模型；利用 MATLAB 中基於遺傳算法的多目標優化函數對優化模型進行求解，得到優化問題的 Pareto（帕累托）最佳解並加以分析[1]。王海艷等人在螺旋銑孔過程中，以主軸轉速、每齒進給量和每轉軸向切削深度作為優化參數，以材料去除量和刀具耐用度為優化目標，基於 Pareto 多目標遺傳算法，針對螺旋銑削鈦合金材料在穩定性切削條件下的切削參數進行了優化，主要考慮銑削參數對孔表面品質的影響[2]。劉建峰針對微細銑削加工特點，分別建立適合於微細銑削的微銑削力模型和表面粗糙度理論模型，基於響應面法設計試驗，選取背喫刀量、每齒進給量、主軸轉速為變數，透過試驗建立適合於已有加工條件的銑削力和表面粗糙度試驗模型，分別採用遺傳算法和模擬退火遺傳算法對微細銑削表面粗糙度值、銑削力進行雙目標優化[3]。潘小權針對軍機起落架切削參數進行優化，使用遺傳算法和模擬退火算法對數控加工切削參數進行優化，並開發了原型軟體系統[4]。

謝書童等為優化雙刀並行車削中的切削參數，以最小化加工成本為目標函數，提出了結合蟻群算法和子問題枚舉算法的切削參數優化算法[5]。李新鵬針對切削參數優化問題，根據實際生產過程中企業所追求的低成本目標，確立以單元生產成本為目標的單目標切削參數優化模型，並提出一種改進人工蜂群算法，對模型進行優化[6]。秦國華等針對切削參數對刀具磨損狀況和使用壽命的影響，研究了基於神經網路和遺傳算法的刀具磨損

檢測與控制方法，採用多因素正交試驗設計方法進行了馬氏體不銹鋼平面的銑削試驗，透過萬能工具顯微鏡測量後刀面的磨損量得到訓練樣本，藉助 BP（back propagation，反向傳播）神經網路的非線性映射能力，透過有限的訓練樣本建立了關於切削速度、每齒進給量、背喫刀量和切削時間的刀具磨損預測模型[7]。陳薇薇提出了基於支持向量機的機床能耗預測方法，分析了切削參數、被加工工件、加工刀具和加工機床等對數控機床能耗的影響，提出了基於遺傳算法的切削參數優化方法，以銑削加工為例，以機床最低能耗和低成本為目標優化函數，進行切削參數優化[8]。王宸等為選擇合理的數控切削用量，建立了加工成本和數控切削加工效率的數學模型，針對模型多約束、非線性的特點，採用約束違背度方法處理約束條件，為避免算法陷入局部最佳，兩次引入 Metropolis（米特羅波利斯）抽樣準則，提出混合多目標粒子群優化算法（HMOPSO）求解，最後採用層次分析法選擇 Pareto 最佳解[9]。Kumar 等為優化車削 $SiC_p/Al7075$ 複合材料切削參數，以表面粗糙度為優化目標，建立了基於切削速度、切削深度、進給量為切削參數的優化模型，透過響應面法和人工神經網路對切削參數進行優化，並對最佳切削參數和最小表面粗糙度進行預測[10]。Seeman 等以顆粒增強鋁基複合材料為研究對象，以刀具磨損量和表面粗糙度為優化目標，使用響應面法對切削速度、進給量、切削深度、冷卻液介質進行優化[11]。İlhan 等為探究乾切 304 不銹鋼條件下的最佳切削參數，設計了 24 組正交試驗，並透過田口法計算訊噪比，對切削速度等切削參數進行敏感性預測[12]。Turgay 為研究 PVD 和 CVD 刀具切削超硬鋼的切削加工性，以表面粗糙度和後刀面磨損量為優化目標，使用田口法對切削參數的敏感性進行研究，並進行最佳切削參數預測[13]。Carmita 研究乾切條件下 AISI 6061 T6 的車削加工性，以最小能耗作為優化目標，設計了正交試驗，並透過田口法和方差分析法分析切削深度、切削速度和進給量對能耗的影響[14]。Salem 等以最低能耗作為優化目標，透過田口法分析切削速度、切削深度、進給量對能耗的敏感性[15]。

　　隨著材料製備技術的發展，新材料不斷湧現。對於新材料切削加工性的探索和切削參數的優化，一直是製造領域研究的熱點問題，其研究深度和廣度直接關係新材料的應用。SiC_p/Al 複合材料是一種較為新穎的材料，其增強相是 SiC 顆粒，基體是鋁合金。SiC_p/Al 複合材料的比強度和比模量較高，高溫性能和耐磨損性能好，熱膨脹係數小，具有良好的尺寸穩定性，且可透過改變 SiC 顆粒的含量或大小及基體種類製備不同性能的新型鋁基複合材料，因此，SiC_p/Al 複合材料因其良好的物理力學性能，在航太航空、精密儀器、高速列車等領域應用廣泛。作者團隊在 SiC_p/Al 複合材料

的加工方面做了一定的工作[16-20]，本章以 SiC_p/Al 複合材料作為研究對象，以切削力、表面粗糙度、能耗等作為研究目標，透過田口法和灰度關聯法說明切削參數智慧優選的過程，並結合理論公式計算、有限元仿真、試驗資料擬合三種方式說明最佳切削參數預測的過程。

2.2 切削參數優化建模

切削參數優化一直是國內外眾多科研人員研究的課題之一，有著很多優化方法和優化模型。從多數的研究成果來看，業內比較認同以最低加工成本、最高生產力以及最佳品質作為優化切削參數的目標。切削參數的優化就是以期望目標為目的，在一定的約束條件下選擇最佳的切削參數。而約束條件是為了保證加工品質、機床及刀具的安全，對切削參數最大值所設定的限製條件。但是，由於工藝系統和工藝過程選擇的有限性及其他不確定因素，切削參數的實際優化難以達到上述全部目標。因此，實際應用是在保證加工精度的基礎上，實現上述目標之一。選用切削參數的約束條件很多，包括加工成本、生產力、工件的表面粗糙度、刀具強度及機床動力等。

2.2.1 優化目標

切削參數的單目標優化可以是最高生產力、最大刀具壽命、最大利潤率、最低加工成本中的任意一種。由於切削參數的單目標優化存在某些不足，故可同時考慮多目標優化問題。當然，並不需要全部考慮以上四個目標函數，如最大利潤率與最低加工成本就可任選其一，因為最低成本是獲取最大利潤率的必然手段之一。最大刀具壽命一般也只用於複雜刀具加工時才予以考慮。因此，切削參數智慧優選就變成單目標優化問題或雙目標優化問題[21]。

選擇切削參數時，通常考慮的先後順序依次為切削深度 a_p、進給量 f、切削速度 v。在切削過程中，確定刀具材料和工件材料及刀具幾何參數以後，切削速度、進給量及切削深度等與具體零件的加工技術要求有關。零件加工餘量決定切削深度的大小，零件加工餘量較小，可供選擇的進給量範圍也較小。

在切削加工中常常使用品質、效率和成本作為優化目標，實際的生產過程中人們總是希望在保證加工品質的前提下，生產力盡可能高，生產成本盡量低[22]。但是隨著全球暖化問題日益嚴重，製造業在組織生產時，也要求降低碳排放，實現綠色製造[23,24]。

(1) 最大生産力目標函數

最大生産力標準：透過加工工時來展現生産力，即最短加工工時和最大生産力一致，在一段時間內，生産的産品盡可能多，或者生産單件産品的時間盡可能少[25,26]。

單件加工一次走刀工時為

$$t = t_m + \frac{t_{ct}}{N_p} + t_o + t_n + t_i + \frac{t_d}{N_p} \qquad (2\text{-}1)$$

式中　t_m——切削工時；

　　　t_{ct}——一次換刀時間；

　　　t_o——輔助時間；

　　　t_n——刀具快速移動時間；

　　　t_i——刀具轉位時間；

　　　t_d——刀具調整時間；

　　　N_p——每次換刀可加工工件的數目。

切削工時的計算

$$t_m = \frac{L+e}{fn} \qquad (2\text{-}2)$$

式中　L——單件加工刀具一次行程；

　　　e——空行程；

　　　n——轉速。

不同的加工方式，切削時間的具體公式有所不同，對於車削加工和鏜削加工

$$n = \frac{1000v}{\pi d} \qquad (2\text{-}3)$$

式中　d——被加工表面的直徑。

對於銑削加工

$$fn = f_z zn = \frac{1000 f_z zv}{\pi d_x} \qquad (2\text{-}4)$$

式中　f_z——每齒進給量；

　　　z——銑刀齒數；

　　　d_x——銑刀直徑。

對於鑽削加工

$$n = \frac{1000v}{\pi d_z} \qquad (2\text{-}5)$$

式中　d_z——鑽頭直徑。

快速移動時間的計算公式為

$$t_n = \frac{S_r}{v_r} \tag{2-6}$$

式中　S_r——快速移動距離；

　　　v_r——快速移動速度。

刀具耐用度 T 和切削工藝參數的關係可由切削速度經驗公式推得，即：

$$v = \frac{C_v k_v}{T^m f^{y_v} a_p^{x_v}} \tag{2-7}$$

式中　m, y_v, x_v——刀具壽命影響系統；

　　　C_v, k_v——常數。

於是

$$T = \frac{(C_v k_v)^{1/m}}{v^{1/m} f^{y_v/m} a_p^{x_v/m}} \tag{2-8}$$

而每次換刀可加工工件數目

$$N_p = \frac{fn(C_v k_v)^{1/m}}{Lv^{1/m} f^{y_v/m} a_p^{x_v/m}} \tag{2-9}$$

將式(2-2)、(2-3)、(2-6)、(2-9) 帶入式(2-1)，可得單件車削加工工時為

$$t = \frac{(L+e)\pi d}{1000fv} + (t_{ct} + t_d)\frac{\pi L d v^{\frac{1}{m}-1} f^{y_v/m-1} a_p^{x_v/m}}{1000(C_v k_v)^{1/m}} + t_o + t_n + t_i \tag{2-10}$$

為求得車削工件工時的最小值，令 $\partial t / \partial v = 0$，則有

$$v_0 = \frac{C_v k_v}{f^{y_v} a_p^{x_v}}\left(\frac{m(L+e)}{L(t_{ct}+t_d)(1-m)}\right)^m \tag{2-11}$$

此時，最小車削加工工時為

$$t_{min} = \frac{(L+e)^{1-m}\pi d L^m f^{y_v-1} a_p^{x_v}(t_{ct}+t_d)^m}{1000C_v k_v(1-m)}\left(\frac{1-m}{m}\right)^m + t_o + t_n + t_i \tag{2-12}$$

衡量生產力大小的指標，除了切削工時外，還可以使用單位時間材料去除率作為評價指標[27]。

對車削而言，單位時間材料去除率 $Q_c(\text{cm}^2/\text{min})$ 為

$$Q_c = v_c a_p f \tag{2-13}$$

銑削的材料去除率為

$$Q_x = bzNS_e \tag{2-14}$$

式中，b 為軸向銑削深度，N 為主軸轉速，S_e 為

$$S_e = R^2 a \sin \frac{c}{2R} + \frac{cR}{2} \cos\left(a \sin \frac{c}{2R}\right) - c(R-a) \tag{2-15}$$

式中，a 為徑向切削深度，c 為銑刀每齒進給量，R 為銑刀直徑。

(2) 最低生產成本目標函數

最低生產成本標準：這個標準是指加工產品的生產成本最少，若單件利潤是常數，則與最大利潤標準一致。

單件加工成本 C_p 是指本工序加工一個工件所需的費用，包含三個部分費用。

① 本工序加工時間的費用 C_m

$$C_m = t_m (L_m + B_m) \tag{2-16}$$

式中　L_m——單位時間勞動成本；

B_m——單位時間機床成本（折舊費、管理費等）。

② 本工序的工具使用費用 C_t，如切削過程中的磨刀費用，等於每次磨刀折算到該工序的費用，若刀具可重磨，則

$$C_t = \frac{1}{N_p}\left[t_{ct}(L_m + B_m) + t_g(L_g + B_g) + D_c\right] \tag{2-17}$$

式中　t_g——磨刀時間；

L_g——單位時間磨刀勞動成本；

B_g——單位時間磨床使用成本；

D_c——每次磨刀工具折舊成本。

若刀具不可重磨，則

$$C_t = \frac{P_t}{N_p n_e} + \frac{C_0 t_{ct}}{N_p} \tag{2-18}$$

式中　P_t——刀具價格；

n_e——切削刃數；

C_0——單位時間換刀成本。

③ 管理成本 C_a，包括材料費用、準備費用等。

於是得到切削加工最低成本的目標函數為

$$\min C_p = C_m + C_t + C_a \tag{2-19}$$

當車削加工採用可重磨刀片時，生產成本為

$$C_p = \frac{\pi d(L+e)}{1000fv}(L_m + B_m) + \frac{\pi L d v^{\frac{1}{m}-1} f^{y_v/m-1} a_p^{x_v/m}}{1000(C_v k_v)^{1/m}} \tag{2-20}$$

$$\left[t_{ct}(L_m + B_m) + t_g(L_g + B_g) + D_c\right] + C_a$$

令 $\partial C_{\mathrm{p}} / \partial v = 0$，則可得到最低加工成本時的切削速度 v_0

$$v_0 = \frac{(C_{\mathrm{v}} k_{\mathrm{v}})}{f^{y_{\mathrm{v}}} a_{\mathrm{p}}^{x_{\mathrm{v}}}} \left\{ \frac{m(L+e)(L_{\mathrm{m}}+B_{\mathrm{m}})}{1-mL\left[t_{\mathrm{ct}}(L_{\mathrm{m}}+B_{\mathrm{m}})+t_{\mathrm{g}}(L_{\mathrm{g}}+B_{\mathrm{g}})+D_{\mathrm{c}}\right]} \right\}^m \quad (2\text{-}21)$$

此時的加工成本

$$C_{\mathrm{p}0} = \frac{\pi d L^m f^{y_{\mathrm{v}}-1}\left[t_{\mathrm{ct}}(L_{\mathrm{m}}+B_{\mathrm{m}})+t_{\mathrm{g}}(L_{\mathrm{g}}+B_{\mathrm{g}})+D_{\mathrm{c}}\right]^m}{1000C_{\mathrm{v}} k_{\mathrm{v}}} \quad (2\text{-}22)$$

$$\left[(L+e)(L_{\mathrm{m}}+B_{\mathrm{m}})\right]^{1-m} a_{\mathrm{p}}^{x_{\mathrm{v}}} \left(\frac{1}{m}-1\right)^m \frac{1}{1-m} + C_{\mathrm{a}}$$

車削加工採用機夾可轉位刀具，不需要重磨，則最低生產成本目標函數為

$$C_{\mathrm{p}} = \frac{\pi d(L+e)}{1000 f v}(L_{\mathrm{m}}+B_{\mathrm{m}}) + \frac{\pi L d v^{\frac{1}{m}-1} f^{y_{\mathrm{v}}/m-1} a_{\mathrm{p}}^{x_{\mathrm{v}}/m}}{1000(C_{\mathrm{v}} k_{\mathrm{v}})^{1/m}}\left(\frac{P_{\mathrm{t}}}{n_{\mathrm{e}}}+C_0 t_{\mathrm{ct}}\right) + C_{\mathrm{a}}$$
$$(2\text{-}23)$$

令 $\partial C_{\mathrm{p}} / \partial v = 0$，則可得到最低加工成本時的切削速度 v_0

$$v_0 = \frac{(C_{\mathrm{v}} k_{\mathrm{v}})}{f^{y_{\mathrm{v}}} a_{\mathrm{p}}^{x_{\mathrm{v}}}}\left[\frac{m(L+e)(L_{\mathrm{m}}+B_{\mathrm{m}})}{(1-m)L(P_{\mathrm{t}}/n_{\mathrm{e}}+C_0 t_{\mathrm{ct}})}\right]^m \quad (2\text{-}24)$$

此時的加工成本為

$$C_{\mathrm{p}0} = \frac{1}{1-m}\left(\frac{1}{m}-1\right)^m \frac{\pi d L^m f^{y_{\mathrm{v}}-1}(P_{\mathrm{t}}/ne+C_0 t_{\mathrm{ct}})^m}{1000C_{\mathrm{v}} k_{\mathrm{v}}} \quad (2\text{-}25)$$

$$\left[(L+e)(L_{\mathrm{m}}+B_{\mathrm{m}})\right]^{1-m} a_{\mathrm{p}}^{x_{\mathrm{v}}} + C_{\mathrm{a}}$$

2.2.2 切削參數優化的邊界約束條件

生產實際過程中，切削參數的選擇範圍會受到加工條件、加工設備、零件品質等方面的限製，因此，在進行切削參數優化時，需要考慮這些方面的限製。由於約束條件的限製很多，而且還有互相矛盾之處，因此，進行實際優化時，根據生產過程，選擇不同的優化目標進行優化。

① 機床的約束條件　主要包括切削速度 v_{c}、進給速度 v_{f} 和切削功率 P_{m}。

機床的切削功率為

$$P_{\mathrm{m}} = F_{\mathrm{c}} v = k_{\mathrm{s}} f^{m_1} a_{\mathrm{p}}^{m_2} v^{m_3+1} \quad (2\text{-}26)$$

式中　　　F_{c}——切削力；

$k_{\mathrm{s}}, m_1, m_2, m_3$——切削力影響指數。

應該滿足

$$P_{\mathrm{m}} < P_{\mathrm{lim}} \tag{2-27}$$

式中　P_{lim}——機床限製的最大切削功率。

機床的切削速度應該滿足

$$v_{\mathrm{jmin}} \leqslant v_{\mathrm{j}} \leqslant v_{\mathrm{jmax}} \tag{2-28}$$

式中　v_{jmin}——機床允許的最小切削速度；

　　　v_{jmax}——機床允許的最大切削速度。

機床的進給速度應該滿足

$$v_{\mathrm{fmin}} \leqslant v_{\mathrm{f}} \leqslant v_{\mathrm{fmax}} \tag{2-29}$$

式中　v_{fmin}——機床允許的最小進給速度；

　　　v_{fmax}——機床允許的最大進給速度。

② 表面粗糙度的約束條件　精加工過程中，表面粗糙度的約束比較重要，其數值可以透過刀尖圓弧半徑和進給量計算，即

$$\frac{f^2}{31.3r_{\mathrm{n}}} \leqslant R_{\mathrm{a}} \tag{2-30}$$

式中　r_{n}——刀尖圓弧半徑；

　　　R_{a}——工件的表面粗糙度。

③ 切削參數的約束條件　在切削參數手冊或企業的生產實際經驗中，總會有對切削參數的一些範圍限製，通常為

$$f_{\min} \leqslant f \leqslant f_{\max} \tag{2-31}$$

$$a_{\mathrm{pmin}} \leqslant a_{\mathrm{p}} \leqslant a_{\mathrm{pmax}} \tag{2-32}$$

④ 刀具耐用度的約束條件　刀具的耐用度約束用於保證刀具的使用壽命，以獲得最佳的切削效果。

$$T = \frac{(C_{\mathrm{v}} k_{\mathrm{v}})^{1/m}}{v^{1/m} f^{y_{\mathrm{v}}/m} a_{\mathrm{p}}^{x_{\mathrm{v}}/m}} \leqslant T_{\max} \tag{2-33}$$

式中　$T_{\max}$——刀具使用壽命。

2.3　切削參數敏感性分析及優化

2.3.1　田口法

基於穩健設計思想的田口方法是由日本管理專家田口玄一提出來的一種品質工程的方法與理念。田口方法基於設計因素的正交試驗設計，認為產品的設計都需要經過三個階段完成即系統設計、參數設計和容差設計。田口方法透過「品質損失函數」的概念，來定量核算產品品質的

損失，並透過訊噪比將品質損失函數模型轉化為衡量設計參數穩健程度的指標，然後再透過設計田口正交試驗來確定設計因素的最佳水準組合。田口方法的哲學觀與傳統試驗設計的觀念有很大區別。它並非是完全遵循統計原理、強調模式的科學研究，而是一種設計方法和技術上的改善，其具備以下特點。

① 田口方法認為要想確保製造出品質高的產品，首先需要在設計階段控制品質，提升設計水準。

② 田口方法是對產品的穩健性進行優化，認為只要透過分析品質特性值與零部件之間的非線性關係（互動作用），就可利用較低級產品零部件來實現其品質對各種不可控設計因素的不靈敏度，使設計方案的組合達到最佳化。

③ 田口方法透過採用品質損失函數的方式，幫助工程設計人員從技術與經濟兩個層面展開對產品的設計、製造、使用、回收等過程的優化，確保產品生命週期的全過程對社會總損失最小。

④ 田口方法採用應用價值較高的正交試驗設計技術。透過動態特性設計、綜合誤差因素法等領先技術，利用誤差來模擬各種干擾因素。這種工程上的特點，大大提升了試驗效率，增加試驗設計的科學性，大大節約試驗費用。最終的優化方案保證了生產過程和消費環境下均為最佳。

田口方法在確定正交表之前，需要透過系統化的分析確定出幾個顯著水準的組合，用以確定參數值的大體範圍或水準區間，因此預試驗成本或許較大。訊噪比公式並非完全能準確描述產品品質的穩健性與品質好壞，很多相關熱點研究在逐漸探索訊噪比值的修正。

訊噪比（signal-noise ratio）是電子、通訊工程中，用來表示接收機輸出功率的訊號功率與噪音功率的比值。訊噪比可以評價訊號的通訊效果，一般用 η 表示，公式見下。

$$\eta = \frac{訊號功率}{噪音功率} = \frac{S}{N} = \frac{需要的成分}{不需要的成分} \tag{2-34}$$

訊噪比並非一個嚴格的概念公式，而是一些特性值之間特殊的表達式。訊噪比的概念可以代替許多類似特性值之間關係的分析。從上面表達式可以看出，訊噪比反映一個系統的品質好壞。當設計系統內的產品實際功能偏離理想功能越小的時候，訊噪比就越大，波動性越小。

為了方便使用，訊噪比 S/N 在計算的過程中往往取常用對數再擴大 10 倍來作為最終訊噪比值，記作 η，單位為分貝（dB），也可以把 η 說成是訊噪比的分貝值。

輸入的訊號 M 是一個定值，我們需要的部分是輸出值等於目標值。

因此對於一個系統而言，我們不需要的部分就是干擾因素。用 σ 表示干擾因素。

$$\frac{S}{N} = 10\lg\left(\frac{1}{\sigma^2}\right) \quad \text{(dB)} \tag{2-35}$$

訊噪比評價的是實際品質特性值與目標值之間的穩定性，因此將上述公式改為

$$\sigma = \sqrt{\frac{1}{n}\sum_{i=1}^{n}(y_i - m)^2} \tag{2-36}$$

訊噪比可以分為三種特性類型，即望小特性、望大特性和望目特性。

望小特性（the lower the better）：在品質特性中 y 值不會出現負值，品質特性值最理想化為 0；隨著品質特性值的增加，產品品質性能損失會隨之增大，這種規律的品質特性值被稱為望小特性。例如，汽車廢氣汙染、機械零件殘餘應力等。將 $y = m = 0$ 帶入望小特性的品質損失函數中，得到以下函數：

$$L(y) = K(y - m)^2 = Ky^2 \tag{2-37}$$

望小特性訊噪比為

$$\frac{S}{N}_{(望小特性)} = 10\lg\left(\frac{1}{\sigma^2}\right) = -10\lg(\sigma^2) = -10\lg\left(\frac{1}{n}\sum_{i=1}^{n}y_i^2\right) \tag{2-38}$$

望大特性（the higher the better）：有些品質特性值同樣不會出現負值，但是當特性值降為 0 時，品質損失接近無限大。望大特性理想化的品質特性值 y 是無窮大，當 $y = \infty$ 時，品質損失接近於 0。例如木材結構的連接強度，其理想的品質特性為無窮大。望大特性的倒數與望小特性值相同，其品質損失函數用 $1/y$ 替換望小特性中的品質損失函數 y，寫出下列公式：

$$L(y) = K\left(\frac{1}{y} - m\right)^2 = K\left(\frac{1}{y}\right)^2 \tag{2-39}$$

望大特性訊噪比為

$$\frac{S}{N}_{(望大特性)} = 10\lg\left(\frac{1}{\sigma^2}\right) = -10\lg(\sigma^2) = -10\lg\left[\frac{1}{n}\sum_{i=1}^{n}\left(\frac{1}{y_i}\right)^2\right] = 10\lg\left(\frac{1}{n}\sum_{i=1}^{n}y_i^2\right)$$
$$\tag{2-40}$$

望目特性（the more nominal the better）：當品質特性值的目標值為一個常量 m 時，我們把這種品質特性值叫做望目特性。望目特性在當品質特性值相對於目標值偏離程度對稱時，其損失函數圖與品質損失函數圖一致，當品質特性值非對稱地偏向於某一個方向，較偏於另一個方向時，弊多利少。這種情況分別用 k_1、k_2 代表兩個差異方向。其品質特性

非對稱函數表示為：

$$L(y)=\begin{cases}k_1(y-m)^2 , y>m \\ k_2(y-m)^2 , y\leqslant m\end{cases} \tag{2-41}$$

望目特性訊噪比為

$$\frac{S}{N}_{(望目特性)}=10\lg\left(\frac{1}{\sigma^2}\right)=-10\lg(\sigma^2)=-10\lg\left[\frac{1}{n}\sum_{i=1}^{n}(y_i-m)^2\right]$$
$$=-10\lg[\sigma^2+(\overline{y}-m)^2]$$
$$\tag{2-42}$$

從公式可以看出，望目特性的訊噪比值可以反映，當目標值越靠近平均值，並且方差越小的時候，訊噪比值越大。利用田口法進行品質分析的步驟如下：

① 選定品質特性值；

② 確定設計因素（工藝參數）；

③ 選擇正交表，安排試驗設計；

④ 計算訊噪比，進行變異性分析；

⑤ 分析與驗證。

2.3.2 灰度關聯法

灰色系統理論是中國學者鄧聚龍在國際上首次提出的，它在社會的各個領域，尤其在交叉學科中，得到了廣泛應用，取得了良好的經濟效益和社會效益。灰色系統理論認為任何系統在一定的範圍和時間內，其部分資訊是已知、部分資訊是未知的，這樣的系統稱為灰色系統。一個實際運行的系統是一個灰色系統，儘管客觀系統表象複雜，資料離散，但必然有潛在的規律，系統的各個因素總是相互聯繫的。

不論是社會系統、經濟系統，還是技術系統，它們都含有許多因素，這些因素之間哪些是主要的，哪些是次要的，哪些影響大，哪些影響小，哪些需要發展，哪些需要抑製，哪些是明顯的，哪些是潛在的，這些都是因素分析的內容。一般地，構成現實問題的實體因素是多種多樣的，因素間的實體關係也是多種形式的。灰色關聯分析方法可用於以下幾個方面：①確定主要矛盾、主行為因子；②評估；③識別；④分類；⑤預測；⑥構造多因素控制器；⑦檢驗灰色模型的精度；⑧灰色決策中的效果精度等。

灰色關聯分析的目的在於尋找一種能夠衡量各因素間的關聯度大小的量化方法，以便找出影響系統發展態勢的重要因素，從而掌握事物的主要特徵。系統發展變化態勢的定量描述和比較方法是根據空間理論的

數學基礎，確定參考數列（母數列）和若干比較數列（子數列）之間的關聯係數和關聯度。灰色關聯分析的步驟：

① 確定參考序列和比較序列；

② 求灰色關聯係數；

③ 求灰色關聯度；

④ 灰色關聯度排序。

（1）確定參考序列和比較序列

關聯分析首先要確定參考序列和比較序列，但在確定參考序列和比較序列之前，先給出灰色關聯因子集的概念。

令 X 為序列集

$$X=\left\{\begin{array}{c} x_i \mid i \in M, M=\{1,2,\cdots,m\}, m \geq 2, \\ x_i=(x_i(1),x_i(2),\cdots,x_i(n)), \\ x_i(k) \in x_i, k \in K, K=\{1,2,\cdots,n\}, n \geq 2, \\ x_i(k) 為對象 i 第 k 個指標 \end{array}\right\} \tag{2-43}$$

① 若對於 $\forall i,j \in M, x_i(k)$ 與 $x_j(k), \forall k \in K$，同數量級，且無量綱，則稱 X 是數量可比序列集；

② 若 X 中不存在平行序列，則稱 X 是數值可接近序列集。

如果 X 具有下述性質：

a. 數值可接近性；

b. 數量可比性；

c. 非負因子性；

則稱 X 為灰色關聯因子集，或灰色關聯序列集，稱 X 中的序列為因子。

下面給出參考序列和比較序列的定義。

所謂「參考序列」，常記為 x_{0j}，它由不同時刻的統計資料構成，或者最佳單目標優化值。參考序列 x_{0j} 可表示為：

$$X=\left\{\begin{array}{c} x_i \mid i \in M, M=1,2,\cdots,m, m \geq 1, \\ x_i=(x_i(1),x_i(2),\cdots,x_i(n)), \\ x_i(k) \in x_i, k \in K, K=1,2,\cdots,n, n \geq 2 \end{array}\right\} \tag{2-44}$$

（2）原始資料處理

由於系統中各因素的物理意義不同，或計量單位不同，從而導致資料的量綱不同，而且有時數值的數量級相差懸殊。不同量綱、不同數量級之間不便比較，或者在比較時難以得到正確的結果。為了便於分析，同時為保證資料具有等效性和同序性，就需要在各因素進行比較時對原

始資料進行無量綱化的資料處理，使之量綱統一化。

資料處理常常有以下幾種方式：

① 累加生成，記為 AGO；

② 累減生成，記為 IAGO；

③ 初值化，記為 INGO；

④ 均值化，記為 MGO；

⑤ 區間值化，記為 QGO；

⑥ 測度化；

⑦ 模型化。

從功能內涵看，這些方法可以分為三類：層次變換型、數值變換型、極性變換型。

屬於層次變換型的方法有累加生成與累減生成。累減是累加的逆生成。所謂累加生成（AGO）就是將數列逐個地累加，這類變換是層次型的，改變層次的目的是為了發現規律。由於累加生成有揭示潛在規律的作用，因此，它常用於灰色建模及資料的技術性處理。

均值化、初值化、區間值化等統稱純量資料處理，屬於數值變換。其功能是將那些因量綱、數量級不同而無可比性的對象，經數值變換後，使其變為無量綱且具有相同數量級，從而使「不可比」轉化為「可比」。數值變換常用於灰色關聯分析和 GM（1，N）建模。

測度化，指上限、下限、中值的效果測度，其功能是改變資料的極性，使目標不一致的樣本在極性上統一，便於比較與運算。測度化資料變化主要用於灰局勢決策。模型化，指透過某種模型來獲得的資料變化。

在灰色關聯分析中，常用的灰生成方法主要是純量資料處理方法，尤其是區間資料處理方法。

1）初值化處理

對一個數列的所有資料均用它的第一個數去除，從而得到一個新數列的方法稱為初值化處理。這個新數列表明原始數列中不同時刻的值相對於第一個時刻值的倍數。該數列有共同起點，無量綱。

令 x' 為 x 的生成序列

$$x = \{x(1), x(2), \cdots, x(n)\}$$
$$x' = \{x'(1), x'(2), \cdots, x'(n)\} \tag{2-45}$$

若滿足

$$x'(k) = x(k)/x(1)$$
$$x(k) \in x, x(1) \in x$$

則稱 x' 為 x 的初值處理序列。

記初值化處理為 INGO，則

$$INGO: x \rightarrow x'$$
$$INGO: x(k) \rightarrow x'(k)$$
$$x'(k) = x(k)/x(1)$$

2）均值化處理

對一個數列的所有資料均用它的平均值去除，從而得到一個新數列的方法稱為均值化處理。這個新數列表明原始數列中不同時刻的值相對於平均值的倍數。令 x^m 為 x 的生成序列

$$x = \{x(1), x(2), \cdots, x(n)\}$$
$$x^m = \{x^m(1), x^m(2), \cdots, x^m(n)\} \tag{2-46}$$

若滿足

$$x^m(k) = x(k)/\overline{x}$$
$$\overline{x} = \frac{1}{n} \sum_{k=1}^{n} x(k)$$

則稱 x^m 為 x 的均值處理序列。

記均值化處理為 MGO，則

$$MGO: x \rightarrow x^m$$
$$MGO: x(k) \rightarrow x^m(k)$$
$$x^m(k) = x(k)/\overline{x}$$
$$\overline{x} = \frac{1}{n} \sum_{k=1}^{n} x(k)$$

3）區間值化資料處理

對於指標數列或時間數列，當區間值的特徵比較重要時，採用區間值化資料處理。

令 X 為指標序列集

$$X = \left\{ \begin{array}{l} x_i \mid i \in M, M = \{1, 2, \cdots, m\}, \\ x_i = (x_i(1), x_i(2), \cdots, x_i(n)), \\ x_i(k) \in x_i, k \in K, K = \{1, 2, \cdots, n\}, \\ x_i(k) \text{為對象 } i \text{ 第 } k \text{ 個指標} \end{array} \right\} \tag{2-47}$$

記 x_i^Q 為 x_i 的生成序列

$$x_i = \{x_i(1), x_i(2), \cdots, x_i(n)\} \tag{2-48}$$
$$x_i^Q = \{x_i^Q(1), x_i^Q(2), \cdots, x_i^Q(n)\} \tag{2-49}$$

對望大特徵的目標，資料處理為

$$x_i^Q(k) = \frac{x_i(k) - \min\limits_{i \in M} x_i(k)}{\max\limits_{i \in M} x_i(k) - \min\limits_{i \in M} x_i(k)} \tag{2-50}$$

對望小特徵的目標，資料處理為

$$x_i^Q(k) = \frac{\max\limits_{i \in M} x_i(k) - x_i(k)}{\max\limits_{i \in M} x_i(k) - \min\limits_{i \in M} x_i(k)} \qquad (2\text{-}51)$$

對望目特徵，資料處理為

$$x_i^Q(k) = \frac{\max\limits_{i \in M} |x_i(k) - x_0| - |x_i(k) - x_0|}{\max\limits_{i \in M} |x_i(k) - x_0| - \min\limits_{i \in M} |x_i(k) - x_0|} \qquad (2\text{-}52)$$

記區間值化資料處理為

$$QGO: x_i \rightarrow x_i^Q$$

$$QGO: x_i(k) \rightarrow x_i^Q(k)$$

$$k \in K$$

(3) 求灰色關聯係數

系統間或因素間的關聯程度是根據曲線間幾何形狀的相似程度來判斷其聯係是否緊密，因此，曲線間差值的大小，可以作為關聯程度的衡量尺度。

令 X 為灰色關聯因子集

$$X = \left\{ \begin{array}{c} x_i \,|\, i \in M, M = \{1, 2, \cdots, m\}, m \geq 2, \\ x_i = \{x_i(1), x_i(2), \cdots, x_i(n)\}, \\ x_i(k) \in x_i, k \in K, K = \{1, 2, \cdots, n\}, n \geq 2 \end{array} \right\} \qquad (2\text{-}53)$$

令 $x_0 \in X$ 為參考列，$x_i \in X$ 為比較列，$x_0(k)$ 與 $x_i(k)$ 分別為 x_0 與 x_i 在第 k 點的資料。若有非負實數 $\xi_{0i}(k)$ 為 X 上在一定環境下 $x_0(k)$ 與 $x_i(k)$ 的比較測度，$|x_0(k) - x_i(k)|$ 越小，$\xi_{0i}(k)$ 越大時，稱 $\xi_{0i}(k)$ 為 x_i 對 x_0 在 k 點的灰色關聯係數。灰色關聯係數為

$$\xi_{0i}(k) = \frac{\min\limits_{i \in M} \min\limits_{k \in K} |x_0(k) - x_i(k)| + \rho \max\limits_{i \in M} \max\limits_{k \in K} |x_0(k) - x_i(k)|}{|x_0(k) - x_i(k)| + \rho \max\limits_{i \in M} \max\limits_{k \in K} |x_0(k) - x_i(k)|}$$

$$(2\text{-}54)$$

式中，$|x_0(k) - x_i(k)|$ 是距離，而 $\min\limits_{i \in M} \min\limits_{k \in K} |x_0(k) - x_i(k)|$，$\max\limits_{i \in M} \max\limits_{k \in K} |x_0(k) - x_i(k)|$ 是 x_i 與 x_0 的比較環境，也是 $x_i(k)$ 的領域，它含有點集拓撲資訊。

常數 ρ 稱為分辨係數，$\rho \in [0, 1]$。它的作用在於調整比較環境的大小。當 $\rho = 0$ 時，環境消失；當 $\rho = 1$ 時，環境被「原封不動」地保持著，當 $\rho = 0.5436$ 時比較容易觀察關聯度解析度的變化，因此，一般取 $\rho = 0.5$。

(4) 求灰色關聯度

兩個系統或者兩個因素間關聯性大小的度量，稱為關聯度。關聯度描述了系統發展過程中，因素間相對變化的情況，也就是變化大小、方向與速度等的相對性。如果兩者在發展過程中，相對變化基本一致，則認為兩者關聯度大，反之，兩者關聯度小。關聯分析的實質，就是對數列曲線進行幾何關係的比較。若兩數列曲線重合，則關聯性好，即關聯係數為 1，那麼兩數列關聯度也等於 1。同時，兩數列曲線不可能垂直，即無關聯性，所以關聯係數大於 0，故關聯度也大於 0。因為關聯係數是曲線幾何形狀關聯程度的一個度量，在比較全過程中，關聯係數不止一個。因此，取關聯係數的平均值作為比較全過程的關聯程度的度量。

令非負實數 $r(x_0, x_i)$ 為 $\xi_{0i}(k)$ 的平均值，即

$$r(x_0, x_i) = \frac{1}{n} \sum_{k=1}^{n} \xi_{0i}(k) \tag{2-55}$$

稱 $r(x_0, x_i)$ 為 x_i 對 x_0 的灰色關聯度，簡記為 r_{0i}。

在按上式計算關聯度時，是對各指標或空間作平均權處理的，即將各指標或空間視為同等重要的。但在實際中，卻存在許多不平均權的情況，即認為某些指標更為重要。因此，可根據實際情況，對灰色關聯係數作加權平均求取灰色關聯度。

(5) 灰色關聯矩陣

如果參考序列不止一個，而比較序列也不止一個，則各比較序列對各參考序列的灰色關聯度構成灰關聯矩陣。若

n 個母序列：x_1, x_2, x_3, $\cdots$, x_n, $n \neq 1$；

m 個子序列：x'_1, x'_2, x'_3, $\cdots$, x'_m, $m \neq 1$；

則各子序列對母序列的關聯度分別為

$$(r_{11}, r_{12}, \cdots, r_{1m})$$
$$(r_{21}, r_{22}, \cdots, r_{2m})$$
$$\vdots$$
$$(r_{n1}, r_{n2}, \cdots, r_{nm})$$

若將 $r_{ij}(i=1, 2, \cdots, n; j=1, 2, \cdots, m)$ 作適當排列，便得到關聯矩陣

$$\boldsymbol{R} = \begin{bmatrix} r_{11} & r_{12} & \cdots & r_{1m} \\ r_{21} & r_{22} & \cdots & r_{2m} \\ \cdots & \cdots & \cdots & \cdots \\ r_{n1} & r_{n2} & \cdots & r_{nm} \end{bmatrix} \text{ 或 } \boldsymbol{R} = \begin{bmatrix} r_{11} & r_{12} & \cdots & r_{1n} \\ r_{21} & r_{22} & \cdots & r_{2n} \\ \cdots & \cdots & \cdots & \cdots \\ r_{m1} & r_{m2} & \cdots & r_{mn} \end{bmatrix} \tag{2-56}$$

關聯矩陣可以作為相關分析的基礎。如果在關聯矩陣中，第 i 列滿足

$$\begin{bmatrix} r_{1i} \\ r_{2i} \\ \vdots \\ r_{mi} \end{bmatrix} > \begin{bmatrix} r_{1j} \\ r_{2j} \\ \vdots \\ r_{mj} \end{bmatrix}, j=1,2,\cdots,n, j \neq i \tag{2-57}$$

則稱母序列 Y_i 相對於其他母序列為最佳，或者說從子序列 x_i 的關聯度來看，母序列 Y_i 是系統的最佳序列。

若

$$\frac{1}{n}\sum_{k=1}^{n} r_{ki} > \frac{1}{n}\sum_{k=1}^{n} r_{kj}, i,j=1,2,\cdots,m, i \neq j \tag{2-58}$$

則稱母序列 Y_i 相對於其他母序列或者對子序列 x_i 的關聯度是最佳的。

(6) 灰色關聯排序

因為灰色關聯度不是唯一的，所以灰色關聯度本身值的大小不是關鍵，而各關聯度大小的排列順序更為重要，這就需要對灰色關聯度排序。

令 X 為灰關聯因子集

$$X=\left\{ \begin{array}{c} x_i \mid i \in M, M=\{1,2,\cdots,m\}, m \geq 2, \\ x_i=\{x_i(1),x_i(2),\cdots,x_i(n)\}, \\ x_i(k) \in x_i, k \in K, K=\{1,2,\cdots,n\}, n \geq 2 \end{array} \right\} \tag{2-59}$$

x_0 為 X 的參考序列，$x_i (i \in N)$ 為比較列，$r(x_0,x_i)$ 為灰關聯度，若有

$$r(x_0,x_i) > r(x_0,x_j) > \cdots > r(x_0,x_k), 0, i,j,\cdots,k \in M, M=\{1,2,\cdots,m\}$$
$$\tag{2-60}$$

則稱①對於 x_0 的影響，x_i 強於 x_j，記為

$$x_i > x_j$$

② $\qquad r(x_0,x_i) > r(x_0,x_j) > \cdots > r(x_0,x_k), x_i > x_j > \cdots > x_k \tag{2-61}$

為 X 上對於 x_0 的灰色關聯排序。

(7) 灰色關聯度的特點

灰色關聯是指事物之間的不確定關聯，或系統因子之間、因子對主行為之間的不確定關聯。

關聯度具有如下特點。

① 規範性。

a. $0 < r(x_0,x_i) < 1$，表明系統中任何因子都不是嚴格無關聯的；

b. $r(x_0, x_i) = 1 \Leftrightarrow x_0 = x_i$，表明因子本身是嚴格關聯的；

c. $r(x_0, x_i) = 0 \Leftrightarrow x_0, x_i \in \emptyset$，表明系統中不存在有關聯的因子。

② 偶對對稱性。

若系統中只存在兩個因子時，則兩兩比較是對稱的，即

$$x, y \in X, r(x, y) = r(y, x) \Leftrightarrow X = \{x, y\} \tag{2-62}$$

③ 整體性。

不同參考列的取捨不同，比較結果不一定符合對稱性。一般有

$$r(x_i, x_j) \neq r(x_j, x_i), (i \neq j) \quad x_i, x_j \in X = \{x_i \mid i = 0, 1, 2, \cdots, n\}, n \geqslant 2 \tag{2-63}$$

④ 接近性。

$|x_0(k) - x_i(k)|$ 越小，則 $r(x_0, x_i)$ 越大，即 x_i 與 x_0 越接近。

2.3.3 基於田口法的單目標切削敏感性分析和切削參數優化

如 2.1 節所述，新材料的切削加工性往往需要試驗資料揭示，尤其是表面粗糙度等品質因素，其影響因素是多種因素綜合作用的結果。影響零件加工表面粗糙度的因素有很多，例如切削用量、刀具幾何參數、零件的力學性能等。本節為研究某新型鋁基複合材料，進行了正交試驗。正交試驗以切削速度（主軸轉速）、進給量、切削深度、刀尖圓弧半徑 4 個切削參數作為探究影響表面粗糙度的因素，進行正交切削試驗，正交試驗表如表 2-1 所示，設計的試驗參數水準表如表 2-2 所示，其中切削速度、進給量、切削深度，刀尖圓弧半徑作為輸入，測量的表面粗糙度值作為輸出，為了確保測量資料的準確性，同一表面其粗糙度值測量 5 次，表面粗糙度測量結果如表 2-3 所示[28]。

表 2-1 正交試驗表 $L_{16}(4^4)$

編號	A	B	C	D
1	1	1	1	1
2	1	2	2	2
3	1	3	3	3
4	1	4	4	4
5	2	1	2	3
6	2	2	1	4
7	2	3	4	1
8	2	4	3	2
9	3	1	3	4
10	3	2	4	3
11	3	3	1	2
12	3	4	2	1

續表

編號	A	B	C	D
13	4	1	4	2
14	4	2	3	1
15	4	3	2	4
16	4	4	1	3

表 2-2　試驗參數水準表

參數	標識	水準			
		1	2	3	4
刀尖圓弧半徑r_ε/mm	A	0.2	0.4	0.6	0.8
切削深度a_p/mm	B	0.1	0.15	0.2	0.25
進給量 f/mm·r^{-1}	C	0.02	0.05	0.08	0.12
切削速度v_c/m·min^{-1}	D	150	200	250	300

　　對於高速加工 SiC_p/Al 複合材料，表面粗糙度值越小越好，因此，其切削參數設計屬於望小參數設計，其輸出值表面粗糙度的訊噪比為

$$S/N(\text{dB}) = -10\lg\left(\frac{1}{n}\sum_{i=1}^{n}Ra_i^2\right) \tag{2-64}$$

式中，$i=1,2,3,\cdots,n$（其中 n 為 5）。

　　根據式(2-64)，可求得各試驗方案的訊噪比，結果如表 2-3 所示。

　　根據各試驗方案輸出表面粗糙度的訊噪比，可求得平均訊噪比為

$$\overline{S} = \frac{1}{N}\sum_{j=1}^{N}S_j \tag{2-65}$$

式中，$j=1,2,3,\cdots,N$（其中 $N=16$）；S_j 為第 j 個試驗方案的訊噪比，計算結果見表 2-3。

表 2-3　表面粗糙度及訊噪比

編號	表面粗糙度						訊噪比/dB
	Ra_1	Ra_2	Ra_3	Ra_4	Ra_5	均值	
1	0.273	0.27	0.28	0.285	0.282	0.278	11.12
2	0.669	0.657	0.644	0.679	0.661	0.662	3.58
3	1.467	1.416	1.467	1.483	1.447	1.456	−3.26
4	2.292	2.255	2.309	2.302	2.282	2.288	−7.19
5	0.383	0.381	0.416	0.447	0.423	0.410	7.73
6	0.38	0.386	0.347	0.371	0.354	0.368	8.69
7	1.133	1.19	1.145	1.12	1.137	1.145	−1.18
8	0.756	0.738	0.758	0.744	0.774	0.754	2.45
9	0.603	0.616	0.599	0.635	0.622	0.615	4.22
10	0.816	0.833	0.832	0.833	0.826	0.828	1.64
11	0.272	0.269	0.277	0.271	0.276	0.273	11.28
12	0.408	0.425	0.416	0.414	0.377	0.408	7.78

續表

| 編號 | 表面粗糙度 | | | | | | 訊噪比/dB |
	Ra_1	Ra_2	Ra_3	Ra_4	Ra_5	均值	
13	0.852	0.873	0.837	0.873	0.865	0.860	1.31
14	0.671	0.618	0.678	0.634	0.634	0.647	3.78
15	0.509	0.543	0.516	0.532	0.525	0.525	5.59
16	0.369	0.359	0.348	0.354	0.35	0.356	8.97
平均訊噪比							4.16

為了確定各切削參數對最終表面粗糙度的影響程度，還需對各參數在不同水準上進行方差分析，求出各切削參數對表面粗糙度的顯著性影響，具體計算過程如下。

① 各試驗方案訊噪比求和，取平方，得到

$$C_T = \frac{1}{N}\left(\sum_{j=1}^{N} S_j\right)^2 \tag{2-66}$$

② 計算各切削參數在各個水準的訊噪比之和

$$T_z^m = \sum_{j=1}^{N} S_j \big|_{L(z)=m} \tag{2-67}$$

式中，T_z^m 為第 z 個參數的第 m 個水準訊噪比之和，$z \in \{A,B,C,D\}$，$m \in \{1,2,\cdots,k\}$（其中 k 為第 z 個參數的水準數量，$k=4$）；$L(z)$ 是試驗參數 z 的平均值。

③ 計算各切削參數訊噪比波動

$$S_{Sz} = \frac{1}{k}\sum_{m=1}^{k}(T_z^m)^2 - \frac{C_T}{N} \tag{2-68}$$

式中，S_{Sz} 為第 z 個參數的訊噪比波動。

④ 計算各切削參數各個水準的訊噪比的平均值

$$\overline{T}_z^m = \frac{1}{k}\left(\sum_{j=1}^{N} S_j \big|_{L(z)=m}\right) \tag{2-69}$$

其中 $\overline{T}_z^m$ 為第 z 個參數的第 m 個水準的訊噪比的平均值。

經過計算可求得各個切削參數各個水準訊噪比的和值和平均值，及各個切削參數的波動如表 2-4 所示。

表 2-4　各試驗參數及水準的訊噪比分析

| 參數標識 | 水準 1 | | 水準 2 | | 水準 3 | | 水準 4 | | 波動 |
	和值	均值	和值	均值	和值	均值	和值	均值	
A	4.245	1.061	17.686	4.422	24.916	**6.229**	19.649	4.912	58.07
B	24.375	**6.094**	17.681	4.42	12.429	3.107	12.011	3,003	25.02
C	40.047	**10.012**	24.684	6.171	7.184	1.796	−5.419	−1.355	297.15
D	21.495	**5.374**	18.617	4.654	15.072	3.768	11.312	2.828	14.58

表 2-4 的最後一列為訊噪比波動大小，反應的是 4 個切削參數造成表面粗糙度值波動的大小。波動資料表明 4 個參數對表面粗糙度影響程度為：$f > r_\varepsilon > a_p > v_c$。

為了進一步確定影響表面粗糙度的顯著性因素及各個參數對最終表面粗糙度的影響程度，對訊噪比進行了方差分析，方差分析結果如表 2-5 所示。

表 2-5　表面粗糙度訊噪比的方差分析結果

參數	自由度	平方和	平均平方和	F 值	貢獻率
r_ε	3	58.07	19.356	38.624	14.71％
a_p	3	25.02	8.339	16.641	6.34％
f	3	297.15	99.051	197.651	75.26％
v_c	3	14.58	4.860	9.699	3.69％
誤差	3	6.01	0.501		
合計	15	400.83			

根據表 2-5，刀尖圓弧半徑、切削深度和進給量的 F 值分別是 38.624、16.641 和 197.651。根據 95％ 的置信區間 F（1.3）是 10.13，因此，對表面粗糙度而言，刀尖圓弧半徑、切削深度和進給量都是顯著性因素，而切削速度為非顯著性因素，對表面粗糙度的貢獻率分別為 14.71％、6.34％、75.26％、3.69％。

為了確定各個切削參數的最佳值，將表 2-4 中各個切削參數在各個水準的訊噪比平均值和表面粗糙度平均值以圖 2-1 表示。

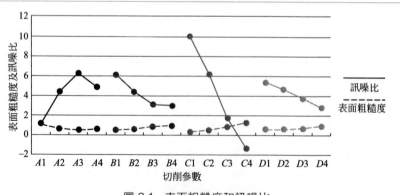

圖 2-1　表面粗糙度和訊噪比

從圖 2-1 看出，最佳的參數組合為 $A3B1C1D1$，在此參數組合條件下，能夠獲得最大訊噪比，也就是說，在刀具圓弧半徑為 0.6mm，切削深度為 0.1mm，進給量在 0.02mm/r，切削速度在 150m/min 的參數條件下，能夠獲得最小的表面粗糙度。

當利用田口方法對影響 SiC_p/Al 複合材料的切削參數進行了顯著性分析後，確定了最佳切削參數組合為 $A3B1C1D1$。但是該參數組合併不在 16 組正態切削試驗中，因此，需要估算其產生的表面粗糙度大小，其計算過程如下。

最佳參數組合產生的表面粗糙度訊噪比可透過式(2-70) 計算

$$S_e = \overline{T}_A^3 + \overline{T}_B^1 + \overline{T}_C^1 + \overline{T}_D^1 - 3\overline{S} = 15.241 \text{dB} \tag{2-70}$$

對應的最佳表面粗糙度為

$$Ra_e = \sqrt{10^{[S_e/(-10)]}} = 0.173 \mu m \tag{2-71}$$

同樣的試驗原理，透過福祿克 1736 電能記錄儀測量 16 次正交試驗的切削功率，測量的試驗資料如表 2-6 所示。

表 2-6　試驗結果

序號	A	B	C	D	總功率 P/kW					空載功率 P_i/kW				
					P_1	P_2	P_3	P_4	P_5	P_{i1}	P_{i2}	P_{i3}	P_{i4}	P_{i5}
1	1	1	1	1	1.486	1.473	1.491	1.482	1.481	1.014	1.013	1.011	1.009	1.012
2	1	2	2	2	1.973	1.978	2.006	2.004	1.990	1.009	1.011	1.013	1.012	1.019
3	1	3	3	3	1.983	1.972	1.987	2.035	2.030	1.025	1.018	1.017	1.016	1.017
4	1	4	4	4	2.013	2.011	2.131	2.119	1.960	1.073	1.072	1.068	1.067	1.065
5	2	1	2	3	1.982	1.978	1.989	1.995	1.989	1.080	1.078	1.081	1.073	1.024
6	2	2	1	4	2.006	1.960	1.974	1.965	1.937	1.004	1.006	1.006	1.005	1.011
7	2	3	4	1	1.467	1.465	1.488	1.553	1.551	1.012	1.012	1.019	1.018	1.015
8	2	4	3	2	1.933	1.906	1.937	1.997	1.991	1.008	1.018	1.016	1.015	
9	3	1	3	4	2.018	1.996	2.036	2.028	1.978	1.022	1.019	1.017	1.024	1.023
10	3	2	4	3	1.983	1.984	2.070	2.065	1.850	1.025	1.024	1.024	1.020	1.020
11	3	3	1	2	1.874	1.859	1.876	1.868	1.865	1.021	1.022	1.024	1.026	1.023
12	3	4	2	1	1.432	1.444	1.496	1.488	1.493	1.021	1.020	1.021	1.020	1.024
13	4	1	4	2	1.830	1.833	1.832	1.895	1.819	1.025	1.024	1.027	1.025	1.025
14	4	2	3	1	1.448	1.437	1.435	1.492	1.490	1.027	1.032	1.029	1.030	1.032
15	4	3	2	4	1.998	1.994	2.039	2.058	1.977	1.040	1.039	1.043	1.039	1.039
16	4	4	1	3	1.979	1.965	1.955	2.004	2.004	1.035	1.032	1.032	1.037	1.032

為了研究切削速度、進給量、切削深度、刀尖圓弧半徑對能耗影響的敏感度，需要將加工過程中消耗的總功率 P 減去空載功率 P_i，得到切削功率 P_c

$$P_c = P - P_i \tag{2-72}$$

對於高速加工 SiC_p/Al 複合材料，功率值越小越好，因此，其切削參數設計屬於望小參數設計，其輸出值功率的訊噪比為

$$S/N(\text{dB}) = -10\log_{10}\left(\frac{1}{n}\sum_{j=1}^{n}P_j^2\right) \tag{2-73}$$

式中，P 為功率；$j = 1, 2, 3, \cdots, n$（其中 n 為 5）。

根據式(2-73)，可求得各試驗方案的訊噪比，結果如表 2-7 所示。

根據各試驗方案輸出表面粗糙度的訊噪比，可求得平均訊噪比為

$$\overline{S} = \frac{1}{N}\sum_{k=1}^{N}S_k \qquad (2\text{-}74)$$

式中，$k=1,2,3,\cdots,N$（其中 $N=16$）；S_k 為第 k 個試驗方案的訊噪比，計算結果見表 2-7。

表 2-7　切削功率及訊噪比

| 序號 | 切削功率/kW | | | | | | 訊噪比/dB |
	P_{c1}	P_{c2}	P_{c3}	P_{c4}	P_{c5}	平均值	
1	0.472	0.460	0.480	0.473	0.469	0.471	6.542
2	0.964	0.967	0.993	0.992	0.971	0.977	0.198
3	0.958	0.954	0.970	1.019	1.013	0.983	0.147
4	0.940	0.939	1.063	1.052	0.895	0.978	0.175
5	0.902	0.900	0.908	0.922	0.965	0.919	0.727
6	1.002	0.954	0.968	0.960	0.926	0.962	0.334
7	0.455	0.453	0.469	0.535	0.536	0.490	6.177
8	0.921	0.898	0.919	0.981	0.976	0.939	0.541
9	0.996	0.977	1.019	1.004	0.955	0.990	0.083
10	0.958	0.960	1.046	1.045	0.830	0.968	0.255
11	0.853	0.837	0.852	0.842	0.842	0.845	1.461
12	0.411	0.424	0.474	0.468	0.469	0.449	6.936
13	0.805	0.809	0.805	0.870	0.794	0.817	1.755
14	0.421	0.405	0.406	0.462	0.458	0.430	7.308
15	0.958	0.955	0.996	1.019	0.938	0.973	0.232
16	0.944	0.933	0.923	0.967	0.972	0.948	0.464
						$C_T=69.455$	$\overline{S}=2.083$

為了確定各切削參數對最終表面粗糙度的影響程度，還需對各參數在不同水準上進行方差分析，求出各切削參數對表面粗糙度的顯著性影響，具體計算過程如下

① 各試驗方案訊噪比求和，取平方，得到 C_T

$$C_T = \frac{1}{N}\left(\sum_{k=1}^{N}S_k\right)^2 \qquad (2\text{-}75)$$

② 計算各切削參數在各個水準的訊噪比之和

$$T_z^m = \sum_{k=1}^{N}S_k\,\big|_{L(z)=m} \qquad (2\text{-}76)$$

式中，T_z^m 為第 z 個參數的第 m 個水準訊噪比之和，$z\in\{A,B,C,D\}$，$m\in\{1,2,\cdots,l\}$（其中 l 為第 z 個參數的水準數量，$l=4$）；$L(z)$ 是試驗參數 z 的平均值。

③ 計算各切削參數訊噪比波動

$$S_{Sz} = \frac{1}{l}\sum_{m=1}^{l}(T_z^m)^2 - \frac{C_T}{N} \qquad (2\text{-}77)$$

其中，S_{Sz} 為第 z 個參數的訊噪比波動。

④ 計算各切削參數各個水準的訊噪比的平均值

$$\overline{T}_z^m = \frac{1}{l}\left(\sum_{k=1}^N S_k \,\big|_{L(z)=m}\right) \tag{2-78}$$

其中 $\overline{T}_z^m$ 為第 z 個參數的第 m 個水準的訊噪比的平均值。

經過計算可求得各個切削參數各個水準訊噪比的和值和平均值，及各個切削參數的波動見表 2-8。

表 2-8　各試驗參數及水準的訊噪比分析

標識	水準 1		水準 2		水準 3		水準 4		波動
	訊噪比和	平均訊噪比	訊噪比和	平均訊噪比	訊噪比和	平均訊噪比	訊噪比和	平均訊噪比	
A	7.062	1.766	7.779	1.945	8.736	2.184	9.759	2.440	2.697
B	9.108	2.277	8.095	2.024	8.017	2.004	8.116	2.029	1.091
C	8.801	2.200	8.093	2.023	8.080	2.020	8.362	2.091	0.721
D	26.964	6.741	3.955	0.989	1.594	0.398	0.824	0.206	26.141

表 2-8 的最後一列為訊噪比波動大小，反應的是 4 個切削參數造成功率值波動的大小。波動資料表明參數 D（切削速度）對功率影響最為顯著，參數 A（刀尖圓弧半徑）和參數 B（切削深度）對功率影響較不顯著，參數 C（進給量）對功率影響最不顯著。關於功率，透過分析訊噪比可以知道切削參數對功率的影響程度為 $D>A>B>C(v_c>r_\varepsilon>a_p>f)$。上述的功率顯著性分析結果與表面粗糙度分析結果不同，表明切削用量三要素和刀尖圓弧半徑對功率的影響和對表面粗糙度的影響程度是不一樣的。

為了準確預測不同參數組合條件下，切削功率的準確值，使用 Minitab 軟體建立功率與切削參數的四元二次方程如下：

$$P_c = -6.84 - 8.57A + 27.72B - 68.0C + 0.0773D + 9.35AA$$
$$-9.53BB + 160.7CC - 0.000113DD - 6.11AB + 6.59AC$$
$$+0.004317AD + 209.6BC - 0.1528BD + 0.02029CD$$

$$\tag{2-79}$$

與試驗結果相比，功率的預測結果如表 2-9 和圖 2-2 所示。

表 2-9　功率的試驗結果和預測結果

序號	試驗結果	預測結果	偏差
1	0.471	0.475	0.94%
2	0.977	0.952	-2.65%
3	0.983	1.030	4.81%
4	0.978	0.999	2.12%
5	0.919	0.970	5.47%
6	0.962	0.975	1.31%

續表

序號	試驗結果	預測結果	偏差
7	0.490	0.496	1.21%
8	0.939	0.913	−2.80%
9	0.990	0.976	−1.46%
10	0.968	0.968	0.00%
11	0.845	0.863	2.05%
12	0.449	0.485	7.87%
13	0.817	0.839	2.80%
14	0.430	0.400	−7.10%
15	0.973	1.027	5.53%
16	0.948	0.935	−1.30%
平均偏差			3.09%

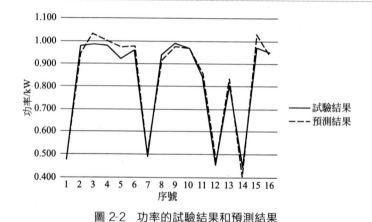

圖 2-2　功率的試驗結果和預測結果

如表 2-9 和圖 2-2 所示，功率的預測值非常接近試驗值。當 A 為 0.6mm，B 為 0.25mm，C 為 0.05mm/r，D 為 150m/min 時，最大預測偏差為 7.87%。當 A 為 0.6mm，B 為 0.15mm，C 為 0.12mm/r，D 為 250m/min 時，最小預測偏差為 0.00%。平均預測偏差為 3.09%，表明預測功率值與試驗功率值吻合良好。

2.3.4　基於灰度關聯法的多目標切削參數優化

在衡量切削加工的眾多指標中，除了加工品質（表面粗糙度和加工精度）外，加工效率和能耗也是重要指標[29,30]。因此，本節將以加工品質（表面粗糙度）、能耗（切削功率）、效率（材料去除率）作為切削參數優化的聯合指標，實現切削參數的多目標優化。在上述的切削過程中，除了進行了表面粗糙度測量外，還進行了切削力及轉矩的測量，測量結果如表 2-10 所示。平均切削力及平均轉矩如表 2-11 所示。

表 2-10 切削力及轉矩測量

序號	第一次測量				第二次測量				第三次測量			
	F_x/N	F_y/N	F_z/N	$M_z/(N \cdot m)$	F_x/N	F_y/N	F_z/N	$M_z/(N \cdot m)$	F_x/N	F_y/N	F_z/N	$M_z/(N \cdot m)$
1	-11.432	8.539	5.471	-0.959	-11.473	8.601	5.472	-0.962	-11.388	8.320	5.321	-0.960
2	-19.496	10.498	9.601	-1.663	-19.552	10.389	9.543	-1.674	-19.490	10.293	9.447	-1.669
3	-31.371	12.763	12.737	-2.741	-31.888	12.880	12.933	-2.785	-31.800	12.879	12.871	-2.778
4	-11.494	10.904	7.102	-0.943	-11.631	11.013	7.201	-0.952	-11.686	11.005	7.144	-0.955
5	-8.989	8.864	3.716	-0.670	-9.047	8.915	3.701	-0.676	-8.937	8.752	3.523	-0.672
6	-8.027	9.093	4.476	-0.588	-8.079	9.026	4.568	-0.596	-8.114	9.007	4.575	-0.598
7	-27.468	16.011	9.066	-2.325	-27.654	16.088	9.120	-2.344	-27.499	15.927	9.075	-2.334
8	-24.687	14.650	10.236	-2.059	-25.003	14.738	10.302	-2.090	-24.843	14.447	10.139	-2.077
9	-11.850	9.157	3.935	-0.987	-11.989	9.180	3.954	-1.002	-11.856	9.075	3.889	-0.987
10	-21.126	13.465	5.352	-1.781	-21.367	13.709	5.362	-1.797	-21.243	13.620	5.247	-1.785
11	-9.332	8.948	4.656	-0.699	-8.935	8.886	4.527	-0.711	-9.052	8.851	4.421	-0.709
12	-18.221	12.698	7.268	-1.524	-18.405	12.864	7.102	-1.543	-18.069	12.609	7.680	-1.511
13	-17.413	15.668	4.140	-1.390	-17.534	15.834	4.048	-1.394	-17.360	15.321	3.920	-1.388
14	-18.699	17.012	5.193	-1.487	-18.537	16.859	5.333	-1.466	-18.690	17.008	5.371	-1.481
15	-17.615	17.149	6.613	-1.415	-17.731	17.251	6.708	-1.428	-17.843	17.401	6.758	-1.438
16	-14.057	16.031	6.638	-1.099	-14.178	16.081	6.621	-1.115	-14.250	16.198	6.679	-1.118

表 2-11　平均切削力及平均轉矩

序號	F_x/N	F_y/N	F_z/N	$M_z/(N \cdot m)$
1	-11.43	8.49	5.42	-0.96
2	-19.51	10.39	9.53	-1.67
3	-31.69	12.84	12.85	-2.77
4	-11.60	10.97	7.15	-0.95
5	-8.99	8.84	3.65	-0.67
6	-8.07	9.04	4.54	-0.59
7	-27.54	16.01	9.09	-2.33
8	-24.84	14.61	10.23	-2.08
9	-11.90	9.14	3.93	-0.99
10	-21.25	13.60	5.32	-1.79
11	-9.11	8.90	4.53	-0.71
12	-18.23	12.72	7.35	-1.53
13	-17.44	15.61	4.04	-1.39
14	-18.64	16.96	5.30	-1.48
15	-17.73	17.27	6.69	-1.43
16	-14.16	16.10	6.65	-1.11

　　根據前文的公式（2-26）和公式（2-13），可計算其平均切削功率和材料去除率，如表 2-12 所示。

表 2-12　平均切削功率和材料去除率

序號	平均粗糙度/μm	平均功率/W	材料去除率/(cm^3/min)
1	0.278	28.581	0.3
2	0.662	65.058	1.5
3	1.456	132.068	4
4	2.288	58.057	9
5	0.41	37.468	1.25
6	0.3676	40.371	0.9
7	1.145	68.875	3.6
8	0.754	82.839	4
9	0.615	59.505	2.4
10	0.828	88.544	4.5
11	0.273	30.358	0.8
12	0.408	45.586	1.875
13	0.86	58.133	2.4
14	0.647	46.614	1.8
15	0.525	88.662	3
16	0.356	59.012	1.25

　　透過方差分析法，使用 Minitab 軟體對影響表面粗糙度、功率和材料去除率的各個因素進行顯著性分析，由於相同切削參數條件下，表面粗糙度測量 5 次，切削力測量 3 次，因此，粗糙度、切削功率的總試驗次數分別是 80 和 48 次。表面粗糙度方差分析結果如表 2-13 所示，切削功率方差分析結果如表 2-14 所示，材料去除率方差分析結果如表 2-15 所示。

表 2-13　表面粗糙度方差分析

切削參數	自由度（DF）	偏差平方和（SS）	偏差平方和均值（MS）	F 值	貢獻度
刀尖圓弧半徑 $r_ε$	3	5.098	1.699	109.740	26.11%
切削深度 a_p	3	2.189	0.729	47.110	11.21%
進給量 f	3	10.856	3.619	233.680	55.59%
切削速度 v_c	3	1.384	0.461	29.800	7.09%
誤差	67	1.038	0.015		
合計	79	20.564			

表 2-14　切削功率方差分析

切削參數	自由度	偏差平方和（SS）	偏差平方和均值（MS）	F 值	貢獻度
刀尖圓弧半徑 $r_ε$	3	1660.4	553.48	3.16	6.50%
切削深度 a_p	3	7030.9	2343.65	13.38	27.52%
進給量 f	3	10616.8	3538.92	20.21	41.57%
切削速度 v_c	3	6235	2078.32	11.87	24.41%
誤差	35	6129.3	175.12		
合計	47	31672.4			

表 2-15　材料去除率方差分析

切削參數	自由度	偏差平方和（SS）	偏差平方和均值（MS）	F 值	貢獻率
刀尖圓弧半徑 $r_ε$	3	6.007	2.0023	2.01	9.36%
切削深度 a_p	3	13.208	4.4025	4.42	20.59%
進給量 f	3	36.159	12.053	12.11	56.40%
切削速度 v_c	3	8.751	2.9169	2.93	13.65%
誤差	3	2.987	0.9957		
合計	15	67.111			

　　由於優化目標，表面粗糙度、功率、材料去除率的單位不統一，為了綜合考慮三個目標的總體優化效果，因此，透過灰度關聯法對優化目標進行關聯度分析。

　　首先，實現三個優化目標的無量綱化。無量綱化的方法較多，此處統一採用區間化資料處理方式，但是對於表面粗糙度和功率而言，希望其值越小越好，而對材料去除率而言，希望其越大越好。因此，這三個優化目標的區間化資料處理方法也不相同。表面粗糙度和功率的區間化資料處理是基於望小目標的資料處理，使用公式（2-80）無量綱化。

$$x_i^Q(k) = \frac{\max_{i \in M} x_i(k) - x_i(k)}{\max_{i \in M} x_i(k) - \min_{i \in M} x_i(k)} \tag{2-80}$$

　　而材料去除率區間化資料處理是基於望大目標的資料處理，使用公式(2-81) 無量綱化。

$$x_i^Q(k) = \frac{x_i(k) - \min\limits_{i \in M} x_i(k)}{\max\limits_{i \in M} x_i(k) - \min\limits_{i \in M} x_i(k)} \tag{2-81}$$

處理後的無量綱化資料 $x_i^Q(k)$ 如表 2-16 所示。

表 2-16　無量綱化資料 $x_i^Q(k)$

序號	平均粗糙度	平均功率	材料去除率
1	0.998	1.000	0.000
2	0.807	0.648	0.138
3	0.413	0.000	0.425
4	0.000	0.715	1.000
5	0.932	0.914	0.109
6	0.953	0.886	0.069
7	0.567	0.611	0.379
8	0.761	0.476	0.425
9	0.830	0.701	0.241
10	0.725	0.421	0.483
11	1.000	0.983	0.057
12	0.933	0.836	0.181
13	0.709	0.714	0.241
14	0.814	0.826	0.172
15	0.875	0.419	0.310
16	0.959	0.706	0.109
$x_0^Q(k)$	1	1	1

　　其次，根據公式(2-82) 和公式(2-83) 計算各試驗的參考序列及關聯度係數。

$$\Delta_{0i}(k) = |x_0^Q(k) - x_i^Q(k)| \tag{2-82}$$

$$\xi_i(k) = \frac{\Delta_{\min} + \rho\Delta_{\max}}{\Delta_{0i}(k) + \rho\Delta_{\max}} \tag{2-83}$$

　　對於本例來說 $\Delta_{\min} = 0$，$\Delta_{\max} = 1$，$\rho = 0.5$，對於試驗 1 來說，其表面粗糙度、功率、材料去除率的關聯度計算過程如下：

$$\Delta_{0i}(1) = |x_0^Q(1) - x_i^Q(1)| = |1 - 0.998| = 0.002 \tag{2-84}$$

$$\xi_i(1) = \frac{\Delta_{\min} + \rho\Delta_{\max}}{\Delta_{0i}(1) + \rho\Delta_{\max}} = \frac{0 + 0.5 \times 1}{0.002 + 0.5 \times 1} = 0.995 \tag{2-85}$$

$$\Delta_{0i}(2) = |x_0^Q(2) - x_i^Q(2)| = |1 - 1| = 0 \tag{2-86}$$

$$\xi_i(2) = \frac{\Delta_{\min} + \rho\Delta_{\max}}{\Delta_{0i}(2) + \rho\Delta_{\max}} = \frac{0 + 0.5 \times 1}{0 + 0.5 \times 1} = 1 \tag{2-87}$$

$$\Delta_{0i}(3) = |x_0^Q(3) - x_i^Q(3)| = |1 - 0| = 1 \tag{2-88}$$

$$\xi_i(3) = \frac{\Delta_{\min} + \rho\Delta_{\max}}{\Delta_{0i}(3) + \rho\Delta_{\max}} = \frac{0 + 0.5 \times 1}{1 + 0.5 \times 1} = 0.333 \qquad (2\text{-}89)$$

最終關聯度為 $\qquad \xi_i = \frac{0.995 + 1 + 0.333}{3} = 0.776 \qquad (2\text{-}90)$

各切削參數與優化目標關聯度及最終關聯度計算結果如表 2-17 所示。

表 2-17　關聯度計算結果

序號	平均粗糙度	平均功率	材料去除率	平均關聯度係數
1	0.9951	1.0000	0.3333	0.7761
2	0.7214	0.5865	0.3671	0.5584
3	0.4599	0.3333	0.4652	0.4195
4	0.3333	0.6371	1.0000	0.6568
5	0.8803	0.8534	0.3595	0.6977
6	0.9142	0.8144	0.3494	0.6927
7	0.5360	0.5622	0.4462	0.5148
8	0.6769	0.4881	0.4652	0.5434
9	0.7466	0.6259	0.3973	0.5899
10	0.6448	0.4632	0.4915	0.5332
11	1.0000	0.9668	0.3466	0.7711
12	0.8818	0.7526	0.3791	0.6712
13	0.6319	0.6365	0.3973	0.5552
14	0.7293	0.7416	0.3766	0.6158
15	0.7999	0.4627	0.4203	0.5610
16	0.9239	0.6297	0.3595	0.6377

　　為了更加形象地將關聯度係數和切削參數建立關聯關係，將表 2-17 中的平均關聯度資料建立如圖 2-3 所示的折線圖。

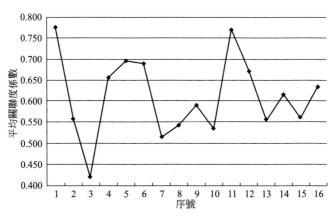

圖 2-3　各試驗關聯度

根據灰度關聯法的意義，關聯度係數越大，說明該組切削參數形成的目標較好。根據圖 2-3 可知，第 3 組試驗資料，關聯度係數最小 0.420，表明在切削參數為刀尖圓弧半徑 0.2mm、切削深度 0.2mm、進給量 0.08mm/r、切削速度 250m/min 的條件下，表面粗糙度、切削功率和材料去除率的綜合優化性能較差，其中表面粗糙度值為 1.456μm，在 16 組資料排第 15 位，功率為 132.068W，在 16 組資料中排第 16 位，材料去除率為 4cm^3/min，在 16 組資料中排 4 位。第 1 組試驗資料，關聯度係數最大為 0.776，表明在切削參數為刀尖圓弧半徑 0.2mm、切削深度 0.1mm、進給量 0.02mm/r、切削速度 150m/min 的條件下，表面粗糙度、切削功率和材料去除率的綜合優化性能較好，其中表面粗糙度值為 0.278μm，在 16 組資料排第 2 位，功率為 28.581W，在 16 組資料中排第 1 位，材料去除率為 0.3cm^3/min，在 16 組資料中排 16 位。

為了確定各切削參數對最終關聯度的影響，找出最佳參數組合。利用了田口法對關聯係數在各參數各水準進行了平均化處理。例如，對刀尖圓弧半徑 r_ε 而言，水準 1 的平均關聯係數為

$$\overline{r}_\varepsilon = \frac{0.776 + 0.558 + 0.420 + 0.657}{4} = 0.603$$

同理，對各參數在各水準的關聯係數求平均值，結果如表 2-18 所示。

表 2-18　關聯係數在各因素各水準的均值

標識	切削參數	水準				最大值－最小值
		1	2	3	4	
A	r_ε	0.603	0.612	**0.641**	0.592	0.049
B	a_p	**0.655**	0.600	0.567	0.627	0.088
C	f	**0.719**	0.622	0.542	0.565	0.177
D	v_c	**0.644**	0.607	0.572	0.625	0.072

根據表 2-14 可知，刀尖圓弧半徑 r_ε 在水準 3（0.6mm）處的關聯係數最大，為 0.641；切削深度 a_p 在水準 1（0.1mm）處的關聯係數最大，為 0.655；進給量 f 在水準 1（0.02mm/r）處，關聯係數最大，為 0.719；切削速度 v_c 在水準 1（150m/min）處，關聯係數最大，為 0.644。即在上述切削條件下，理論上能夠取得的關聯係數最大，也就是說能夠使表面粗糙度、切削功率和材料去除率的綜合優化性能最好。

為了能夠找到具有最大關聯度預測的切削參數，基於表 2-18 的資料，建立了最大關聯度二元迴歸模型如公式(2-91)，其約束條件為公式(2-92)。由此整理出關聯度預測值與標準偏差如表 2-19 所示。

$$\xi = -3.251 - 5.97r_\varepsilon + 16.86a_p - 73.84f + 0.5109v_c + 7.76r_\varepsilon^2$$
$$+ 1.42a_p^2 + 182.4f^2 - 0.000066v_c^2 - 2.764r_\varepsilon a_p + 2.67r_\varepsilon f$$
$$- 0.0005877r_\varepsilon v_c + 215.2a_p f - 0.1354a_p v_c + 0.03114f v_c \tag{2-91}$$

$$約束:0.2\text{mm} \leqslant r_\varepsilon \leqslant 0.8\text{mm}$$
$$0.1\text{mm} \leqslant a_p \leqslant 0.25\text{mm} \tag{2-92}$$
$$0.02\text{mm/r} \leqslant f \leqslant 0.12\text{mm/r}$$
$$150\text{m/min} \leqslant v_c \leqslant 300\text{m/min}$$

表 2-19　關聯度預測值與標準偏差

序號	試驗值	預測值	標準偏差
1	0.7761	0.7760	1.037%
2	0.5584	0.5617	0.981%
3	0.4195	0.4161	0.981%
4	0.6568	0.6569	1.037%
5	0.6977	0.6939	0.964%
6	0.6927	0.6937	1.032%
7	0.5148	0.5142	1.036%
8	0.5434	0.5468	0.981%
9	0.5899	0.5933	0.981%
10	0.5332	0.5342	1.032%
11	0.7711	0.7701	1.032%
12	0.6712	0.6678	0.981%
13	0.5552	0.5530	1.014%
14	0.6158	0.6188	0.995%
15	0.5610	0.5576	0.980%
16	0.6377	0.6403	1.003%

2.4　最佳切削參數預測

對於技術成熟的材料，例如 45 鋼等，切削用量及刀具選型從相關手冊上基本都能夠查到，而非常極端的切削工況，可能需要估計或者用「邊切邊試」的方法選用合適的切削用量。而對於製備技術不成熟的材料，由於切削性能暫時未知，因此，其切削參數的選擇往往需要提前預測。為了能夠優化切削過程，在切削參數優化時，經常需要對優化目標進行預測。例如，在選定某些切削參數條件下，預測切削力、切削功率、材料去除率、表面粗糙度等目標參數是否在技術要求規定的範圍內，從

而預判選擇的某些切削參數是否符合要求。而預測這些目標參數的方法主要分為三類：①理論公式計算[31-34]；②有限元仿真[35-41]；③試驗資料擬合[42-51]。下面分別介紹這三種方法在切削力和表面粗糙度預測方面的應用。

　　邊衛亮等在測量切削力和切屑厚度的基礎上，建立了剪切角、剪切應力和摩擦角的預測模型，並結合金屬切削基本理論公式建立了切削力的預測模型。該模型包含銑削速度、每齒進給量、徑向切寬、增強顆粒體分比等重要參數，模型對進給方向最大銑削力預測值的平均誤差為5.9%，對銑刀徑向切深方向最大銑削力預測值的平均誤差為9.2%，皆高於普通經驗公式的預測精度，從而可對 SiC_p/2009Al 複合材料高速銑削時的銑削力進行有效預測[31]。閆蓉等針對螺旋立銑刀無偏心或下偏心正交車銑軸類零件，研究了立銑刀圓周刃切除工件的切屑幾何形狀和切入切出角，沿銑刀軸向劃分若干個微元體，對每個微元體建立瞬時切削力計算公式，並求積分得到瞬時正交車銑切削力預測模型，仿真分析正交車銑切削力[32]。Campocasso 等使用切削刃離散建模的方法研究切削力的產生，提出了一種基於齊次矩陣的幾何模型，在此模型上，進行矩陣的分解變換，達到切削刃離散化的目的。在車削過程中，刀片的切削部分是根據刀片的相對位置和刀片的局部幾何形狀來建模的，在切削座標系中使用該模型描述切削刃的幾何形狀和幾何邊緣，用以較為容易預測的切削力和轉矩[33]。Weng 等提出了一種基於精確刀片幾何形狀，並考慮刀尖圓弧半徑的切削力預測的解析模型。首先，在刀具前刀面進行切削刃的離散化。其次，在不等間距的剪切模型的基礎上，用以估計切削力係數的主要變形區剪切流應力用來計算切削力。在此基礎上，提出了一種考慮剪切流應力和倒角長度的新切削力預測模型，並透過有限元法的仿真驗證了該模型的有效性[34]。Pramanik 等透過有限元仿真的方法研究了金屬基複合材料的變形和切削加工中刀具與增強顆粒的相互作用。刀具和增強顆粒的相互作用區被分為了三個部分，分別是顆粒本身、切削路徑上的顆粒，切削路徑下的顆粒。並分析了在相互作用過程中，應力和應變的演變過程，同時仿真分析了刀具磨損、顆粒折斷、基體非線性變形的物理現象[35]。Zhou 等透過有限元仿真的方法，研究了 SiC_p/Al 複合材料的切削過程，包括刀具磨損、表面缺陷形成，尤其是刀具邊界磨損的機理和表象形式[36]。Fathipour 等透過 ABAQUS 軟體模擬了 Al（20 vol% SiC）複合材料的切削加工過程[37]。韓勝超等人採用瞬時剛性力模型對多齒銑刀側銑多層碳纖維增強複合材料（CFRP）的加工過程進行銑削力建模與仿真，分析了多齒銑刀特有的幾何結構對切削力的

影響。保持切削速度恆定，以不同進給速度分別對 45°、0°、−45°和 90° 這 4 種典型纖維方向的單向 CFRP 進行側銑加工，透過測得的切削力資料計算各自的銑削力係數。根據力學矢量疊加原理得到了多向 CFRP 銑削力係數的簡化計算表達式，最後透過銑削力模型得到了各時刻的銑削力仿真值[42]。Jeyakumar 等利用 PCD（polycrystalline diamond，聚晶金剛石）刀片銑削 Al6061/SiC 複合材料，透過測力儀測量切削力，透過透射電子顯微鏡（TEM）觀察刀具磨損和零件表面形貌，透過響應面法對試驗資料擬合，優化切削參數，得出能夠獲得最小表面粗糙度的切削參數[47]。

2.4.1 利用理論公式計算的方法預測切削力

由於 SiC 顆粒的高硬度，SiC_p/Al 複合材料切削加工時，往往會引起嚴重的刀具磨損，造成表面粗糙度下降，並增加能源的消耗[52-54]。區別於傳統的連續性材料，SiC_p/Al 複合材料切削力的研究必須要考慮 SiC 顆粒物的影響，而建立 SiC_p/Al 複合材料切削力理論模型是準確預測切削力最有效的手段。

到目前為止，對 SiC_p/Al 複合材料切削力進行理論預測的文獻不多。Kishawy 等人首次建立基於能量法的金屬基複合材料正交切削力模型，將切削過程消耗的能量分兩部分，即剪切變形能和摩擦熱能，據此預測切削力[55]。Pramanik 等人首次建立了 SiC/Al_2O_3 顆粒增強 Al 基複合材料的切削力模型，在此模型中將切削力來源分為剪切變形區的剪切力，犁耕區的犁耕力和摩擦力，並給出了相應的理論計算公式[56]。Uday 等人建立了 SiC_p/Al 複合材料的切削力模型，在此模型中重點對摩擦力進行了分析，指出切削過程中不僅存在刀具和 Al 基體之間的滑動摩擦力，還存在刀具、Al 基體、SiC 顆粒間的滾動摩擦力[57]。由於 SiC_p/Al 複合材料切削時，在剪切變形區和刀尖附近存在犁耕區，且 SiC 顆粒從 Al 基體拔除時，SiC 顆粒在刀具和 Al 基體（或者切屑）間存在滾動摩擦力，而且犁耕力和滾動摩擦力對 SiC_p/Al 複合材料切削力的影響較大，因此，以 SiC_p/Al 複合材料切削變形區為對象，充分考慮 SiC 顆粒對剪切力、犁耕力、摩擦力的影響，建立正交切削力模型，進行切削力的理論分析，為切削力的準確預測提供理論支持。

在本節，針對 SiC_p/Al 複合材料的切削力模型建立在經典的正交切削模型基礎上[58]，並充分考慮了 SiC 顆粒與 Al 基體的綜合作用。SiC_p/Al 複合材料切削時，材料從零件表面分離變成切屑時，主要進行剪切變形，

該變形區稱為剪切變形區，或第Ⅰ變形區。是由成一定夾角的始滑移線和終滑移線組成的。但是由於高速切削時，SiC_p/Al 複合材料的剪切變形非常快，此時夾角很小，第Ⅰ變形區一般簡化為一剪切面，如圖 2-4 所示[59]。AB 所代表的剪切面為第Ⅰ變形區，由於零件材料接觸刀具切削刃的部分從 B 點開始發生剪切變形最終成為切屑。切屑形成以後，沿著刀具的前刀面滑行，直到 D 點，切屑從前刀面排出，在滑行的過程中，一方面切屑基體的底部和刀具前刀面發生摩擦而產生摩擦力，同時，由於 SiC 顆粒物的存在，也將增大前刀面和切屑底部的摩擦。從 B 點到 D 點的摩擦面稱為第一摩擦變形區，或者第Ⅱ變形區。而 B 點到 C 點的零件材料被刀具切削刃擠壓，最終形成零件的已加工表面，該區域稱為犁耕區，或者第Ⅲ變形區[60]。本書提出的切削力模型是建立於上述 3 個變形區的基礎上。與傳統塑性金屬材料相比，在本模型中主要考慮 SiC 顆粒物對三個變形區的影響導致切削力的變化，尤其是 SiC 顆粒對第Ⅱ和第Ⅲ變形區的影響。

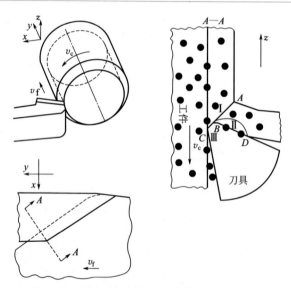

圖 2-4　SiC 增強鋁複合材料切削的 3 個變形區

（1）第Ⅰ變形區受力分析

第Ⅰ變形區發生剪切變形，對第Ⅰ變形區中切屑進行受力分析，其主要受到來自於刀具前刀面和材料沿剪切面施加的作用力，為了便於分析，將切屑視為剛體，利用靜力平衡法求解各個分力，建立的二維正交切削力模型如圖 2-5 所示[56,58,59]。

在圖 2-5 中，F_τ 為剪切面 AB 的剪切力，F_c 為作用於剪切面的正壓力，F_n 為作用於前刀面的正壓力，F_f 為前刀面與切屑鋁基體的滑動摩擦力，γ_0 為刀具前角，φ 為剪切角，b 為切削深度，b_c 為切屑厚度。

根據圖 2-5 所示的幾何關係可得

$$F_\tau = \frac{\tau_s [b - r_z(1 + \sin\varphi)] d}{\sin\varphi} \tag{2-93}$$

$$F_c = F_\tau \tan(\varphi + \beta - \gamma_0) \tag{2-94}$$

$$F_n = \frac{F_\tau \cos\beta}{\cos(\varphi + \beta - \gamma_0)} \tag{2-95}$$

$$F_f = \frac{F_\tau \sin\beta}{\cos(\varphi + \beta - \gamma_0)} \tag{2-96}$$

式（2-93）中，τ_s 為材料的剪應強度，r_z 為切削刃鈍圓半徑，β 為刀具前刀面和 Al 基金屬底部的摩擦角，d 為工件每轉一周沿進給方向的切屑寬度，即剪切層寬度，其大小等於進給量 $f \times 1 = f$。

由於材料從零件表面分離變為切屑時，其厚度變大，即由 b 變為 b_c。為了獲得切削深度 b 和切屑厚度 b_c 的關係，建立了切屑分離時各幾何要素關係如圖 2-6 所示。

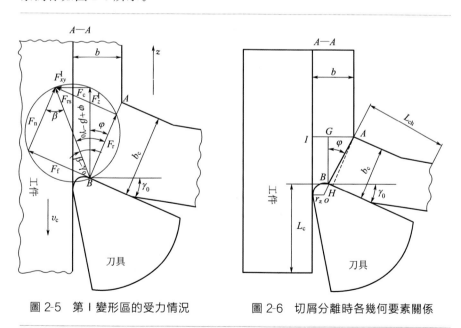

圖 2-5　第 I 變形區的受力情況　　　圖 2-6　切屑分離時各幾何要素關係

由圖 2-6 可知：

$$\frac{b_c \sin\varphi}{\cos(\varphi - \gamma_0)} + r_z(1 + \sin\varphi) = b \tag{2-97}$$

在切削深度 b、切屑厚度 b_c，刀具前角 γ_0 和切削刃鈍圓半徑 r_z 已知的情況下，由式(2-97)可獲得剪切角 φ 大小。

由於在剪切面上發生了金屬的滑移變形，最大剪應力發生在剪切面上。根據材料力學平面應力狀態理論，主應力方向與最大剪應力方向的夾角為 $\frac{\pi}{4}$。所以，有

$$\varphi = \frac{\pi}{4} - \beta + \gamma_0 \tag{2-98}$$

式中，β 為切屑底部和刀具前刀面滑動摩擦角。刀具前角 γ_0 和剪切角 φ 已知的情況下，摩擦角 β 可由公式(2-98)計算。

綜上，由式(2-93)～式(2-98)可求得 F_{τ}、F_c、F_n、F_f 值。為了便於分析，將切削力沿著座標軸進行分解，座標軸方向見圖 2-4。分解後，來自第一變形區的切削力 F^{I} 的 z 軸分量 F_z^{I} 和垂直於 z 軸分量 F_{xy}^{I} 可由式(2-99)和式(2-100)計算。

$$F_z^{\mathrm{I}} = \frac{\tau_s[b - r_z(1+\sin\varphi)]d\cos(\beta-\gamma_0)}{\sin\varphi\cos(\varphi+\beta-\gamma_0)} \tag{2-99}$$

$$F_{xy}^{\mathrm{I}} = \frac{\tau_s[b - r_z(1+\sin\varphi)]d\sin(\beta-\gamma_0)}{\sin\varphi\cos(\varphi+\beta-\gamma_0)} \tag{2-100}$$

為了獲得 x、y 座標軸方向上的切削力分量 F_x^{I} 和 F_y^{I}，需要將 F_{xy}^{I} 進一步分解，為此建立圖 2-7 所示 xy 座標平面的切削力模型。

圖 2-7 中 k_r 為主偏角，根據圖 2-7 的幾何關係，切削力分量 F_x^{I} 和 F_y^{I} 為

$$F_x^{\mathrm{I}} = \frac{\tau_s[b - r_z(1+\sin\varphi)]d\sin(\beta-\gamma_0)}{\sin\varphi\cos(\varphi+\beta-\gamma_0)}\cos k_r \tag{2-101}$$

$$F_y^{\mathrm{I}} = \frac{\tau_s[b - r_z(1+\sin\varphi)]d\sin(\beta-\gamma_0)}{\sin\varphi\cos(\varphi+\beta-\gamma_0)}\sin k_r \tag{2-102}$$

考慮到刀尖圓弧半徑 r_{ε} 的影響，車刀的實際切削主偏角 $k_{r\varepsilon}$ 要比理論主偏角 k_r 要小。由於刀尖圓弧半徑 r_{ε} 與切削深度 b 的大小對比不同，會出現不同的情況[61,62]。這裏以最常見的切削深度 b 遠大於刀尖圓弧半徑 r_{ε} 作為一般情況進行分析。在這種情況下，刀具實際的切削刃 S 及主偏角 $k_{r\varepsilon}$ 如圖 2-8 所示。

根據圖 2-8 所示，主偏角 $k_{r\varepsilon}$ 可按式(2-103)計算：

$$k_{r\varepsilon} = \cot^{-1}\left(\frac{r_{\varepsilon}\tan(k_r/2) + f/2}{a_p} + \cot k_r\right) \tag{2-103}$$

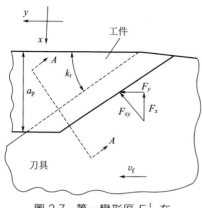

圖 2-7 第一變形區 F_{xy}^{I} 在
x、y 座標方向的分解

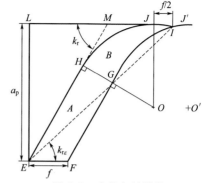

圖 2-8 主偏角的變化

將式(2-103)代入公式(2-101)、(2-102)，由此可知，來自第Ⅰ變形區，切削力 F^{I} 的 x、y 座標軸分量 F_x^{I}、F_y^{I} 如式(2-104)、(2-105)所示。

$$F_x^{\mathrm{I}} = \frac{\tau_s[b-r_z(1+\sin\varphi)]d\sin(\beta-\gamma_0)}{\sin\varphi\cos(\varphi+\beta-\gamma_0)}\cos k_{r\varepsilon} \qquad (2\text{-}104)$$

$$F_y^{\mathrm{I}} = \frac{\tau_s[b-r_z(1+\sin\varphi)]d\sin(\beta-\gamma_0)}{\sin\varphi\cos(\varphi+\beta-\gamma_0)}\sin k_{r\varepsilon} \qquad (2\text{-}105)$$

綜上，在知道 SiC 增強 Al 基複合材料剪切應力的情況下，根據刀具幾何參數和切削用量參數等，能夠獲得第Ⅰ變形區的切削力 F^{I}，而為了便於分析，將 F^{I} 沿座標軸分解後的 F_x^{I}、F_y^{I}、F_z^{I} 可由式(2-104)、式(2-105)、式(2-99) 獲得。

(2) 第Ⅱ變形區受力分析

第Ⅱ變形區指前刀面和切屑底部的摩擦區。對於塑性材料而言，在一定的切削條件下，該變形區的摩擦一般認為是滑動摩擦區，因此，二者之間存在滑動摩擦力，如圖 2-9 所示 F_f，但是對於 SiC 增強 Al 基複合材料而言，由於在切削過程中刀具的作用，SiC 顆粒會出現破碎等情況，導致其從 Al 基體分離出來，使 SiC 顆粒和刀具前刀面相互作用，產生滾動摩擦力[49,50]。該滾動摩擦力使切屑和刀具受到切削力增大，並且造成切削力的異常波動，因此，需要單獨建模分析該部分滾動摩擦力。為此，建立了如圖 2-9 所示的正壓力 F_n 和滾動摩擦力 F_g。

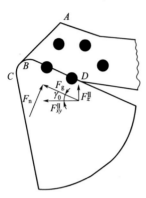

圖 2-9　第 II 變形區受力情況

圖 2-9 中 F_n 為切屑作用於刀具前刀面的正壓力，F_g 為 SiC 顆粒作用於刀具前刀面的滾動摩擦力。由於摩擦力是滾動摩擦力，所以，其大小可透過式(2-106) 獲得

$$F_g = K_g F_n i \qquad (2\text{-}106)$$

式(2-106) 中，F_n 可透過公式(2-95) 計算；K_g 為滾動摩擦係數；i 為參與滾動摩擦的 SiC 顆粒物的數量，i 可透過下式計算：

$$i = T_A \omega_1 \qquad (2\text{-}107)$$

式(2-107) 中，ω_1 表示經剪切變形後，分布在第 II 變形區參與滾動摩擦的 SiC 顆粒的比例；T_A 表示剪切層 AB 所包含的 SiC 顆粒數。由於剪切層 AB 所包含的 SiC 顆粒數 T_A 最終分為 3 部分：①從剪切層拔出分布在第 II 變形區，比例為 ω_1；②經刀具擠壓後，經犁耕區分布在第 III 變形區，比例為 ω_2；③經刀具擠壓拔出後，散落在非變形區，比例為 ω_3。因此有：

$$\omega_1 + \omega_2 + \omega_3 = 1 \qquad (2\text{-}108)$$

式(2-107) 中的 T_A 可由式(2-109) 獲得。

$$T_A = \frac{\rho A v_c}{\pi R^2} \qquad (2\text{-}109)$$

式(2-109) 中，ρ 為鋁基複合材料中 SiC 中顆粒物百分數，R 為 SiC 顆粒物的半徑，v_c 為切削速度，A 為切削層面積，可由公式(2-110) 計算。

$$A = A_A + A_B \qquad (2\text{-}110)$$

式(2-110) 中，區域 A（$EFGH$）和區域 B（GHI）如圖 2-10 所示，其面積可透過式(2-111) 和式(2-112) 表示。

$$A_A = f[a_p - r_\varepsilon(1 - \cos k_r)] - \frac{1}{4} f^2 \sin(2k_r) \qquad (2\text{-}111)$$

$$A_B = \int_{\theta_1}^{\theta_2} r_\varepsilon - f\cos\theta - (r_\varepsilon^2 - f^2 \sin^2\theta)^{1/2} \, d\theta \qquad (2\text{-}112)$$

式(2-112) 中，r_ε 為刀尖圓弧半徑，θ、θ_1、θ_2 如圖 2-10 所示。根據圖 2-10 的幾何關係，θ_1、θ_2 可由式(2-113) 和式(2-114) 求出。

$$\theta_1 = \cos^{-1}\left(\frac{f}{2r_\varepsilon}\right) \qquad (2\text{-}113)$$

$$\theta_2 = \pi - \left(\frac{\pi}{2} - k_r\right) = \frac{\pi}{2} + k_r \qquad (2\text{-}114)$$

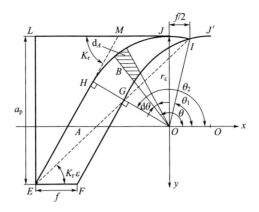

圖 2-10　區域 A 和區域 B 的面積計算

因此，根據式(2-112)～式(2-114) 可計算出區域 B 的面積 A_B，根據式(2-109) ～式(2-112) 可計算出剪切層 AB 所包含的 SiC 顆粒數 T_A。根據式(2-107) 和式(2-108) 可獲得參與前刀面滾動摩擦的 SiC 顆粒的數量 i，該參數確定後，根據式(2-106)，還需要確定滾動摩擦係數 K_g，根據現有文獻資料[63]，其計算過程如下：

$$K_g = \left(\frac{2L}{8\pi} + \frac{\sigma_b + \sigma_s/2}{6H_B} \right) \frac{L}{2} \tag{2-115}$$

式(2-115) 中 H_B 為刀具硬度，σ_b 為工件抗拉強度，σ_s 為工件屈服強度，L 為 SiC 顆粒壓入刀具前刀面部分的介面直徑長度，如圖 2-11 所示。

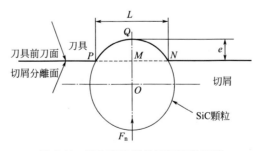

圖 2-11　SiC 顆粒與前刀面滾動摩擦

圖 2-11 中的 SiC 顆粒壓入前刀面部分的截面直徑 L，其值可透過式(2-116) 獲得。

$$L = \frac{1}{2}\left[\frac{3}{4}R\left(\frac{1-\nu_1^2}{E_1}+\frac{1-\nu_2^2}{E_2}\right)F_n\right]^{\frac{1}{3}} \qquad (2\text{-}116)$$

式(2-116) 中，E_1 為工件彈性模量，ν_1 為工件卜瓦松比，E_2 為刀具彈性模量，ν_2 為刀具卜瓦松比，R 和 F_n 如前所述。因此，綜合式(2-115) 和式(2-116)，可求出第 II 變形區滾動摩擦係數 K_g。綜合式(2-115)、式(2-116)、式(2-107)、式(2-106) 可求出來自於第 II 變形區 SiC 顆粒對前刀面的滾動摩擦力 F_g。同樣，將 F_g 根據座標軸進行分解，可得：

$$F_z^{II} = F_n K_g i \sin\gamma_0 \qquad (2\text{-}117)$$

$$F_{xy}^{II} = F_n K_g i \cos\gamma_0 \qquad (2\text{-}118)$$

對式(2-118) 中 F_{xy}^{II} 在 xOy 座標平面按照圖 2-7 所示進一步分解，可知：

$$F_x^{II} = F_{xy}^{II} \cos k_{r\epsilon} \qquad (2\text{-}119)$$

$$F_y^{II} = F_{xy}^{II} \sin k_{r\epsilon} \qquad (2\text{-}120)$$

式(2-119)、式(2-120) 中 $k_{r\epsilon}$ 如式(2-103) 所示。

(3) 第 III 變形區受力分析

第 III 變形區，即犁耕區。由於刀尖鈍圓半徑的影響，在犁耕區表面的金屬材料經歷了由塑性流動到剪切變形的過程。在金屬材料逐漸發生剪切的過程中，會產生犁耕力[52,53]。犁耕力分布在整個刀尖鈍圓圓弧上，為了簡化分析犁耕力，我們將第 III 變形區的受力簡化為一個犁耕面的受力，其受力情況如圖 2-12 所示。

如圖 2-12 所示，在面 BC 所受犁耕力 F_u 可由公式(2-121) 計算：

$$F_u = \tau_s r_z \left(\frac{\pi}{2}+\varphi\right)d \qquad (2\text{-}121)$$

F_u 即為分布在犁耕區 BC 上的犁耕力，為了便於分析，將該力簡化為 D 點受力，可分別分解為正壓力 F_p 和切向力 F_t，其大小如式(2-122)、式(2-123) 所示。

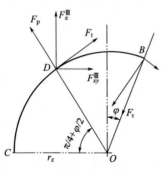

圖 2-12　犁耕力分析及分解

$$F_p = \tau_s \cos(\varphi-\gamma_0) r_z \left(\frac{\pi}{2}+\varphi\right)d \qquad (2\text{-}122)$$

$$F_t = \tau_s \sin(\varphi-\gamma_0) r_z \left(\frac{\pi}{2}+\varphi\right)d \qquad (2\text{-}123)$$

式(2-122)、式(2-123) 中各變數如前所示。將犁耕力 F_u 按照座標軸分解，可得 z 軸分量 F_z^{III} 和垂直於 z 軸分量 F_{xy}^{III} 如公式(2-124)、

式(2-125) 所示。

$$F_{xy}^{\text{III}} = F_p \cos\left(\frac{\pi}{4} + \frac{\varphi}{2}\right) - F_t \sin\left(\frac{\pi}{4} + \frac{\varphi}{2}\right) \tag{2-124}$$

$$F_z^{\text{III}} = F_p \sin\left(\frac{\pi}{4} + \frac{\varphi}{2}\right) + F_t \cos\left(\frac{\pi}{4} + \frac{\varphi}{2}\right) \tag{2-125}$$

對式(2-124) 中 F_{xy}^{III} 在 xOy 座標平面按照圖 2-7 所示進一步分解，可知

$$F_x^{\text{III}} = F_{xy}^{\text{III}} \cos k_{r\epsilon} \tag{2-126}$$

$$F_y^{\text{III}} = F_{xy}^{\text{III}} \sin k_{r\epsilon} \tag{2-127}$$

式(2-126)、式(2-127) 中 $k_{r\epsilon}$ 如式(2-103) 所示。

因此，最終車削顆粒增強 Al/SiC 複合材料 x、y、z 軸的三個切削力分量，可由式(2-128)、式(2-129)、式(2-130) 獲得。

$$F_x = F_x^{\text{I}} + F_x^{\text{II}} + F_x^{\text{III}} \tag{2-128}$$

$$F_y = F_y^{\text{I}} + F_y^{\text{II}} + F_y^{\text{III}} \tag{2-129}$$

$$F_z = F_z^{\text{I}} + F_z^{\text{II}} + F_z^{\text{III}} \tag{2-130}$$

為了驗證該預測模型的準確性，進行了切削試驗。在乾切條件下，使用 73°外圓車刀，刀具材料及相關資訊見表 2-20，工件材料資訊如表 2-21 所示。切削參數見表 2-22。

表 2-20　PCD 刀片及刀桿相關資訊

材料	硬度 H/HV	卜瓦松比 ν_2	彈性模量 E_2/GPa	鈍圓半徑 r_z/mm	刀尖圓弧半徑 r_ϵ/mm	前角 $\gamma_0/(°)$	主偏角 $k_r/(°)$
PCD	8000	0.077	1052	0.02	0.6,0.8	5	75

表 2-21　工件材料

零件直徑 D/mm	體積百分數 $\rho/\%$	顆粒直徑 $d_p/\mu\text{m}$	屈服強度 σ_b/MPa	剪切應力 σ_s/MPa	卜瓦松比 ν_1	彈性模量 E_1/GPa
Φ40	45	5	400	342.6	0.33	220

表 2-22　切削參數

序號	刀尖圓弧半徑 r_ϵ/mm	進給量 $f/\text{mm·r}^{-1}$	切削速度 $v_c/\text{mm·s}^{-1}$	切削深度 a_p/mm
1	0.6	0.05	120	1
2	0.6	0.2	120	1
3	0.6	0.05	120	0.5
4	0.6	0.2	120	0.5
5	0.6	0.05	40	1
6	0.6	0.2	40	1
7	0.6	0.05	40	0.5

序號	刀尖圓弧半徑 r_ϵ/mm	進給量 f/mm·r^{-1}	切削速度 v_c/mm·s^{-1}	切削深度 a_p/mm
8	0.6	0.2	40	0.5
9	0.8	0.05	120	1
10	0.8	0.2	120	1
11	0.8	0.05	120	0.5
12	0.8	0.2	120	0.5
13	0.8	0.2	40	1
14	0.8	0.05	40	1
15	0.8	0.05	40	0.5
16	0.8	0.2	40	0.5

　　在乾切條件下，獲得切削力如表 2-23 所示，預測值及對比結果如表 2-24 所示。

表 2-23　切削力試驗資料

序號	F_z/N	F_x/N	F_y/N	$F_{\tau s}$/N
1	58.65	18.91	30.74	68.87
2	183.15	50.96	63.46	200.42
3	31.31	16.03	14.00	37.86
4	90.07	29.22	22.10	97.24
5	58.06	21.26	30.38	68.89
6	175.84	45.40	55.99	190.04
7	32.07	16.41	14.32	38.77
8	97.77	31.53	23.23	105.32
9	64.59	25.05	32.87	76.68
10	192.92	60.88	70.42	214.21
11	34.13	20.60	14.75	42.51
12	108.09	41.41	29.04	119.33
13	196.43	58.58	68.24	216.04
14	65.99	26.15	35.68	79.45
15	36.04	22.34	15.97	45.31
16	108.43	42.13	28.45	119.75

表 2-24　預測切削力及偏差

序號	預測切削力/N				切削力偏差			
	F_z	F_x	F_y	$F_{\tau s}$	F_z	F_x	F_y	$F_{\tau s}$
1	59.99	20.28	26.92	68.81	2.28%	7.24%	−12.44%	−0.08%
2	184.27	49.78	60.09	200.11	0.61%	−2.33%	−5.31%	−0.15%
3	31.53	14.70	11.92	36.77	0.70%	−8.29%	−14.86%	−2.87%
4	93.68	27.92	20.18	99.82	4.01%	−4.47%	−8.66%	2.65%
5	60.37	19.84	26.34	68.79	3.98%	−6.69%	−13.30%	−0.15%
6	176.80	43.60	52.63	189.56	0.55%	−3.97%	−5.99%	−0.25%
7	32.47	15.09	12.24	37.84	1.22%	−8.01%	−14.56%	−2.41%

續表

序號	預測切削力/N				切削力偏差			
	F_z	F_x	F_y	$F_{\tau s}$	F_z	F_x	F_y	$F_{\tau s}$
8	98.95	29.85	21.58	105.58	1.21%	-5.33%	-7.12%	0.25%
9	64.77	26.55	29.28	75.88	0.28%	5.99%	-10.93%	-1.05%
10	193.99	64.05	65.23	214.46	0.55%	5.20%	-7.37%	0.12%
11	34.23	18.91	12.33	41.00	0.30%	-8.22%	-16.38%	-3.53%
12	110.45	44.74	26.58	122.10	2.19%	8.05%	-8.46%	2.31%
13	197.37	61.48	62.62	216.00	0.48%	4.94%	-8.24%	-0.02%
14	69.72	28.39	31.31	81.53	5.65%	8.56%	-12.25%	2.62%
15	37.75	20.90	13.63	45.25	4.73%	-6.43%	-14.62%	-0.13%
16	110.76	44.47	26.42	122.25	2.15%	5.56%	-7.15%	2.08%
平均偏差					1.93%	6.20%	10.48%	1.29%

2.4.2 利用有限元仿真的方式預測切削力

有限元法是一種有效的數值計算方法，其基本思想是將連續的求解域離散化，離散為有限個透過節點相連接的單元，節點和單元組成新的求解域，這樣在有限元分析過程中，對各個單元進行分析，然後把各單元的分析結果整合到整個求解域的分析結果中，最終獲取整體的分析結果。單元本身可以有不同的形狀，對其進行網格劃分也比較靈活，因此，有限元法能夠很好地解決比較複雜的機械和工程結構問題。理論上有限元的解隨單元數和節點數的增多將收斂於精確，但同時計算量和計算時間也相應地增加，因此，在解決問題時要根據具體問題對精度的要求，選取適合數量的單元和節點進行分析。這個方法的優勢在於，只要合理地選擇單元形狀和節點的數目就可以使得有限元結果更趨於精確解，進而得到與實際問題無限接近的解。

有限元分析過程主要包括以下五個步驟[64]。

① 結構簡化與離散。

將所研究對象分割成有限個單元的集合，單元之間透過節點相連接且單元之間的作用由節點進行傳遞即為結構簡化與離散。常用的單元類型有三角形單元類型、四邊形單元類型、四面體單元類型以及六面體單元類型等。

② 位移函數的選擇。

連續體被分割成若干單元後，每個單元上物理量的變化趨勢可用較簡單的函數來近似表示，這種函數即為位移函數，位移函數通常取為多項式，單元的自由度數決定多項式的項數。單元中某個節點的位移關係

式也是根據所選擇的位移函數來定出的。

③ 建立單元平衡方程。

單元節點力與位移之間的關係可利用最小勢能原理或虛位移原理在確定了單元形狀和相應的位移函數後來建立，此即為單元的平衡方程，可表示為式(2-131)。

$$K^e Q^e = F^e \qquad (2\text{-}131)$$

式中　e——單元編號；

　　　K^e——單元剛度矩陣；

　　　Q^e——單元的節點位移向量；

　　　F^e——單元的節點力向量。

④ 建立整體平衡方程。

建立單元平衡方程後，由於有限元的求解過程為先分後合，所以，需要整合單元的分析，即整合單元平衡方程，故需要建立整體平衡方程，可表示為公式(2-132)。整合遵循的原則為單元之間共同的節點處位移相同。

$$KQ = F \qquad (2\text{-}132)$$

式中　K——整體結構的剛度矩陣；

　　　Q——整體節點位移向量；

　　　F——整體載荷向量。

⑤ 方程求解。

引入邊界條件，用適當的數值計算方法，整體平衡方程求解，可以求得所需要的物理量，如應變、應力等。

材料變形過程中的動態響應可用描述材料力學性能的材料本構模型來表徵。金屬高速切削是一個複雜的動力效應過程，伴隨高應變率、高應變及產生較大的溫升，材料在一定的應變、應變率和溫度範圍內的變形可用模型準確地仿真出來，因此，直接決定模擬結果是否準確的關鍵是選擇能夠很好反映金屬材料動態響應的本構關係。目前，一般常用的本構關係如下。

① Johnson-Cook 本構關係模型[40]。

由於 Johnson-Cook 模型對大部分金屬材料的變形描述都十分吻合，所以應變率效應和溫度效應可用此模型來反映，且又具有形式簡單和可用於各種晶體結構的優勢，故獲得廣泛的應用。

② 各向同性硬化本構關係模型[41]。

該模型能夠很好地反映金屬材料熱彈塑性行為，且仿真軟體中所需要的材料參數，可以直接從材料的應力應變曲線上獲得，即能很好地反

映材料的性能，所需材料參數也較容易獲得，故應用也較為廣泛。

③ Bodner-Partom 本構關係模型[42]。

總應變在該模型被分成彈性和塑性兩部分，Hook 用來定義彈性部分，基於位錯力學建立塑性部分，進而建立了塑性應變率和應力偏量張量之間的關係，該模型需要確定的參數較多，包括 D_0、n、Z_0、Z_1、Z_i、A、q、m 等，故應用起來比較困難。

④ Zerilli-Armstrong 本構關係模型[43]。

該模型主要描述了立方體金屬材料（BCC）和面心立方體金屬材料（FCC）的位錯型本構關係，大量的試驗表明溫度和應變率對 FCC 和 BCC 的影響是不同的，FCC 比 BCC 呈現出更低的溫度敏感性及應變率敏感性，因此 Zerilli 和 Armstrong 兩位學者依據試驗分析研究了不同晶格結構的熱激活位錯運動，故得到此本構關係模型。

⑤ Follansbee-Kocks 本構關係模型[44]。

早在 1980 年代，Follansbee 和 Kocks 就已提出，初始加工硬化率和應變線性相關，機械臨界應力可用來表示模型的內部變數。試驗表明在應變率為 $10^{-4} \sim 10^4/\mathrm{s}$ 的範圍內，材料的物理行為能被該模型很好地反映出來，超過這個應變率範圍模擬的效果不是很好，同時模型中的材料參數較多，用起來不是很方便。

複合材料切削加工的仿真研究中，材料本構關係選擇是否合理對建模的成敗起關鍵性作用。為了更準確地反映複合材料切削加工的實際工況，選擇的模型應能夠真實地反映材料的特性，這樣模擬結果才更可信。由此可知研究複合材料高速切削過程有限元模擬的基礎和關鍵環節在於合理地選擇材料本構關係。

刀具和工件材料相互作用的過程是複合材料的切削加工過程，被切削部分隨著切削的進行會逐漸形成切屑與工件分離，因此在有限元仿真中必須設置合理的切屑分離準則，來真實地反映這種切削工況。

在金屬切削加工的仿真中，一般把切屑分離準則分為幾何分離準則和物理分離準則兩大類[45]。透過比較刀尖與鄰近刀尖單元節點的距離與臨界值，從而判斷切屑是否分離的準則是幾何分離準則。其過程可表示為圖 2-13。如圖所示，在工件的切削部分和未切削部分之間設置分離線，分離線上切屑在未變形前與工件的節點是重合的，此時刀尖 A 點到單元節點 B 的距離表示為 c，當距離 c 小於某一臨界值時，則切屑上的節點和工件上的節點被認為是分開的，切屑的分離進而可以實現。這種方法雖然簡單，但是切削過程中的物理和力學性能不能被更好地反映出來。物理分離準則是透過判斷離刀尖最近的單元節點的物理量是否達到臨界值

來定義的，其物理量包括如應力、應變、應變能等，與幾何分離準則相比較，材料的切削特性透過物理分離準則能更好地反映出來。本節為確保仿真的順利進行，在複合材料切削仿真的兩種建模中都採用的是物理分離準則。

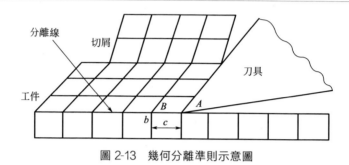

圖 2-13　幾何分離準則示意圖

繼續以 SiC_p/Al 複合材料的切削為例，說明有限元仿真輸出切削力的過程。

1）建立切削仿真模型

SiC 顆粒和 Al 基體的物理機械性能差異較大，因此，本模型將分開定義 Al 基體和 SiC 顆粒的特性，研究對象為 SiC 顆粒含量為 40％ 的 SiC_p/Al 複合材料。研究前提是假設整個工件材料的組成為 SiC 顆粒和 Al 基體材料，把整個工件的大小設置成 $2mm \times 1mm$ 的矩形，SiC 設置為圓形顆粒且體積分數佔整個工件的 40％，圖 2-14 為其個體結構的模型圖。Al 基體視為熱彈塑性模型，流動應力受應變、應變率和溫度影響，SiC 顆粒視為線彈性模型，兩種材料本身都是各向同性的。刀具設置為剛體。本模型中 SiC 顆粒和鋁基體均採用 CPE4RT 單元，對基體和顆粒劃分網格時採用二次計算精度和沙漏控制，刀具網格劃分設置與整體建模時一致。表 2-25 為在仿真分析中需要的材料參數。

表 2-25　仿真中所用的材料參數

材料參數	PCD 刀具	Al 基體	SiC 顆粒
彈性模量/GPa	1.147	70.6	420
卜瓦松比	0.07	0.34	0.14
線脹係數/K^{-1}	4.0×10^{-6}	23.6×10^{-6}	4.9×10^{-6}
密度/$(kg \cdot m^{-3})$	4250	2700	3130
導熱率/$(W \cdot m^{-1} \cdot K^{-1})$	2100	180	81
比熱容/$(J \cdot kg^{-1} \cdot K^{-1})$	525	880	427

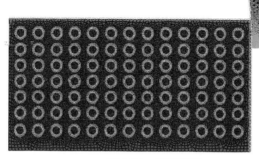

圖 2-14　個體模型

2）設計材料本構方程

在切削過程中，由於 Al 基體是熱彈塑性材料，溫度、應變和應變率都會影響流動應力，為了使材料行為更加真實地得以反映，對 Al 基體選用能夠較好表達金屬材料黏塑性本構關係特性的 Johnson-Cook 本構關係模型[40]。Johnson-Cook（簡稱 JC）本構關係模型的數學表達見式（2-133）：

$$\sigma = (A + B\varepsilon_1^n)\left(1 + C\ln\frac{\dot{\varepsilon}_1}{\dot{\varepsilon}_0}\right)\left[1 - \left(\frac{Q - Q_0}{Q_{\text{melt}} - Q_0}\right)^m\right] \qquad (2\text{-}133)$$

式中　A——材料的屈服應力；

　　　B——應變強化參數；

　　　C——材料應變速率敏感係數；

　　　n——材料應變強化項指數；

　　　m——材料熱軟化係數；

　　　σ——材料的屈服極限；

　Q_{melt}——材料的熔點；

　　Q_0——材料的轉變溫度；

　　Q——材料的變形溫度；

　　ε_1——材料的等效塑性應變；

　　$\dot{\varepsilon}_1$——材料的應變率；

　　$\dot{\varepsilon}_0$——材料的參考應變率。

表 2-26 為 Al 基體本構方程中所用的參數[46]。此外，SiC 顆粒視為線彈性模型，遵循廣義虎克定律。

表 2-26　Al 基體 Johnson-Cook 參數

材料	A/MPa	B/MPa	C	n	m
Al 基體	265	426	0.001	0.183	0.859

3）設置切屑分離準則及邊界條件

本模型中 Al 基體選擇 Johnson 和 Cook 建立的 J-C 破壞準則，它是以等效塑性應變來衡量的：

$$\varepsilon_f^p = \left[D_1 + D_2 \exp\left(D_3 \frac{P}{S} \right) \right] \left(1 + D_4 \ln \frac{\dot{\varepsilon}_1}{\dot{\varepsilon}_0} \right) \left[1 - D_5 \left(\frac{Q - Q_0}{Q_{\text{melt}} - Q_0} \right)^m \right]$$

(2-134)

其中，ε_f^p 為失效的等效塑性應變，P/S 為無量綱的偏應力比值（P 為壓應力，S 為 Mises 應力），D_1、D_2、D_3、D_4、D_5 為材料的失效參數。

衡量破壞準則標準的參數定義公式如（2-135）所示，當 V 值累加到 1 時，說明材料失效。

$$V = \sum \left(\frac{\Delta \varepsilon_1}{\varepsilon_f^p} \right)$$

(2-135)

此外，對於 SiC 顆粒，建立脆性斷裂模型，當最大應力滿足失效準則時，將開始發生失效。通常來說，常用的兩種應力失效準則為最大常用應力準則和 von Mises 應力準則。在本仿真中，對 SiC 顆粒採用最大常用應力準則，即當 $\sigma \geq \sigma_u$ 時，開始失效，其中 σ 指從仿真中獲得最大主應力，σ_u 為 SiC 的抗拉強度。

個體模型的接觸設置主要包括兩方面的內容，即刀具與加工材料的接觸設置及顆粒與基體的接觸和綁定設置，當對刀具與工件材料定義接觸時，主接觸面由刀具的外表面來定義，從接觸面用工件材料切削層部分來定義，基體和顆粒之間採用綁定約束，以確保鋁基體和碳化硅顆粒在介面處的初始位移相等，使得顆粒和基體接觸介面具有足夠大的連接強度。邊界條件設置與整體建模時類似，為了約束六個方向的自由度，即對工件左側、底部和右側半部分都設置綁定約束，保證工件不會發生旋轉和移動，刀具向左移動切削工件，設置邊界條件的仿真模型如圖 2-15 所示。

4）仿真輸出切削力

本模型分別定義了 SiC 顆粒和 Al 基體的性質，故與整體建模所產生的切削力有不同之處，分別研究切削力受切削深度和切削速度的影響規律。

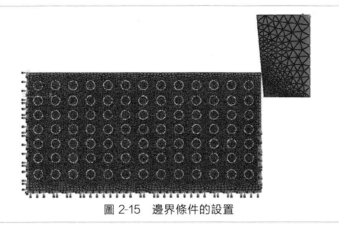

圖 2-15　邊界條件的設置

　　圖 2-16～圖 2-19 為刀具前角 $\gamma_0 = -5°$、刀具後角 $\alpha_0 = 0°$、$v_c = 96\mathrm{m/min}$
時，不同切削深度下主切削力隨時間的變化。

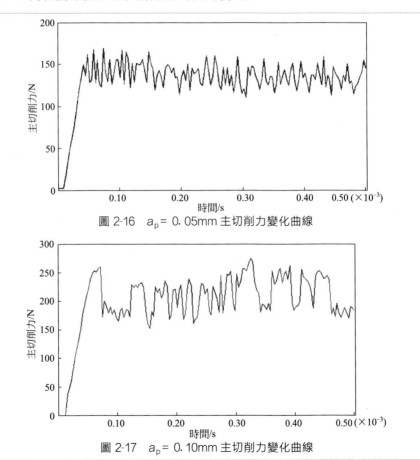

圖 2-16　$a_p = 0.05\mathrm{mm}$ 主切削力變化曲線

圖 2-17　$a_p = 0.10\mathrm{mm}$ 主切削力變化曲線

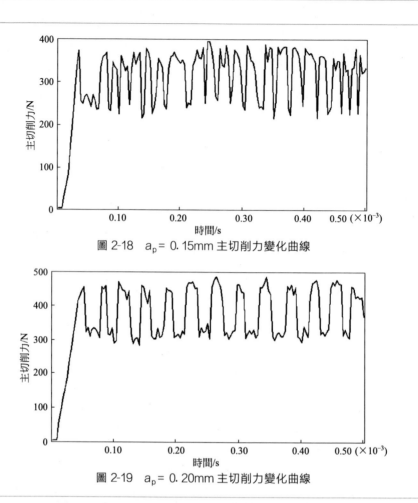

圖 2-18　a_p = 0.15mm 主切削力變化曲線

圖 2-19　a_p = 0.20mm 主切削力變化曲線

　　上述切削力輸出曲線表明，切削力產生明顯的週期性波動，且伴隨
著切削深度增大，切削力的波動現象更顯著。結合所建立的仿真模型分
析輸出的切削力曲線，由於所建立的仿真模型當切深為 0.05mm 時，切
到的基本都是 Al 基體，故切削力曲線輸出相對較平穩，切削力曲線波動
不是特別大，當切深較大時，切削力的波動會較明顯，整個過程中，由
於 SiC 顆粒具有較大的硬度，當刀具接觸到 SiC 顆粒，會對刀具產生較
強的阻礙作用，刀具與 SiC 顆粒之間和顆粒與顆粒之間的相互作用會越
來越明顯，作用力越來越大，同時 SiC 顆粒上會存在更大的應力集中，
故切削力會在刀具剛遇到 SiC 時明顯地增大，隨後切削力在 SiC 從工件
基體上脫落下來形成切屑時會隨之變小，隨著刀具前進又會遇到未被切
削的新的 SiC 顆粒，故切削力再次增大，因此切深較大時，切削力出現
明顯的週期性波動的現象。

　　圖 2-20 為刀具前角和切削速度固定的情況下，切削力受切削深度影響的變化曲線。分析圖可得出，伴隨著切削深度的不斷增大，切削力也隨之增加。這是因為當切削深度增大時，刀具與工件的接觸範圍也會更廣，需要克服的切削抗力會逐漸增大，且切屑對前刀面的摩擦作用也不斷增加，同時，由於切削深度會越來越大，刀具與顆粒之間的相互作用力也越來越明顯，顆粒與顆粒之間的作用力也越來越顯著，基體與顆粒之間也存在一定的連接強度，需要更大的切削力才能形成切屑，故切削力在切削深度越來越大的情況下會明顯變大。

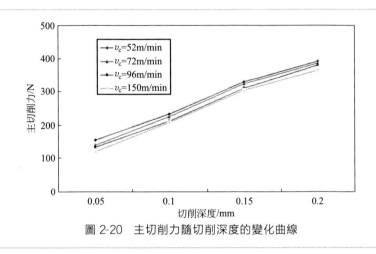

圖 2-20　主切削力隨切削深度的變化曲線

　　圖 2-21～圖 2-24 為刀具前角 $\gamma_0 = -5°$，刀具後角 $\alpha_0 = 0°$、$a_p = 0.15mm$ 時，不同切削速度下切削力隨時間的變化。

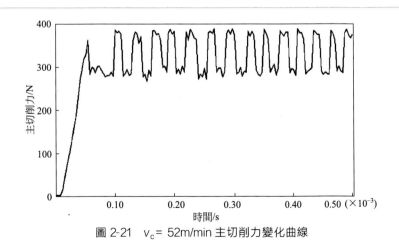

圖 2-21　$v_c = 52m/min$ 主切削力變化曲線

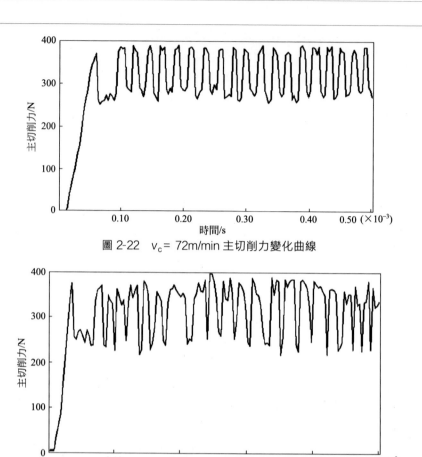

圖 2-22　v_c = 72m/min 主切削力變化曲線

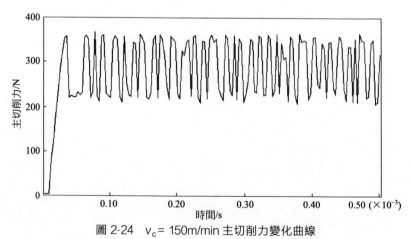

圖 2-23　v_c = 96m/min 主切削力變化曲線

圖 2-24　v_c = 150m/min 主切削力變化曲線

從以上切削力輸出曲線可以看到：切削力在切削速度不斷增加的情況下，波動隨之也越明顯，波動週期也會越短，因為 SiC 顆粒硬度比較大，刀具與顆粒相互作用時，顆粒受到的衝擊作用比較大，故速度越高切削力波動越明顯，同時當切削速度比較大時，會導致切屑的形成速度變快，故切削力的波動週期會變短；切削力進入穩態切削後，從不同速度的切削力曲線圖可以發現，剛進入穩態後，在一定時間內切削力波動比較平穩且值也不是很大，產生這種現象的原因，和所建立的仿真模型有關係，因為在這一段微小的時間內，刀具主要切削的是基體，還未與顆粒產生相互作用。

圖 2-25 為固定刀具角度和切削深度不變的情況下，高速切削複合材料的過程中，切削力隨切削速度的變化曲線。分析圖發現，當切削速度增大時，切削力會呈現略微下降的趨勢，這種情況是由於高速切削 SiC_p/Al 複合材料形成的切屑長度比較短，切屑很快從工件分離，從而切屑與刀具之間的摩擦作用相對不明顯，故速度越高，切削力會發生不是十分明顯的變小現象。

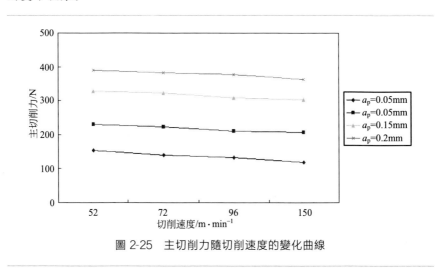

圖 2-25　主切削力隨切削速度的變化曲線

2.4.3 利用試驗資料擬合經驗公式的方式預測切削力、表面粗糙度

利用大量的試驗，能夠獲得切削參數和優化目標之間的試驗資料，透過這些試驗資料，能夠建立起相應優化目標的經驗公式。透過經驗公式能夠預測目標在未知切削條件下的資料。根據試驗資料量不同，經驗

公式的複雜程度不同，其預測精度也不相同。常見的經驗公式包括指數經驗公式及多元高次方程經驗公式。而根據預測對象不同，其經驗公式構成的切削參數也就不同。

（1）表面粗糙度的預測

根據 2.2.2 節的描述，對 SiC_p/Al 複合材料切削而言，影響表面粗糙度的各因素影響程度為 $f>r_\varepsilon>a_p>v_c$。因此，在建立表面粗糙度的經驗公式時，應考慮上述 4 個因素。同樣的道理，在建立切削力、切削溫度等優化目標的經驗公式時，也需考慮影響其大小的各因素。因此，根據 2.2.2 節的分析結果，考慮建立表面粗糙度的經驗公式如下：

$$Ra=x_0+x_1 r_\varepsilon+x_2 a_p+x_3 f+x_4 v_c+x_5 r_\varepsilon^2$$
$$+x_6 a_p^2+x_7 f^2+x_8 v_c^2+x_9 r_\varepsilon a_p+x_{10} r_\varepsilon f \tag{2-136}$$
$$+x_{11} r_\varepsilon v_c+x_{12} a_p f+x_{13} a_p v_c+x_{14} f v_c$$

根據 2.3.3 節表中的表面粗糙度資料，利用 Matlab 軟體求解上述公式的各個參數的係數。其表面粗糙度結果矩陣 $\boldsymbol{B}$ 為

$\boldsymbol{B}=[0.278;0.662;1.456;2.288;0.410;0.368;1.145;0.754;$
$\quad 0.615;0.828;0.273;0.408;0.860;0.647;0.525;0.356]$

各參數矩陣 $\boldsymbol{A}$ 為

$\boldsymbol{A}=[1,1,1,1,1,1,1,1,1,1,1,1,1,1,1,1;$
$\quad 1,1,2,2,2,1,4,4,4,2,2,2,4,4,4;$
$\quad 1,1,3,3,3,1,9,9,9,3,3,3,9,9,9;$
$\quad 1,1,4,4,4,1,16,16,16,4,4,4,16,16,16;$
$\quad 1,2,1,2,3,4,1,4,9,2,4,6,2,3,6;$
$\quad 1,2,2,1,4,4,4,1,16,4,2,8,2,8,4;$
$\quad 1,2,3,4,1,4,9,16,1,6,8,2,12,3,4;$
$\quad 1,2,4,3,2,4,16,9,4,8,6,4,12,8,6;$
$\quad 1,3,1,3,4,9,1,9,16,3,9,12,3,4,12;$
$\quad 1,3,2,4,3,9,4,16,9,6,12,9,8,6,12;$
$\quad 1,3,3,1,2,9,9,1,4,9,3,6,3,6,2;$
$\quad 1,3,4,2,1,9,16,4,1,12,6,3,8,4,2;$
$\quad 1,4,1,4,2,16,1,16,4,4,16,8,4,2,8;$
$\quad 1,4,2,3,1,16,4,9,1,8,12,4,6,2,3;$
$\quad 1,4,3,2,4,16,9,4,16,12,8,16,6,12,8;$
$\quad 1,4,4,1,3,16,16,1,9,16,4,12,4,12,3]$

可求得表面粗糙度的經驗公式為：

$$Ra = 0.3073 - 0.4454r_\varepsilon + 0.2728a_\mathrm{p} + 0.0848v_\mathrm{c} + 0.1795r_\varepsilon^2$$
$$- 0.0077a_\mathrm{p}^2 + 0.0791f^2 + 0.024v_\mathrm{c}^2 - 0.076r_\varepsilon a_\mathrm{p} - 0.1226r_\varepsilon f$$
$$- 0.0432r_\varepsilon v_\mathrm{c} + 0.0364a_\mathrm{p}f - 0.0434a_\mathrm{p}v_\mathrm{c} + 0.0236fv_\mathrm{c}$$

$$(2\text{-}137)$$

表面粗糙度的試驗值與預測值對比見表 2-27。

表 2-27　試驗值與預測值對比

序號	試驗表面粗糙度	預測表面粗糙度	偏差
1	0.278	0.2692	-3.17%
2	0.662	0.721	8.91%
3	1.456	1.3968	-4.07%
4	2.288	2.2966	0.38%
5	0.41	0.369	-10.00%
6	0.368	0.3768	2.39%
7	1.145	1.1358	-0.80%
8	0.754	0.7948	5.41%
9	0.615	0.6558	6.63%
10	0.828	0.8354	0.89%
11	0.273	0.2654	-2.78%
12	0.408	0.3674	-9.95%
13	0.86	0.8304	-3.44%
14	0.647	0.6836	5.66%
15	0.525	0.4888	-6.90%
16	0.356	0.386	8.43%
平均偏差			4.99%

經過遍歷 4^4 次不同參數組合後發現：當參數組合為 A2B4C1D1 時，其表面粗糙度為 $0.3321\mu m$，該值比田口方法預測的最佳表面粗糙度值要小，且其參數組合與田口方法獲得的最佳切削參數組合不一致。為了驗證兩種預測方法的正確性和準確性，再次進行了切削試驗，獲得最佳表面粗糙度和切削參數如表 2-28 所示。

表 2-28　最佳表面粗糙度和切削參數

編號	預測方法	標識	水準	切削參數		最佳表面粗糙度/μm		偏離
				參數	值	預測值	試驗值	
1	田口法	A	3	r_ε	0.6mm	0.173	0.192	-9.90%
		B	1	a_p	0.1mm			
		C	1	f	0.02mm/r			
		D	1	v_c	150m/min			
2	多元回歸方程	A	3	r_ε	0.6mm	0.105	0.113	-7.08%
		B	4	a_p	0.25mm			
		C	1	f	0.02mm/r			
		D	4	v_c	300m/min			

(2) 切削力的預測

同理，使用同樣的方法，可以獲得切削力的經驗公式如下：

$$
\begin{aligned}
F_x = &-488.1 - 735r_\varepsilon + 204a_p - 7552f + 5.81v_c + 906r_\varepsilon^2 \\
&+ a_p^2 + 19020f^2 - 0.00731v_c^2 - 276.6r_\varepsilon a_p + 332r_\varepsilon f \\
&- 0.0151r_\varepsilon v_c + 22641a_p f - 15.27a_p v_c + 2.685fv_c
\end{aligned}
\tag{2-138}
$$

$$
\begin{aligned}
F_y = &80.273 + 80.24r_\varepsilon - 388.54a_p + 1144.46f - 0.78399v_c - 110.3r_\varepsilon^2 \\
&+ 73.61a_p^2 - 2932.3f^2 + 0.000968v_c^2 + 108.137r_\varepsilon a_p + 22.303r_\varepsilon f \\
&+ 0.001286r_\varepsilon v_c - 2773.8a_p f + 2.3134a_p v_c - 0.88165fv_c
\end{aligned}
\tag{2-139}
$$

$$
\begin{aligned}
F_z = &112.033 + 150.84r_\varepsilon - 417.37a_p + 1808.1f - 1.3293v_c - 195.02r_\varepsilon^2 \\
&- 8.83a_p^2 - 4613.4f^2 + 0.001672v_c^2 + 36.605r_\varepsilon a_p - 90.62r_\varepsilon f \\
&+ 0.024047r_\varepsilon v_c - 5353.2a_p f + 3.4676a_p v_c - 0.69983fv_c
\end{aligned}
\tag{2-140}
$$

參考文獻

[1] 薛國彬, 鄭清春, 胡亞輝, 等. 鈦合金車削過程中基於遺傳算法的切削參數多目標優化[J]. 工具技術, 2017, 51 (01): 27-30.

[2] 王海艷, 秦旭達, 任成祖. 基於 Pareto 遺傳算法的螺旋銑加工參數優化[J]. 中國機械工程, 2012, 23 (17): 2058-2061.

[3] 劉建峰. 基於模擬退火遺傳算法的微細銑削加工參數優化[D]. 哈爾濱: 哈爾濱工業大學, 2010.

[4] 潘小權. 基於退火遺傳算法的起落架切削參數優化研究[D]. 西安: 西北工業大學, 2007.

[5] 謝書童, 郭隱彪. 雙刀並行數控車削中的切削參數優化方法[J]. 中國機械工程, 2014, 25 (14): 1941-1946.

[6] 李新鵬. 改進人工蜂群算法及其在切削參數優化問題中的應用研究[D]. 武漢: 華中科技大學, 2013.

[7] 秦國華, 謝文斌, 王華敏. 基於神經網路與遺傳算法的刀具磨損檢測與控制[J]. 光學精密工程, 2015, 23 (05): 1314-1321.

[8] 陳薇薇. 基於支持向量機的數控機床能耗預測及節能方法研究[D]. 武漢: 武漢科技大學, 2015.

[9] 王宸, 楊洋, 袁海兵, 等. 基於混合粒子群算法的數控切削參數多目標優化[J]. 現代製造工程, 2017 (03): 77-82.

[10] R. Kumar, S. Chauhan. Study on surface roughness measurement for turning of Al 7075/10/SiC_p and Al 7075 hybrid composites by using response surface methodol-

ogy（RSM）and artificial neural networking（ANN）[J]. Measurement, 2015, 65: 166-180.

[11] M. Seeman, G. Ganesan, R. Karthikeyan, et al. Study on tool wear and surface roughness in machining of particulate aluminum metal matrix composite-response surface methodology approach [J]. Int. J. Adv. Manuf. Technol. 2010, 48（5-8）: 613-624.

[12] İlhan Asiltürk, Akkuş H. Determining the effect of cutting parameters on surface roughness in hard turning using the Taguchi method [J]. Measurement, 2011, 44（9）: 1697-1704.

[13] Turgay Klvak. Optimization of surface roughness and flank wear using the Taguchi method in milling of Hadfield steel with PVD and CVD coated inserts [J]. Measurement, 2014, 50: 19-28.

[14] Carmita Camposeco-Negrete. Optimization of cutting parameters for minimizing energy consumption in turning of AISI 6061 T6 using Taguchi methodology and ANOVA [J]. Journal of Cleaner Production, 2013, 53: 193-203.

[15] Salem Abdullah Bagaber, Ahmed Razlan Yusoff. Multi-objective optimization of cutting parameters to minimize power consumption in dry turning of stainless steel 316 [J]. Journal of Cleaner Production, 157, 2017, 30-46.

[16] 趙久蘭. 切削 SiC_p/Al 複合材料表面缺陷形成機製及控制方法研究[D]. 北京: 華北電力大學, 2017.

[17] 吳學華. SiC_p/Al 基複合材料切削參數仿真及實驗研究[D]. 北京: 華北電力大學, 2016.

[18] 趙愛林. SiC_p/Al 基複合材料切削加工性的基礎研究[D]. 北京: 華北電力大學, 2016.

[19] 王進峰, 趙久蘭, 儲開宇. SiC_p/Al 複合材料切削力的仿真研究[J]. 系統仿真學報, 2018, 30（04）: 1566-1571.

[20] 王進峰, 儲開宇, 趙久蘭, 等. SiC_p/Al 複合材料切削仿真及實驗研究[J]. 人工晶體學報, 2016, 45（07）: 1756-1764.

[21] 馬峰, 張華, 曹華軍. 面向低能耗少切削液的多目標加工參數優化[J]. 機械工程學報, 2017, 53（11）: 157-163.

[22] 謝書童, 郭隱彪. 數控車削中成本最低的切削參數優化方法[J]. 電腦集成製造系統, 2011, 17（10）: 2144-2149.

[23] 陳青艷, 劉小寧, 胡成龍. SPEA2 算法的加工精度與能耗多工序車削優化[J]. 機械設計與研究, 2013, 29（05）: 67-70+ 80.

[24] 黃拯滔, 楊傑, 張超勇, 等. 面向能耗的數控銑削過程建模與參數優化[J]. 中國機械工程, 2016, 27（18）: 2524-2532.

[25] 張幼楨. 金屬切削原理[M]. 北京: 航空工業出版社, 1988.

[26] 劉學斌. 面向源工藝定製的切削參數優化技術研究[D]. 北京: 北京理工大學, 2015.

[27] 李初曄, 王海濤, 王增新. 銑削加工過程中的材料去除率計算 [J]. 工具技術, 2016, 50（01）: 55-60.

[28] 王進峰, 范孝良, 曹雨薇, 等. 高速車削 SiC_p 增強鋁基複合材料表面粗糙度試驗 [J]. 中國工程機械學報, 2017, 15（01）: 62-66.

[29] Girish Kant, Kuldip Singh Sangwan. Prediction and optimization of machining parameters for minimizing power consumption and surface roughness in machining [J]. Journal of Cleaner Production, 2014, 83: 151-164.

[30] Zhaohui Deng, Hua Zhang, Yahui Fu, et al. Optimization of process parameters for minimum energy consumption based on cutting specific energy consumption [J]. Journal of Cleaner Production, 2017, 166: 1407-1414.

[31] 邊衛亮, 傅玉燦, 徐九華, 等. SiC_p/Al 複

合材料高速銑削切削力模型建立[J]. 航空制造技術, 2012, 3: 92-95.

[32] 閆蓉, 邱鋒, 彭芳瑜, 等. 螺旋立銑刀正交車銑軸類零件切削力建模分析[J]. 華中科技大學學報 (自然科學版), 2014, 42 (5): 1-5.

[33] S. Campocasso, J. -P. Costes, G. Fromentin, et al. A generalised geometrical model of turning operations for cutting force modelling using edge discretisation [J]. Appl. Math. Model. 2015, 39 (21): 6612-6630.

[34] J. Weng, K. Zhuang, D. Chen, et al. An analytical force prediction model for turning operation by round insert considering edge effect[J]. Int. J. Mech. Sci. 2017, 128-129: 168-180.

[35] A. Pramanik, L. C. Zhang, J. A. Arsecularatne. An FEM investigation into the behavior of metal matrix composites: Tool-particle interaction during orthogonal cutting[J]. Int. J. Mach. Tools Manuf. 2007, 47(10): 1497-1506.

[36] L. Zhou, S. T. Huang, D. Wang, et al. Finite element and experimental studies of the cutting process of SiC_p/Al composites with PCD tools [J]. Int. J. Adv. Manuf. Technol. 2011, 52 (5-8): 619-626.

[37] M. Fathipour, M. Hamedi, R. Yousefi. Numerical and experimental analysis of machining of Al (20 vol% SiC) composite by the use of ABAQUS software[J]. Materialwiss. Werkst. 2013, 44 (1): 14-20.

[38] V. K. Doomra, K. Debnath, I. Singh. Drilling of metal matrix composites: Experimental and finite element analysis [J]. Proc. IMechE, Part B: J. Eng. Manuf. 2014, 229 (5): 886-890.

[39] X. Chen, L. Xie, X. Xue, et al. Research on 3D milling simulation of SiCp/Al com-

posite based on a phenomenological model [J]. Int. J. Adv. Manuf. Technol. 2017, 92 (5-8): 2715-2723.

[40] H. A. Kishawy, S. Kannan, M. Balazinski. An energy based analytical force model for orthogonal cutting of metal matrix composites [J]. CIRP Ann. -Manuf. Technol. 2004, 53 (1): 91-94.

[41] J. Du, J. Li, Y. Yao, et al. Prediction of Cutting Forces in Mill-Grinding SiC_p/Al Composites[J]. Mater. Manuf. Proc. 2014, 29 (3): 314-320.

[42] 韓勝超, 陳燕, 徐九華, 等. 多齒銑刀側銑加工多層 CFRP 銑削力的建模與仿真 [J]. 複合材料學報, 2015, 31 (5): 1375-1381.

[43] Wencheng Pan, Songlin Ding, John Mo. The prediction of cutting force in end milling titanium alloy (Ti6Al4V) with polycrystalline diamond tools [J]. Proceedings of the Institution of Mechanical Engineers Part B-Journal of Engineering Manufacture, 2017, 231 (1): 3-14.

[44] Khaled A. M Adem, Roger Fales, A. Sherif El-Gizawy. Identification of cutting force coefficients for the linear and nonlinear force models in end milling process using average forces and optimization technique methods[J]. The International Journal of Advanced Manufacturing Technology, 2015, 79 (9): 1671-1687.

[45] 胡艷娟, 王占禮, 董超, 等. 集成對稱模糊數及有限元的切削力預測[J]. 振動、測試與診斷, 2014, 34 (4): 673-680.

[46] S. Kannan, H. A. Kishawy, I. Deiab. Cutting forces and TEM analysis of the generated surface during machining metal matrix composites [J]. J. Mater. Process. Technol. 2009, 209 (5): 2260-2269.

[47] S. Jeyakumar, K. Marimuthu, T. Ram-

achandran. Prediction of cutting force, tool wear and surface roughness of Al6061/SiC composite for end milling operations using RSM [J]. J Mech. Sci. Technol. 2013, 27 (9): 2813-2822.

[48] K. Venkatesan, R. Ramanujam, J. Joel, et al. Study of cutting force and surface roughness in machining of al alloy hybrid composite and optimized using response surface methodology [J]. ProcediaEngi. 2014, 97: 677-686.

[49] Ch. Shoba, N. Ramanaiah, D. Nages-waraRao. Effect of reinforcement on the cutting forces while machining metal matrix composites-An experimental approach [J]. Eng. Sci. Technol. , an Int. J. 2015, 18 (4): 658-663.

[50] A. V. M. Subramanian, M. D. G. Nachi-muthu, V. Cinnasamy. Assessment of cutting force and surface roughness in LM6/SiC$_p$ using response surface methodology[J]. J. Appl. Res. Technol. 2017, 15 (3): 283-296.

[51] M. S. Aezhisai Vallavi, N. Mohan Das Gandhi, C. Velmurugan. Application of genetic algorithm in optimisation of cutting force of Al/SiC$_p$ metal matrix composite in end milling process [J]. Int. J. Mater. Prod. Technol. 2018, 56 (3): 234-252.

[52] W. Sawangsri, K. Cheng. An innovative approach to cutting force modelling in diamond turning and its correlation analysis with tool wear[J]. Proc. IMechE, Part B: J. Eng. Manuf. 2014, 230 (3): 405-415.

[53] A. Kumar, M. M. Mahapatra, P. K. Jha. Effect of machining parameters on cutting force and surface roughness of in situ Al-4. 5%Cu/TiC metal matrix composites[J]. Measurement. 2014, 48: 325-332.

[54] W. Polini, S. Turchetta. Cutting force, tool life and surface integrity in milling of titanium alloy Ti-6Al-4V with coated carbide tools [J]. Proc. IMechE, Part B: J. Eng. Manuf. 2014, 230 (4): 694-700.

[55] H. A. Kishawy, A. Hosseini, B. Moetakef-Imani, et al. An energy based analysis of broaching operation: Cutting forces andresultant surface integrity[J]. CIRP Ann. -Manuf. Technol. 2012, 61 (1): 107-110.

[56] Pramanik A, Zhang L. C, Arsecu-laratne, et al. Prediction of cutting forces in machining of metal matrix-composites [J]. International Journal of Machine Tools & Manufacture, 2006, 46 (16): 1795-1803.

[57] Dabade, U. A. , Dapkekar, D. , Joshi, et al. Modeling of chip-tool interface friction to predict cutting forces in machining of Al/SiC$_p$ composites [J]. International Journal of Machine Tools & Manufacture, 2009, 49 (9): 690-700.

[58] 葉貴根, 薛世峰, 仝興華, 等. 金屬正交切削模型研究進展[J]. 機械強度, 2012, 34 (4): 531-544.

[59] 柳青, 王進峰, 趙久蘭, 等. 車削 SiC$_p$/Al 複合材料切削力預測模型研究[J]. 中國工程機械學報, 2018, 16 (03): 211-215.

[60] Hung, N. P. , Yeo, et al. Chip formation in machining particle reinforced metal matrix composites [J]. Materials and Manufacturing Processes, 1998, 13 (1): 85-100.

[61] H T Young, P. Mathew, P. L. B. Oxley. Allowing for nose radius effects in predicting the chip flow direction and cutting forces in bar turning[J]. Proceedings of the Institution of Mechanical Engineers Part B-Journal of Engineering Manufacture, 1987, 201 (C3): 213-226.

[62] J. A. Arseedaratne, P. Mathew, P. L. B.

Oxley. Prediction of chip flow direction and cutting forces in oblique machining with nose radius tools[J]. Proceedings of the Institution of Mechanical Engineers Part B-Journal of Engineering Manufacture, 1995, 209: 305-315.

[63] 汪志城．滾動摩擦機理和滾動摩擦係數[J]．上海機械學院學報，1993，15（4）：35-43．

[64] 王新榮，初旭宏．ANSYS 有限元基礎教程[M]．北京：電子工業出版社，2011．

[65] D. Z. Zhu, W. P. Chen, Y. Y. Li. Strain-rate relationship of Aluminum Matrix Composites Predicted by Johnson-Cook Model[J]. Proceedings of the 6th International Conference on Physical and Numerical Simulation of Materials Processing. 2010: 103-109.

[66] 李紅華．高速切削高溫合金有限元模擬及試驗研究[D]．大連理工大學，2012．

[67] Tian Y, Huang L, Ma H, et al. Establishment and comparison of four constitutive models of 5A02 aluminium alloy in high-velocity forming process[J]. Materials & Design, 2014, 54: 587-597.

[68] Xu Z, Huang F. Comparison of constitutive models for FCC metals over wide temperature and strain rate ranges with application to pure copper[J]. International Journal of Impact Engineering, 2015, 79: 65-74.

[69] Wang J, Guo W G, Gao X, et al. The third-type of strain aging and the constitutive modeling of a Q235B steel over a wide range of temperatures and strain rates[J]. International Journal of Plasticity, 2015, 65: 85-107.

[70] 段春爭，王肇喜，李紅華．高速切削鋸齒形切屑形成過程的有限元模擬[J]．哈爾濱工程大學學報，2014，35（2）：226-232．

[71] 朱潔，朱亮，陳劍虹．應力三軸度和應變率對 6063 鋁合金力學性能的影響及材料表徵[J]．材料科學與工程學報，2007，25（3）：35．

第3章

智慧工藝規劃

3.1　研究背景

電腦輔助工藝規劃（CAPP）的研究始於 1960 年代後期，其早期意圖就是建立包括工藝卡片生成、工藝內容儲存及工藝規程檢索在內的電腦輔助工藝系統，這樣的系統沒有工藝決策能力和排序功能，因而不具有通用性。真正具有通用意義的 CAPP 系統是 1969 年以挪威開發的 AU-TOPROS 系統為開端，其後很多的 CAPP 系統都受到這個系統的影響。中國在 1980 年代初期也開始了 CAPP 的研究工作，其中，同濟大學開發的 TOJICAP 系統[1]、北京航空航天大學開發的 EXCAPP 系統[2]、南京航空航天大學開發的 NHCAPP 系統[3]、清華大學開發的 THCAPP-1 系統[4] 等都有不俗的表現。

從 CAPP 的工作原理上分，我們可以將 CAPP 分成三種類型。

（1）衍生式 CAPP 系統

衍生式 CAPP 系統是基於成組技術的原理，根據零件的幾何形狀、加工工藝等方面的相似性，將零件進行分類，劃分零件族，並設計出綜合該族所有零件的虛擬典型樣件，根據此樣件設計工藝作為該零件族的典型工藝規程。當設計一個新零件的工藝規程時，首先確定其零件編碼，並據此確定其所屬零件族，由電腦檢索出該零件族的典型工藝規程，工藝設計人員根據零件結構及加工工藝要求，採用人機互動的方式，對典型工藝規程進行修改，從而得到所需的工藝規程。

由衍生式 CAPP 系統的工作原理可知，衍生式 CAPP 系統主要解決三個關鍵問題。

① 零件資訊描述問題　在衍生式 CAPP 系統中，零件資訊以編碼的形式輸入到 CAPP 系統中，即將零件資訊代碼化，目前中國的衍生式 CAPP 系統常見的編碼系統是建立在以 Opiz 編碼系統為基礎的 GB-JXLJ 上。

② 相似零件族的劃分問題　劃分零件族前，需要對所有零件的結構特徵進行分析，並在此基礎上製訂劃分零件族的標準，即確定若干個特徵矩陣，將每個零件族的特徵矩陣儲存起來，構成特徵矩陣文件，以便確定新零件所屬零件族。

③ 零件族的標準工藝規程製訂問題　在確定了零件族之後，需要設計零件族的標準工藝規程。可以採用複合零件法和複合工藝路線法[5] 等來生成。標準工藝規程由各種加工工序構成，工序由工步構成，標準工

藝規程在電腦中的儲存和查詢主要依靠工步代碼文件來實現。

由於衍生式的 CAPP 系統主要以檢索已存在的工藝規程為目標，因此存在著通用性差等問題。同時，由於衍生式 CAPP 的原理等原因，導致其難以實現與 CAD 系統的集成，不符合現代高度集成化和智慧製造的需要。

（2）創成式 CAPP 系統

創成式 CAPP 系統指的是軟體系統能夠綜合零件的加工特徵，根據系統中的工藝知識庫和各種工藝決策邏輯，自動生成該零件的工藝規程。這種工藝系統能夠在獲取零件的資訊以後，自動提取所需要的加工特徵，並將其轉變為系統能夠識別的工藝知識，根據所識別的工藝知識，從軟體系統的工藝知識庫中檢索相應的標準工藝知識，應用工藝決策規則，進行工藝路線的製訂，包括選擇機床、刀具、夾具、量具，完成工序製訂、切削用量選擇、工藝規程優化等工作。最理想的創成式 CAPP 系統是透過決策邏輯效仿人的思維，在無需人工干預的情況下自動生成工藝路線，系統具有高效的柔性。

因此，要實現完全創成法的 CAPP 系統，必須要解決下列兩個關鍵問題：一是零件的資訊必須要用電腦能識別的形式完全準確地描述，即 CAPP 系統能夠自動識別 CAD 系統的設計資料，並轉化為相應的工藝知識；二是設計大量的工藝知識和工藝規程決策邏輯，選擇合適的表達方法，儲存在 CAPP 系統中。

零件資訊描述是創成式 CAPP 系統首先要解決的問題，零件資訊的描述指的是把零件的幾何形狀和技術要求轉化為電腦能夠識別的代碼資訊。目前，零件資訊資料基本都以 CAD 形式表現，不同 CAD 系統的零件表達方式存在一定的差異，導致不同的 CAPP 系統在讀取不同 CAD 資料時，經常會遇到資料不能識別或者識別混亂等問題，另外，零件上的某些特徵資訊，CAPP 系統在識別上存在問題，例如零件的材料、形位公差等資訊，特別是對複雜零件三維模型的識別也還沒有完全解決，因此，關於 CAD 和 CAPP 之間的資料交換是 CAPP 的一個難點問題。

工藝知識和工藝規程決策規則是創成式 CAPP 系統要解決的第二個關鍵問題。工藝知識是一種經驗型知識，建立工藝決策模型時，透過工藝知識表示相應的決策邏輯，並透過電腦編程語言實現是一件比較困難的事情。在理論上，創成法 CAPP 系統包含有決策邏輯，系統具有工藝規程設計所需要的所有資訊，但是代價是需要大量的前期準備工作，例如，收集生產實踐中的工藝知識，並以一定的儲存方式進行儲存，由於產品品種的多樣化，各種產品的加工過程不同，即便是相同的產品，由於具體加工條件的差異，工藝決策邏輯也都不一樣，現有的創成式 CAPP 系統大部分都是針

對特定企業的某一類產品專門設計的,創成能力有限。

　　1978 年麻省理工學院的 Gossard 教授指導的學士論文「CAD 零件的特徵表示」第一次提出特徵的概念,而後很多科研工作者研究基於特徵的零件資訊表述方法,到目前為止,該方法被認為是從根本上解決 CAD 和 CAPP 集成問題的有效途徑[6,7]。從不同的角度出發,特徵有不同的含義。從設計角度出發,特徵指的是「與 CIMS 的一個和多個功能相關的幾何實體」[8];從製造角度出發,特徵指的是「零件上具有顯著特性的、對應於主要加工操作的幾何形體」[6];從廣義角度出發,特徵指的是「能夠抽象地描述零件上感興趣的幾何形狀及其工程語義的對象」[7]。

　　利用特徵建模技術建立零件資訊模型是目前流行的方法,國內外的學者對基於特徵的零件資訊模型表達方法進行了深入的探討。Shah[9] 提出的產品模型四級結構包括特徵圖、特徵屬性表、特徵實例和體素構造表示/邊界表示(CSG/B. Rep)。Requicha、Roy、Wickens 等人對尺寸公差模型、約束網路、尺寸驅動設計等進行了研究,並探討了相應的模型邊界與修改[10-12]。楊安建等人建立了基於主框架、表面特徵框架和輔助特徵框架三層結構的零件資訊框架模型[13]。王先逵和李志忠提出了透過資訊元法建立 IDEF1X 零件資訊實體模型的方法[14]。喬良和李原透過面向對象的建模方法與 B. Rep 方法描述零件特徵的分類和幾何拓撲資訊[15]。

　　另外一個問題是關於工藝規則決策邏輯的創建問題。建立工藝決策邏輯則是創成式 CAPP 的核心問題。從決策基礎來看,它又包括邏輯決策、數學計算以及創造性決策等方式[16]。建立工藝決策邏輯應根據工藝設計的知識和原理,結合具體生產條件,並將有關專家和工藝人員的邏輯判斷思維結合在一起,從而建立起來一整套決策規則。例如定位基準的選擇,加工方法的選擇,加工階段的確定,工裝設備和機床的確定,切削用量的選擇,工藝方案的選擇等。工藝知識、原理、專家人員的設計經驗等透過高級編程語言,轉變為工藝決策邏輯,儲存在 CAPP 系統的資料庫或者軟體系統中。工藝規則決策邏輯主要是基於決策表和決策樹。國內外研究開發了一些基於決策表和決策樹的系統,例如 CAP-SY[17] 系統,這一系統是圖形人機對話式創成 CAPP 系統,它能和 CAD 系統和 NC 系統配套使用,零件資訊的描述可用二維 CAD 系統 COM-VAR 或三維 CAD 系統 COMPAC 建立零件模型。北京理工大學的 BIT-CAPP 系統是一個適用於 FMS(flexible manufacturing system,柔性製造系統)的創成法 CAPP 系統,是針對 FMS 中所加工的兵器零件開發的。但是,現有的創成式 CAPP 系統的創成能力和與 CAD 集成都很有限,都是在一定範圍內擁有一定的創成能力,應用範圍受到很大的限製。

(3) 智慧式 CAPP 系統

CAPP 系統要首先要將大量的工藝知識，如刀具、夾具、機床、切削用量等儲存在系統的資料庫中，然後將工藝決策的相關邏輯和工藝設計人員的設計經驗，以某種形式儲存在系統的資料庫或者相應模組中，最後，才是針對具體的零件特徵、生產條件等資訊，檢索、生成、優化工藝路線。整個過程中要處理大量的資料，傳統的方法難以實現。隨著人工智慧（AI）技術的發展，將人工智慧技術與 CAPP 技術結合起來已經成為 CAPP 系統研究的主要方向。

AI 技術應用於 CAPP 系統主要從兩個方面展開。一方面是工藝知識獲取和工藝知識探勘，例如將神經網路技術應用於零件加工特徵獲取[18]，基於 CLS（concept learning system，概念學習系統）算法的工藝決策學習算法[19]，另一方面是工藝路線排序，例如，模糊決策用於分級工藝規劃[20]，將遺傳算法[21,22]、蟻群算法[23,24]、粒子群[25,26]、蜂群[27] 等技術用於工序排序。

自 1990 年代起，國外推出一些基於知識的智慧 CAPP 系統，如 MetCAPP 系統、HMS. CAPP、IntelliCAPP 等，從總體上看，以互動式設計、資料化、集成化為基礎，並集成資料庫技術、網路技術是這些商品化 CAPP 的共同特點。其中，MetCAPP 是美國 IAMS（Institute of Advanced Manufacturing Science，先進製造科學研究所）開發的，Met-CAPP 被分類為基於知識的 CAPP 系統，在知識庫中它包含了推理的規則和資料，其中的一個 MetScript 模組允許使用者定義新特徵和添加新的工藝設計知識。

綜上所述，自 CAPP 系統誕生起，一直是先進製造領域的研究熱點和難點。隨著電腦技術、資料庫技術等輔助技術的不斷成熟，CAPP 系統的相關研究也在不斷深入。不難發現，不同時期 CAPP 系統的研究主要圍繞以下幾個方面展開。

① 工藝知識的表達和探勘方法　傳統的零件設計資料以圖紙的形式儲存，將圖紙中零件的加薪資訊表達為工藝知識，是 CAPP 系統的原始資料。建立了基於柔性編碼法、型面描述法和體元素描述法等方法的零件資訊描述方法。隨著特徵建模技術的成熟，基於零件加工特徵的零件資訊描述方法逐漸應用到 CAPP 系統中。對於在工藝決策過程中涉及的工藝知識，如工裝設備、切削用量等，在 CAPP 系統中的表達方法也非常重要。

② 工藝規劃決策　衍生式 CAPP 系統透過檢索零件族的典型工藝規程，透過人機交換的方式生成零件的工藝路線。創成式 CAPP 系統主要

透過決策表或者決策樹的決策規則，生成零件的典型工藝路線，然後透過人機互動的方式優化。智慧式 CAPP 系統則根據製造資源的約束條件，透過基於人工智慧的工藝決策規則，生成零件的典型工藝規程。

　　智慧式 CAPP 系統指的是利用人工智慧技術進行工藝路線的輔助規劃。首先，建立工藝知識庫，既包括基礎的零件基本資訊，又將需要的眾多經驗豐富的專家、學者的知識和經驗，以一定的形式儲存到資料庫中，其次，建立工藝規劃決策模組，模擬專家的邏輯思維和工藝推理能力，設計具體零件的工藝路線。智慧 CAPP 系統的體系結構可參考圖 3-1。

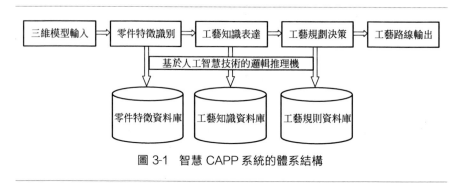

圖 3-1　智慧 CAPP 系統的體系結構

　　本章根據智慧 CAPP 系統的體系結構，從工藝知識表述方法和工藝規劃決策方法兩個方面進行研究和討論，重點討論了利用遺傳算法和蟻群算法進行智慧工藝規劃的方法和流程。

3.2　智慧工藝規劃建模

3.2.1　基於特徵向量的工藝知識表述方法

　　CAPP 系統是計算集成製造系統的重要組成部分，是連接 CAD 與 CAM 的紐帶。傳統的 CAPP 系統工藝知識的表述方法大部分是基於成組技術的零件編碼法，如德國的 OPTIZ 系統、日本的 KK.3 系統和中國自主的 JLBM.1 系統。這些零件編碼系統在 CAPP 技術發展的不同時期發揮了重要作用。隨著 CAPP 智慧化的應用要求，智慧化的 CAPP 系統工藝知識表述方法是利用 CAD 模型直接將工藝知識轉移到 CAPP 系統，本節根據 CAD 技術中的特徵建模技術，提出一種基於零件加工特徵的工藝

知識表述方法，將零件表面複雜的加工特徵細化成精簡的工藝知識資訊。

建模是指將物體的形狀及其屬性儲存在電腦內，形成該物體的三維幾何模型。該模型是對原物體的確切的資料描述或者是對原物體某種狀態的真實模擬。電腦建模技術主要經歷如下幾個階段。

線框建模階段。線框建模是用基本線素定義目標的稜線輪廓，使用者需要逐點、逐線地構建模型，但是線框模型繪製的所有稜線都顯示出來，一方面容易產生二義性，另一方面當目標的形狀複雜時，稜線過多，也會引起模糊理解。線框模型缺少曲面輪廓線，且資料結構中也缺少邊與面、面與體之間關係的資訊，即拓撲資訊，因此不能識別面與體。

表面建模階段。與線框模型相比，增加了面的資訊，記錄了邊與面之間的拓撲關係，能夠比較完整地定義目標的表面。但是表面模型只能表示物體的表面及其邊界，無法區別面的某一側是體內還是體外，缺乏面與體之間的拓撲關係。表面模型可分為平面模型和曲面模型。表面模型將物體表面劃分成多邊形網格，而曲面模型將物體曲面劃分成若干曲面片的光順拼接。

實體建模階段。實體模型中記錄了實體、面、邊、點的資訊。建模是透過定義基本體素，如長方體、圓柱、球、圓錐等，透過對基本體素的幾何運算實現實體建模，例如交、並、差等運算。但實體建模只能表達零件的幾何資訊，不能表達 CAPP 系統所需的製造資訊，如精度、材料、熱處理等資訊。因此，基於 CAD 實體模型的 CAPP 系統，無法直接從零件的實體模型中獲得製造特徵資訊。

特徵建模。特徵建模技術面向整個設計和製造過程，它從產品整個生命週期各階段的不同需求來描述產品，不僅包含了與生產有關的資訊，而且還能描述這些資訊之間的關係，使得各應用系統可以直接從該零件模型中抽取所需的資訊，為設計的後續環節提供完整的零件資訊模型。特徵建模的思想展現了新的設計方法學，即面向製造的設計，它符合並行工程的概念，即在設計階段考慮製造問題，又由於其有語義功能，適合於知識處理，表達設計意圖，同時也為參數化尺寸驅動設計思想提供新的設計環境。特徵建模技術的出現和發展為解決 CAD/CAPP/CAM 集成提供了理論基礎和方法。建模技術中的「特徵」可追溯到 1970 年代，由麻省理工學院的 Gossard 教授提出。從設計角度講，特徵往往與產品設計的知識表示和功能要求相連，指的是「具有一定形狀的實體，與一個或多個設計功能相關，可以作為基本單元進行設計和處理」，從製造的角度講，特徵往往與工藝規程設計、數控編程、自動檢測相連，指的是「對應一定基本加工操作的幾何形狀」。綜合二者，較多文獻將特徵定義為，「特徵是零件或者部件上一

組相關聯的具體特定形狀和屬性的、與設計、製造活動有關並含有工程意義和基本幾何實體或資訊的集合，是產品開發過程中各種資訊的載體」。特徵的分類與特徵定義一樣，依賴於應用領域及零件類型。根據產品生產過程階段不同而將特徵區分為設計特徵、製造特徵、裝配特徵、檢驗特徵等。根據描述資訊內容不同而將特徵區分為形狀特徵、精度特徵、材料特徵、性能分析特徵等。從造型角度來說，特徵建模不再將抽象的基本幾何體，如矩形體、球等作為拼合零件的對象，而是選用那些具有設計製造意義的特徵形體作為基本單元拼合零件，例如型腔、刀槽、凸臺、殼體、孔、壁等特徵。從資訊角度說，特徵作為產品開發過程中各種資訊的載體，不僅包含了幾何、拓撲資訊，還包含了設計製造所需的一些非幾何資訊，例如材料、尺寸、形狀公差、熱處理、表面粗糙度、刀具、管理資訊等，這樣特徵就包含了豐富的工程語義，可以在更高的資訊層次上形成零部件完整的資訊模型。

智慧 CAPP 系統中，對零件進行加工工藝的柔性規劃，需要建立工藝知識的相應表述。如前所述，特徵建模技術能夠將對象的設計特徵、精度特徵、材料特徵、技術特徵等資訊集中到統一模型中，對零件與製造過程相關的資訊，可以從 CAD 系統的特徵模型直接獲取。根據獲取的特徵，執行相應的決策策略，完成相應工藝路線的規劃。

CAPP 系統工藝規劃過程中，工藝知識的表達方法決定了工藝路線的標準化、規範化和工藝路線的規劃水準。工藝知識劃分越細，其所表達的知識量就越大。據此，根據零件的加工特徵，我們將工藝路線用一組特徵向量表示，其中每組特徵向量表示為一道工序[28]。因此，一個零件的工藝路線可以由特徵向量 OL 表示：

$$OL = \{OP_1, OP_2, \cdots, OP_i\} \tag{3-1}$$

其中 OL 表示零件的工藝路線，OP 表示該零件工藝路線的組成工序，i 表示該工藝路線包含的工序數量。

每組特徵向量中分為兩部分，一部分表示零件的形狀特徵，另一部分表示該零件的製造特徵，如定位基準、加工階段、工裝夾具等資訊，該部分特徵向量是由特徵模型中的製造特徵、材料特徵、性能分析特徵等特徵資訊經由 CAPP 系統的決策機製生成。

零件的形狀特徵可分為兩項：主要形狀特徵和輔助形狀特徵。主要形狀特徵指的是零件具有重要製造意義的表面，如定位基準面、加工支撐面、定位基準孔、圓柱面等，主要形狀表面一般具備兩個特點：①特徵建模時，零件主要形狀特徵一般表示為基本三維體素，如圓柱、圓錐、長方體、球等資訊。②主要形狀特徵在零件的製造過程中擔負著比較重

要的任務，如定位面、支撐面、夾緊面等。輔助形狀特徵指的是，在零件製造過程中作為輔助作用的表面，如螺紋、倒角、工藝孔等。主要形狀特徵和輔助形狀特徵的判斷是根據特徵模型中的形狀特徵、精度特徵、技術特徵等特徵資訊判斷。

零件的製造特徵主要包括兩項：形狀特徵之間的關係及其切削特徵。

形狀特徵之間的關係主要包括：

① 從屬關係　描述的是形狀特徵之間的相互從屬關係。例如，輔助特徵從屬於主要特徵。

② 鄰接關係　描述的是形狀特徵之間的相互鄰接關係。例如，階梯軸的每相鄰兩個軸段之間的關係，並且每個鄰接外圓柱面的狀態可共享。

③ 基準關係　如果兩個形狀特徵之間存在位置公差關係，那麼其中一個特徵就是另外一個特徵的基準。

切削特徵包括：切削速度、進給量、切削深度、機床、刀具、夾具等切削過程因素。

據上述分析，基於特徵建模技術的 CAPP 系統零件資訊模型構成如圖 3-2 所示。

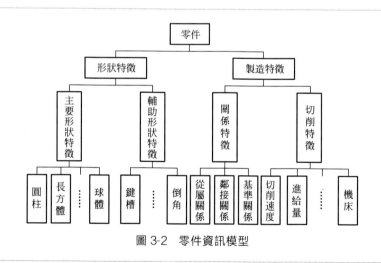

圖 3-2　零件資訊模型

構成工藝路線的每一組特徵向量是一道工序，因此工序 OP_i 可由下列 8 維特徵向量表示：

$$OP_i = \{P, S, M, D, R, E, C, J\} \tag{3-2}$$

式中　P——形狀特徵編號；

　　　S——加工階段，分為粗加工、半精加工、精加工、超精加工；

　　　M——加工方法，分為車、銑、刨、磨、鑽、擴、鏜、鉸等；

D——定位基準及零件表面特徵；

R——切削用量編號；

E——機床編號；

C——刀具編號；

J——夾具編號。

工序特徵向量 OP_i 的每一個組成元素又可由各自特徵向量表示。

零件表面形狀特徵向量表示為：

$$P = \{ID, PT\} \tag{3-3}$$

式中 ID——零件表面的形狀特徵的順序號；

PT——零件表面具體的形狀特徵名稱。

加工階段特徵向量表示為：

$$S = \{ID, ST\} \tag{3-4}$$

式中 S——加工階段特徵向量；

ID——加工階段編號；

ST——粗加工、半精加工、精加工、超精加工四種類型。

加工方法特徵向量表示為：

$$M = \{ID, MT\} \tag{3-5}$$

式中 M——加工方法特徵向量；

ID——加工方法編號；

MT——車削、銑削、刨削、磨削、鑽削、擴孔、鏜削、鉸削等。

定位基準特徵向量表示為：

$$D = \{ID, MT\} \tag{3-6}$$

式中 D——定位基準特徵向量；

ID——定位基準編號，對應向量 P 中的 ID。

切削用量特徵向量表示為：

$$R = \{ID, v, f, a_p\} \tag{3-7}$$

式中 ID——該零件工藝規劃中選用的切削用量統一編製的順序號；

v——切削速度，單位：m/s；

f——進給量，單位：mm/r 或者 mm/z；

a_p——背喫刀量，單位：mm。

機床特徵向量表示為：

$$E = \{ID, ET\} \tag{3-8}$$

式中 E——機床特徵向量；

ID——機床編號，工廠內或者企業內機床的標識；

ET——機床名稱。

刀具、夾具特徵向量的表示方法與機床特徵向量的表示方法相同。

由上述 8 種特徵向量基本能夠表示一種零件的工藝路線，為後續進行工藝規劃提供了基礎。

3.2.2 工藝知識表述實例

以圖 3-3 中所示零件為例，說明基於特徵向量的工藝知識表述方法。

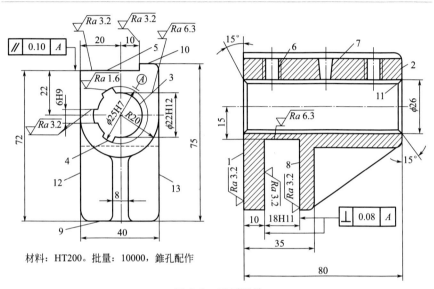

材料：HT200。批量：10000，錐孔配作

圖 3-3　示例零件

形狀特徵的劃分如表 3-1 所示。

表 3-1　示例零件的形狀特徵

形狀特徵編號	內容	形狀特徵分類
1	左側端面（左視圖）	主要形狀特徵
2	右側端面（左視圖）	主要形狀特徵
3	內孔面	主要形狀特徵
4	花鍵孔	主要形狀特徵
5	頂部通槽	輔助形狀特徵
6	螺紋孔	輔助形狀特徵
7	錐孔	輔助形狀特徵
8	叉口	主要形狀特徵
9	叉口端面	輔助形狀特徵
10	頂部端面	主要形狀特徵
11	15°內倒角	輔助形狀特徵
12	左側端面（主視圖）	主要形狀特徵
13	右側端面（主視圖）	主要形狀特徵

製造特徵的劃分如表 3-2 所示。

表 3-2　示例零件的加工特徵

形狀特徵	關係特徵	切削特徵					
		加工階段	加工方法	機床	夾具	表面粗糙度	加工精度
1	2,3	粗加工	銑	1	1	3.2μm	
		半精加工	銑	1	1		
2	1,3	粗加工	銑	1	1	3.2μm	
		半精加工	銑	1	1		
3	1,2	半精加工	擴	2	2	6.3μm	IT12
4	1,3,12	精加工	拉	3	3	1.6μm	IT7
5	1,3,12	粗加工	銑	4	4	3.2μm	平行度 0.1mm
		半精加工	銑	4	4		
6	1,3,12	粗加工	鑽	5	5		
		半精加工	攻螺紋	5	5		
7	1,3,12	粗加工	鑽	5	5		
8	1,3,12	粗加工	銑	6	6	底部 6.3μm 側面 3.2μm	IT11,垂直度 0.08mm
		半精加工	銑	6	6		
9	3,1,12	粗加工	銑	7	7		
10	3,1,12	粗加工	銑	7	7		
11	3,1	粗加工	車	8	8		
12	1,13	粗加工	銑	9	9		
13	1,12	粗加工	銑	9	9		

3.3 利用遺傳算法求解工藝規劃與編程

3.3.1 遺傳算法

遺傳算法（genetic algorithm，GA）是模擬達爾文生物演化論的自然選擇和遺傳學機理的生物演化過程的計算模型，是一種透過模擬自然演化過程來搜尋最佳解的方法。遺傳算法是從代表問題潛在的解集的一個種群（population）開始的，而一個種群則由經過基因（gene）編碼的

一定數目的個體（individual）組成。每個個體實際上是染色體（chromosome）帶有特徵的實體。染色體作為遺傳物質的主要載體，即多個基因的集合，其內部表現（即基因型）是某種基因組合，它決定了個體形狀的外部表現，如黑頭髮的特徵是由染色體中控制這一特徵的某種基因組合決定的。因此，在一開始需要實現從表現型到基因型的映射，即編碼工作。由於仿照基因編碼的工作很複雜，我們往往進行簡化，如二進製編碼，初代種群產生之後，按照適者生存和優勝劣汰的原理，逐代（generation）演化產生出越來越好的近似解，在每一代中，根據問題域中個體的適應度（fitness）大小選擇（selection）個體，並藉助於自然遺傳學的遺傳算子（genetic operators）進行組合交叉（crossover）和變異（mutation），產生出代表新解集的種群。這個過程將導致種群像自然演化一樣的後代比前代更加適應環境，末代種群中的最佳個體經過解碼（decoding），可以作為問題的近似最佳解。

遺傳算法的基本運算過程如下。

① 初始化　設置演化代數計數器 $t=0$，設置最大演化代數 T，隨機生成 M 個個體作為初始群體 $P(0)$。

② 個體評價　計算群體 $P(t)$ 中各個個體的適應度。

③ 選擇運算　將選擇算子作用於群體。選擇的目的是把優化的個體直接遺傳到下一代或透過配對交叉產生新的個體再遺傳到下一代。選擇操作是建立在群體中個體的適應度評估基礎上的。

④ 交叉運算　將交叉算子作用於群體。遺傳算法中起核心作用的就是交叉算子。

⑤ 變異運算　將變異算子作用於群體。即對群體中的個體串的某些基因座上的基因值作變動。

群體 $P(t)$ 經過選擇、交叉、變異運算之後得到下一代群體 $P(t+1)$。

⑥ 終止條件判斷　若 $t=T$，則以演化過程中所得到的具有最大適應度的個體作為最佳解輸出，終止計算。

3.3.2　基於遺傳算法的加工工藝智慧規劃

（1）問題描述

工廠製造系統的工藝規劃主要是工藝路線的規劃，包括選擇合理的工裝設備、切削用量、加工方法和順序等內容。要在基礎工藝知識表達的基礎上，以及滿足相關工藝約束的前提下，規劃工藝路線。根據生產環境的差異，尤其是規劃目標的差異，往往能夠形成滿足不同目標的工藝路線，例如最高生產效率的工藝路線、最低生產成本的工

藝路線等。隨著工藝規劃技術的不斷發展，智慧 CAPP 系統能夠逐漸取代人進行工藝規劃。尤其是考慮實際生產狀況，將工藝規劃與工廠作業調度相結合的智慧化工藝規劃技術已經超過了人進行工藝規劃的水準，能夠根據工廠製造系統的即時變化情況動態地調整工藝路線，實現柔性工藝規劃。例如，工廠工裝設備突然故障，要求能夠及時更換工裝設備，調整工藝路線，維持正常生產過程。因此，工藝路線規劃時，除了滿足基本的設計要求外，還需要針對不同目標，根據生產現場的實際情況優化工藝路線。實際上，工藝路線規劃是一個帶約束的非線性優化問題，即：

$$\min f(x)$$
$$\text{s. t.} \quad h_i(x)=0(i=1,2,\cdots,n)$$
$$g_j(x)=0(j=1,2,\cdots,m) \tag{3-9}$$
$$x \in R^n$$

其中 x 為狀態變數，R^n 為所有狀態變數構成的解空間，$f(x)$ 為目標函數，非線性函數 $h_i(x)$、$g_j(x)$ 為約束條件。所謂工藝路線規劃就是指在滿足約束條件的前提下，使其目標函數值最小。工藝路線規劃的目標是使加工過程或者成本最低，或者品質最好，或者效率最高。傳統加工方式下，這三者往往是相互影響的，工程實踐表明，頻繁裝拆零件、更換刀具和機床會導致效率降低，成本升高，對加工品質也有一定的影響。因此，本章擬以機床、刀具、零件的更換次數最少作為優化目標，以關鍵工藝知識作為約束函數。

(2) 關鍵工藝知識

工藝路線規劃時所遵循的工藝約束準則，稱為關鍵工藝知識。進行工藝規劃時，除了要滿足零件表面基本的加工要求外，還需要遵循關鍵工藝知識的約束。通常情況下，關鍵工藝知識分為以下幾個方面。

① 先主後次　優先加工主要形狀特徵，然後加工次要形狀特徵。當某個形狀特徵和其他表面存在形位公差時，或者該形狀特徵是其他形狀特徵的尺寸基準、形狀基準、位置基準時，可確定該形狀特徵為主要形狀特徵，優先加工。當某個形狀特徵的加工影響到其他形狀特徵的裝夾時，確定該形狀特徵為主要形狀特徵，優先加工。零件的輔助形狀特徵應安排在主要形狀特徵之後加工。如獨立於其他工序的輔助工藝孔、槽、倒角等，應安排在主要形狀特徵之後加工。

② 先面後孔　先加工平面，再以平面作為定位基準加工孔。既能保證加工孔時有穩定可靠的定位基準，又有利於保證孔與平面間的位置精

度要求。

③ 先粗後精，粗精分開　首先，考慮到鑄件、鍛件等毛坯件表面層的缺陷，一般應該安排一道或者多道工序切除缺陷層；其次，根據零件形狀特徵的加工精度、表面粗糙度以及具體的加工方法，確定粗加工和精加工；最後，所謂的「先粗後精」不是針對某個形狀特徵，而是針對整個工藝路線。要保證某個形狀特徵的粗加工階段不能以其他精加工後的形狀特徵作為其定位基準，以免破壞已經獲得的精加工形狀特徵。

④ 基準先行　分析零件的形狀特徵，對於相互之間具有典型位置關係的形狀特徵優先加工。根據零件特徵模型的標注尺寸，確定各形狀特徵的設計基準，優先加工設計基準，然後以該形狀特徵為定位基準加工其他形狀特徵。

⑤ 其他工藝約束　例如基於加工效率最高、成本最低等表面優先加工約束。

根據上述關鍵工藝知識描述，3.2.2 節中圖 3-3 所示零件的關鍵工藝知識如表 3-3 所示。

表 3-3　關鍵工藝知識

形狀特徵	優先形狀特徵	內容
4	1,3	花鍵孔 4 的設計基準為內孔面 3 和端面 1。因此,加工花鍵 4 之前,優先加工內孔面 3 和端面 1
5	1,3	通槽 5 的設計基準為內孔面 3 和端面 1,並且存在位置精度要求,因此,加工通槽 5 之前,優先加工內孔面 3
6,7	1,3	孔 6、7 的設計基準為內孔面 3 和端面 1,因此,加工錐孔 7、螺紋孔 6 之前,優先加工端面 1 和內孔面 3
8	1,3	叉口 8 的設計基準為內孔面 3 和端面 1,並且存在位置精度,因此,加工臺叉口 8 之前,優先加工端面 1 和內孔面 3

(3) 基因編碼

遺傳算法（GA）解決組合優化問題時，每一條染色體代表問題的一個解，而染色體由基因構成。因此，基因的編碼方式對於染色體的疊代演化有重要影響。在工藝路線規劃中每一條染色體代表一條工藝路線，那麼構成染色體的基因代表工藝路線中的每一道工序。假設工藝路線由 n 道工序組成，那麼每一條染色體可表示為：

$$R^n = \{G_1, G_2, \cdots G_i, \cdots G_n\} \tag{3-10}$$

式中，第 i 個基因 G_i 表示第 i 道工序。

根據 3.2.1 節描述，基因由五位字母碼組成：

$$G_i = \{p_i, e_i, c_i, d_i, s_i\} \tag{3-11}$$

式中　p_i——第 i 道工序的形狀特徵編號，取值範圍為 $0{\sim}9$，$a{\sim}z$；

　　　e_i——第 i 道工序的機床編號，取值範圍為 $0{\sim}9$，$a{\sim}z$；

　　　c_i——第 i 道工序的刀具編號，取值範圍為 $0{\sim}9$，$a{\sim}z$；

　　　d_i——第 i 道工序的定位基準形狀特徵編號，取值範圍為 $0{\sim}9$，$a{\sim}z$；

　　　s_i——第 i 道工序的加工階段編號，1：粗加工；2：半精加工；

　　　3：精加工；4：超精加工。

因此，圖 3-3 所示零件的基因編碼如表 3-4 所示。

表 3-4　示例零件的基因編碼

形狀特徵	基因編碼	工序內容
1	1,1,1,2,1	以端面 2 為粗基準粗銑端面 1，機床編號:1，刀具編號:1
1	1,1,2,2,2	以端面 2 為精基準精銑端面 1，機床編號:1，刀具編號:2
2	2,1,1,1,1	以端面 1 為粗基準粗銑端面 2，機床編號:1，刀具編號:1
2	2,1,2,1,2	以端面 1 為精基準精銑端面 2，機床編號:1，刀具編號:2
3	3,2,3,1,2	以端面 1 為基準擴孔，機床編號:2，刀具編號:3
4	4,3,4,1,3	以端面 1 為基準拉花鍵孔，機床編號:3，刀具編號:4
5	5,4,5,3,1	以內孔面 3 為基準粗銑通槽 5，機床編號:4，刀具編號:5
5	5,4,6,3,2	以內孔面 3 為基準精銑通槽 5，機床編號:4，刀具編號:6
6	6,5,7,3,1	以內孔面 3 為基準鑽底孔，機床編號:5，刀具編號:7
6	6,5,8,3,2	以內孔面 3 為基準攻螺紋 6，機床編號:5，刀具編號:8
7	7,6,9,3,1	以內孔面 3 為基準鑽錐孔，機床編號:6，刀具編號:9
8	8,7,a,3,1	以內孔面 3 為基準粗銑叉口 8，機床編號:7，刀具編號:a
8	8,7,b,3,2	以內孔面 3 為基準精銑叉口 8，機床編號:7，刀具編號:b
9	9,8,1,3,1	以內孔面 3 為基準粗銑端面 9，機床編號:8，刀具編號:1
10	10,8,1,3,1	以內孔面 3 為基準粗銑端面 10，機床編號:8，刀具編號:1
11	11,9,c,3,1	以內孔面 3 為基準倒角，機床編號:9，刀具編號:c
12	12,1,1,13,1	以端面 13 為粗基準粗銑端面 12，機床編號:1，刀具編號:1
13	13,1,1,12,1	以端面 12 為粗基準粗銑端面 13，機床編號:1，刀具編號:1

基因編碼方式是多種多樣的，可以非常靈活地按照各種規則進行編碼，採用何種編碼方式主要取決於規劃目標和算法的收斂速度。由於本章準備採用零件的加工時間最短作為優化目標，如何降低佔總時間大部分比例的機床、刀具、夾具的更換時間顯得尤為重要。為了能使染色體疊代優化過程中直接展現機床、刀具、夾具的更換次數，將實際加工中的機床、刀具、夾具編號展現在基因編碼中，用染色體代表工藝路線，基因代表工序，染色體中相連的兩個基因代表工藝路線

中相連兩個工序。相連的兩個基因中，如果機床編碼發生變化，即代表更換機床；如果刀具編碼發生變化，即代表更換刀具；如果定位基準形狀特徵編碼發生變化，即代表更換夾具。因此，可以從染色體中相連基因的編碼情況變化，讀出其機床、刀具、夾具的更換次數，估算機床、刀具和夾具每次的更換時間，即可獲得該工藝路線在更換工裝設備上所耗費的時間。

（4）初始化染色體種群

通常情況下，染色體種群初始化是隨機進行的。但是由於工藝約束的存在，染色體種群中的每條染色體必須經過工藝約束的檢驗，滿足工藝約束的染色體才能進入初始種群中。因此，種群初始化的算法流程如圖 3-4 所示。

檢驗程序是檢查染色體的基因編碼是否滿足關鍵工藝知識的約束。檢驗程序可採用循環遍歷法，對種群中的每一個染色體進行檢查。具體檢測過程如下。

步驟 1：獲取某條染色體作為當前染色體，並獲取其基因長度 n。

步驟 2：令 G_n 為當前基因，令 $m=n$。

步驟 3：令 $m=m-1$。

步驟 4：判斷 m 是否大於 1，如果 $m>1$，獲取該染色體第 m 個基因 G_m，否則轉到步驟 6。

步驟 5：檢查 G_n 與 G_m，是否滿足關鍵工藝知識的約束。如果不滿足返回 N，檢測過程結束。如果滿足關鍵工藝知識的約束，則轉到步驟 3。

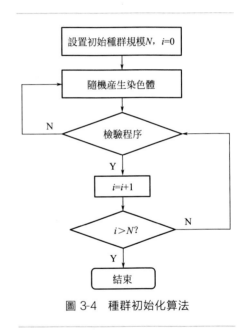

圖 3-4　種群初始化算法

步驟 6：令 $n=n-1$。

步驟 7：判斷 n 是否小於 1，如果 $n<1$，則返回 Y，檢測過程結束，否則轉到步驟 2。

經過關鍵工藝知識的檢驗，染色體構成初始種群。染色體檢驗流程如圖 3-5 所示。對於初始種群的大小，實際應用中依據經驗或試驗確定，一般建議的取值範圍是 20～100。

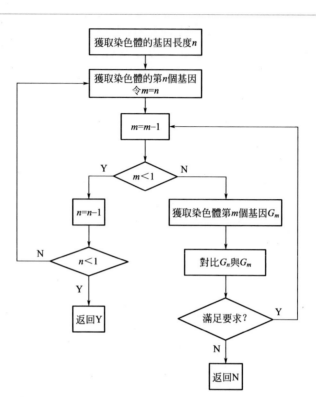

圖 3-5　染色體檢驗流程圖

根據上述流程，生成兩條滿足工藝約束的染色體如圖 3-6 和圖 3-7 所示。

圖 3-6　染色體 A

圖 3-7　染色體 B

上述染色體 A 和染色體 B 所代表的工藝路線分別如表 3-5、表 3-6 所示。

表 3-5　染色體 A 表示的工藝路線

工序序號	基因編碼	工序內容
1	1,1,1,2,1	以端面2為粗基準粗銑端面1,機床編號:1,刀具編號:1
2	1,1,2,2,2	以端面2為精基準精銑端面1,機床編號:1,刀具編號:2
3	2,1,1,1,1	以端面1為粗基準粗銑端面2,機床編號:1,刀具編號:1
4	2,1,2,1,2	以端面1為精基準精銑端面2,機床編號:1,刀具編號:2
5	3,2,3,1,2	以端面1為基準擴孔,機床編號:2,刀具編號:3
6	4,3,4,1,3	以端面1為基準拉花鍵孔,機床編號:3,刀具編號:4
7	5,4,5,3,1	以內孔面3為基準粗銑通槽5,機床編號:4,刀具編號:5
8	5,4,6,3,2	以內孔面3為基準精銑通槽5,機床編號:4,刀具編號:6
9	6,5,7,3,1	以內孔面3為基準鑽底孔,機床編號:5,刀具編號:7
10	6,5,8,3,2	以內孔面3為基準攻螺紋6,機床編號:5,刀具編號:8
11	7,6,9,3,1	以內孔面3為基準鑽錐孔,機床編號:6,刀具編號:9
12	8,7,a,3,1	以內孔面3為基準粗銑叉口8,機床編號:7,刀具編號:a
13	8,7,b,3,2	以內孔面3為基準精銑叉口8,機床編號:7,刀具編號:b
14	9,8,1,3,1	以內孔面3為基準粗銑端面9,機床編號:8,刀具編號:1
15	10,8,1,3,1	以內孔面3為基準粗銑端面10,機床編號:8,刀具編號:1
16	11,9,c,3,1	以內孔面3為基準倒角,機床編號:9,刀具編號:c
17	12,1,1,13,1	以端面13為粗基準粗銑端面12,機床編號:1,刀具編號:1
18	13,1,1,12,1	以端面12為粗基準粗銑端面13,機床編號:1,刀具編號:1

表 3-6　染色體 B 表示的工藝路線

工序序號	基因編碼	工序內容
1	1,1,1,2,1	以端面2為粗基準粗銑端面1,機床編號:1,刀具編號:1
2	1,1,2,2,2	以端面2為精基準精銑端面1,機床編號:1,刀具編號:2
3	3,2,3,1,2	以端面1為基準擴孔,機床編號:2,刀具編號:3
4	2,1,1,1,1	以端面1為粗基準粗銑端面2,機床編號:1,刀具編號:1
5	2,1,2,1,2	以端面1為精基準精銑端面2,機床編號:1,刀具編號:2
6	12,1,1,13,1	以端面13為粗基準粗銑端面12,機床編號:1,刀具編號:1
7	13,1,1,12,1	以端面12為粗基準粗銑端面13,機床編號:1,刀具編號:1
8	5,4,5,3,1	以內孔面3為基準粗銑通槽5,機床編號:4,刀具編號:5
9	5,4,6,3,2	以內孔面3為基準精銑通槽5,機床編號:4,刀具編號:6
10	8,7,a,3,1	以內孔面3為基準粗銑叉口8,機床編號:7,刀具編號:a
11	8,7,b,3,2	以內孔面3為基準精銑叉口8,機床編號:7,刀具編號:b
12	9,8,1,3,1	以內孔面3為基準粗銑端面9,機床編號:8,刀具編號:1
13	10,8,1,3,1	以內孔面3為基準粗銑端面10,機床編號:8,刀具編號:1
14	6,5,7,3,1	以內孔面3為基準鑽底孔,機床編號:5,刀具編號:7
15	6,5,8,3,2	以內孔面3為基準攻螺紋6,機床編號:5,刀具編號:8
16	7,6,9,3,1	以內孔面3為基準鑽圓孔,機床編號:6,刀具編號:9
17	4,3,4,1,3	以端面1為基準拉花鍵孔,機床編號:3,刀具編號:4
18	11,9,c,3,1	以內孔面3為基準倒角,機床編號:9,刀具編號:c

(5) 優化目標函數

工藝路線規劃的目標往往與工廠製造系統的目標一致,主要包括成本、品質和效率三個方面,在工廠生產的不同階段,工藝路線規劃的目標略有差異,根據客戶或者訂單的要求,或者要求根據工藝路線組織生

產時成本最低，或者品質最好，或者效率最高，也可能是三者綜合考慮。工藝路線規劃的最終目標是規劃出一個經過合理排序的工藝路線，而該路線對於品質和成本並沒有直接明確的表達式表示，因此，大部分情況下排序的目標是使規劃的工藝路線在滿足加工品質和生產成本要求的情況下效率最高，即生產時間最短。

而生產中零件的生產時間主要包括以下幾方面。

基本時間 T_b，它是直接用於改變零件尺寸、形狀、相互位置，以及表面狀態或材料性質等的工藝過程所耗費的時間。對切削加工來說，就是切除餘量所耗費的時間，包括刀具的切入和切出時間在內，又可稱為機動時間，可透過切削速度等參數計算確定。

輔助時間 T_a，它是指各個工序中為了保證基本工藝工作所需要做的輔助動作所耗費的時間。輔助動作包括裝拆零件，開停機床、改變切削用量、進退刀具、測量零件等。輔助時間的確定方法主要有兩種：一是在大批量生產中，將各輔助動作分解，然後採用實測或者查表的方法確定各分解動作所需要耗費的時間，並進行累加；二是在中小批生產中，按基本時間的一定百分比進行估算，並在實際生產中進行修改，使其趨於合理。

基本時間和輔助時間之和稱為工序操作時間 T_B。生產的實際經驗表明，零件的生產時間中工序時間只是占據其中一部分，另外一部分的時間浪費在零件的裝拆、刀具的更換、對刀、零件的搬運等輔助時間上。因此，工藝路線規劃時，規劃目標是在滿足生產品質和成本的前提下，更換機床、刀具、夾具的次數最少。為了獲得最終生產時間最小的規劃目標，還需要對上述優化目標進行處理，根據機床、刀具、夾具更換時所耗費的時間進行加權處理，將多目標的優化問題轉變為線性的單目標優化問題。

假設種群初始化後形成了染色體群包含 m 條染色體，每條染色體包含 n 個基因，m 條染色體構成了工藝路線的規劃空間 $\boldsymbol{R}$。目標函數可表示為

$$\min S(x)(x \in \boldsymbol{R})$$

$$S(x) = \alpha_J S_J(x) + \alpha_C S_C(x) + \alpha_E S_E(x)$$

$$S_C(x) = \sum_{i=1}^{n-1} \lambda(G_i(3), G_{i+1}(3))$$

$$S_E(x) = \sum_{i=1}^{n-1} \lambda(G_i(2), G_{i+1}(2))$$

$$S_J(x) = \sum_{i=1}^{n-1} \lambda(G_i(2), G_{i+1}(2)) + \sum_{i=1}^{n-1} \lambda(G_i(4), G_{i+1}(4)) \big|_{G_i(2) = G_{i+1}(2)}$$

$$(3\text{-}12)$$

式中　　x——染色體；

　　$S_J(x)$——染色體 x 的裝夾次數；

　　$S_C(x)$——染色體 x 的換刀次數；

　　$S_E(x)$——染色體 x 的機床變換次數；

$\alpha_J、\alpha_C、\alpha_E$——裝夾次數、換刀次數、機床變換次數的權重；

　　$G_i(3)$——基因 i 的第 3 碼位，刀具碼位；

　　$G_i(2)$——基因 i 的第 2 碼位，機床碼位；

　　$G_i(4)$——基因 i 的第 4 碼位，定位基準碼位；

　　$\lambda(x,y)$——判斷函數，表示：

$$\lambda(x,y)=\begin{cases}1(x\neq y)\\0(x=y)\end{cases} \tag{3-13}$$

　　GA 評價染色體優劣的標準是適應度值，根據適應度值的大小決定染色體個體的優劣，適應度值大的染色體具有較好的適應性，將有選擇地進入下一代種群，而適應度值小的染色體適應性差，將被捨棄。上述目標函數 $S(x)$，是機床、刀具、夾具更換次數的加權處理。目標函數越小，意味著機床、刀具、夾具的更換次數越少，對應該批零件的輔助時間減少，加工效率提高。因此，目標函數值和染色體的適應度值對染色體優劣的評價是相反的，即染色體的目標函數越小，適應度值越大，則染色體越佳。據此建立適應度函數

$$F(x)=\frac{1}{S(x)} \tag{3-14}$$

　　式中，$S(x)$ 是染色體 x 目標函數值，$F(x)$ 是染色體 x 適應度函數值。$F(x)$ 越大，意味著染色體 x 越優，越有可能進入下一代染色體種群。

　　(6) 複製、交叉、變異

　　複製運算是遺傳算法的基本算子，將一代種群中適應度值較大的染色體直接複製到下一代種群中，即菁英染色體保留策略。較為常用的方法有排序選擇（linear ranking）、輪盤賭（roulette wheel）和錦標賽選擇（tournament）等，本書採用錦標賽選擇方法，每次從種群中選擇一定數量的個體進行適應度值的比較，將適應度值較高的個體插入到種群池中，為了避免陷入局部最佳，對於菁英染色體中適應度值相同或者接近的染色體設置複製機率，一般為 $10\%\sim20\%$，使下一代種群既保留了菁英染色體，又避免了陷入局部最佳。

　　交叉運算是從種群中隨機選擇父代染色體，經過一定操作，組合後產生新個體，在盡量降低有效染色體被破壞機率的基礎上對解空間進行

高效搜尋。交叉操作是 GA 主要的遺傳操作，交叉操作的執行方法直接決定了 GA 的運算性能和全局搜尋能力。GA 中較常見的交叉操作有單點交叉（single point crossover，SPX）、多點交叉（multiple point crossover，MPX）、均勻交叉（uniform crossover，UX）、次序交叉（order crossover，OX）、循環交叉（cycle crossover，CX）等。本書在此處採用雙點交叉，具體交叉運算流程如下。

步驟 1：對種群中所有染色體以事先設定的交叉機率判斷是否進行交叉操作，確定進行交叉操作的兩個染色體 A、B。

步驟 2：隨機產生兩個交叉位置點 p、q。

步驟 3：在其中一個染色體 A 中取出兩個交叉點 p、q 之間的基因，交叉點外的基因保持不變。

步驟 4：在另一個父代染色體 B 中尋找第一個染色體 A 交叉點外缺少的基因。按照染色體 B 原來的排列順序插入到染色體 A 兩個交叉點之間的位置，形成一個新的染色體。

步驟 5：檢驗新染色體是否滿足工藝約束要求，如果滿足，則進入下一代染色體，否則，捨棄。

以染色體 A 和染色體 B 為例，取染色體 B 的交叉點 $X=6$ 和 $Y=10$，經過交叉運算則形成一個新的子代染色體 C 如圖 3-8 所示。

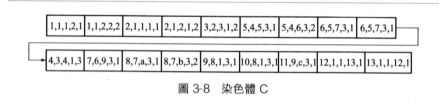

圖 3-8　染色體 C

取染色體 A 的交叉點 $X=6$ 和 $Y=10$，經過交叉運算則形成一個新的子代染色體 D 如圖 3-9 所示。

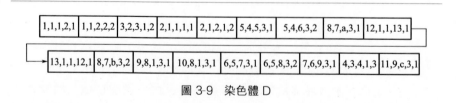

圖 3-9　染色體 D

經過兩點交叉運算生成了如圖 3-8 和圖 3-9 所示兩條染色體，擴大了 GA 搜尋最佳解的範圍，但是生成的染色體不能直接進入下一代種群，需要對染色體的有效性進行檢查，也就是染色體所代表的工藝路線是否滿

足關鍵工藝知識，即工藝約束的要求。使用圖 3-5 所示的染色體校驗算法，檢驗染色體 C、D 是否滿足表 3-3 所提出的工藝約束。經過檢驗，染色體 C、D 滿足工藝約束要求。

交叉操作是提高 GA 演化性能，擴大最佳解搜尋範圍的重要操作。同樣，為了保證下一代種群的完整性和適應性，需要設置交叉機率，通常情況下，交叉機率的設置範圍一般選擇種群規模的 50％～90％，交叉機率越大，那麼執行交叉操作的染色體越多，解空間的範圍越廣，代價是搜尋時間會變長。交叉機率的大小和求解問題的規模也有關係，通常構成染色體的基因數如果較少，代表由這些基因所形成的染色體數量較少，此時可以設置較小的交叉機率，經過工藝約束的檢驗，某些染色體不滿足要求，需要重新執行交叉操作，此時交叉機率可以設置得較大。

變異算子的基本操作是對種群中的某些染色體的基因進行變動。變異操作主要有兩個目的：一是使遺傳算法具有局部的隨機搜尋能力。當遺傳算法透過交叉操作已接近最佳解鄰域時，利用變異操作的這種局部隨機搜尋能力可以加速向最佳解收斂。顯然，此種情況下的變異機率應取較小值，否則，接近最佳解的染色體會因變異而遭到破壞。二是使遺傳算法可維持群體多樣性，以防止出現早熟收斂現象。此時收斂機率應取較大值。依據染色體編碼方法的不同，主要有兩種變異類型：實值變異、二進製變異。

本書中採用實值變異，變異操作的基本步驟如下。

步驟 1：對種群中所有個體以事先設定的變異機率判斷是否進行變異，確定進行變異操作的染色體。

步驟 2：隨機產生兩個變異位置點 p、q。

步驟 3：將兩個變異點的基因互換。

步驟 4：檢驗新染色體是否滿足工藝約束要求，如果滿足，則進入下一代染色體，否則捨棄。

本例中，對染色體 A 和 D 進行變異操作，變異點取 6 和 15，將變異點的基因位置互換，進行變異操作，形成的新染色體如圖 3-10 和圖 3-11 所示。

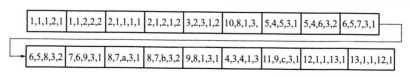

| 1,1,1,2,1 | 1,1,2,2,2 | 2,1,1,1,1 | 2,1,2,1,2 | 3,2,3,1,2 | 10,8,1,3, | 5,4,5,3,1 | 5,4,6,3,2 | 6,5,7,3,1 |

| 6,5,8,3,2 | 7,6,9,3,1 | 8,7,a,3,1 | 8,7,b,3,2 | 9,8,1,3,1 | 4,3,4,1,3 | 11,9,c,3,1 | 12,1,1,13,1 | 13,1,1,12,1 |

圖 3-10　染色體 E

圖 3-11 染色體 F

透過圖 3-5 所示的染色體校驗算法，檢驗染色體 E、F 是否滿足表 3-3 所提出的工藝約束要求，如果滿足要求，則進入下一代染色體種群，如果不滿足則捨棄。經過檢驗，圖 3-11 所示的染色體 F 對於形狀特徵 5 和 6，不滿足先粗後精的工藝約束要求，因此予以捨棄。

遺傳算法中，交叉算子因其全局搜尋能力而作為主要算子，變異算子因其局部搜尋能力而作為輔助算子。遺傳算法透過交叉和變異這對相互配合又相互競爭的操作而使其具備兼顧全局和局部的均衡搜尋能力。所謂相互配合是指當群體在演化中陷於搜尋空間中某個超平面而僅靠交叉不能擺脫時，透過變異操作可有助於這種擺脫。所謂相互競爭，是指當透過交叉已形成所期望的染色體時，變異操作有可能破壞這些染色體。

變異機率的選取一般受種群大小、染色體長度等因素的影響，通常選取很小的值，一般取 0.001～0.1。

遺傳算法的終止條件一般是兩種：①評價個體適應度值時，最佳染色體的適應度值基本不變或者變化很小，或者適應度值已達到設定的目標值。②疊代次數超過了設定的疊代次數，或算法執行時間達到了設定的規定時間等。

3.3.3 典型案例

以圖 3-3 所述示例零件為例，取 20 條染色體構成決策空間，複製機率 10%，交叉機率 80%，變異機率 5%，α_J、α_C、α_E 分別設置為 0.2、0.2、0.6，疊代次數取 100，最後得到最佳染色體如圖 3-12 所示，對應工藝路線如表 3-7 所示，其適應度值為 0.1087。

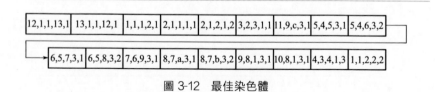

圖 3-12 最佳染色體

表 3-7　最佳染色體表示的工藝路線

工序序號	基因編碼	工序內容
1	12,1,1,13,1	以端面 13 為粗基準粗銑端面 12,機床編號:1,刀具編號:1
2	13,1,1,12,1	以端面 12 為粗基準粗銑端面 13,機床編號:1,刀具編號:1
3	1,1,1,2,1	以端面 2 為粗基準粗銑端面 1,機床編號:1,刀具編號:1
4	2,1,1,1,1	以端面 1 為粗基準粗銑端面 2,機床編號:1,刀具編號:1
5	2,1,2,1,2	以端面 1 為精基準精銑端面 2,機床編號:1,刀具編號:2
6	3,2,3,1,2	以端面 1 為基準擴孔,機床編號:2,刀具編號:3
7	11,9,c,3,1	以內孔面 3 為基準倒角,機床編號:9,刀具編號:c
8	5,4,5,3,1	以內孔面 3 為基準粗銑通槽 5,機床編號:4,刀具編號:5
9	5,4,6,3,2	以內孔面 3 為基準精銑通槽 5,機床編號:4,刀具編號:6
10	6,5,7,3,1	以內孔面 3 為基準鑽底孔,機床編號:5,刀具編號:7
11	6,5,8,3,2	以內孔面 3 為基準攻螺紋 6,機床編號:5,刀具編號:8
12	7,6,9,3,1	以內孔面 3 為基準鑽圓孔,機床編號:6,刀具編號:9
13	8,7,a,3,1	以內孔面 3 為基準粗銑叉口 8,機床編號:7,刀具編號:a
14	8,7,b,3,2	以內孔面 3 為基準精銑叉口 8,機床編號:7,刀具編號:b
15	9,8,1,3,1	以內孔面 3 為基準粗銑端面 9,機床編號:8,刀具編號:1
16	10,8,1,3,1	以內孔面 3 為基準粗銑端面 10,機床編號:8,刀具編號:1
17	4,3,4,1,3	以端面 1 為基準拉花鍵孔,機床編號:3,刀具編號:4
18	1,1,2,2,2	以端面 2 為精基準精銑端面 1,機床編號:1,刀具編號:2

　　本節內容主要討論了應用遺傳算法進行工藝規劃的方法和過程。首先，將零件特徵建模中的形狀資訊、製造資訊和其他輔助的加薪資訊，作為電腦輔助工藝規劃的資料源，透過知識向量的形式，將特徵模型中的工藝資訊表述成電腦能夠識別的工藝知識資訊。其次，將工藝知識以合理的基因編碼方式表述為染色體，每一條染色體代表一種工藝路線。透過將工藝路線中的機床、刀具、夾具更換次數的加權處理，定義工藝規劃的目標函數，並以此確定適應度函數。最後，設計選擇、交叉、變異算子，進行工藝路線的規劃。示例驗證了 GA 解決工藝規劃問題的一般過程，仿真結果表明瞭 GA 解決工藝規劃問題的可行性和有效性。

3.4 改進的工藝規劃與編程深度求解方法

3.4.1 蟻群算法

　　蟻群系統（ant system/ant colony system）是由義大利學者 Dorigo、Maniezzo 等人於 1990 年代首先提出來的。他們在研究螞蟻覓食的過程

中，發現單個螞蟻的行為比較簡單，但是蟻群整體卻可以展現一些智慧的行為。例如蟻群可以在不同的環境下，尋找最短到達食物源的路徑。這是因為蟻群內的螞蟻可以透過某種資訊機製實現資訊的傳遞。後又經進一步研究發現，螞蟻會在其經過的路徑上釋放一種可以稱之為「賀爾蒙」的物質，蟻群內的螞蟻對「賀爾蒙」具有感知能力，它們會沿著「賀爾蒙」濃度較高路徑行走，而每只路過的螞蟻都會在路上留下「賀爾蒙」，這就形成一種類似正回饋的機製，這樣經過一段時間後，整個蟻群就會沿著最短路徑到達食物源。

將蟻群算法應用於解決優化問題的基本思路為：用螞蟻的行走路徑表示待優化問題的可行解，整個螞蟻群體的所有路徑構成待優化問題的解空間。路徑較短的螞蟻釋放的賀爾蒙量較多，隨著時間的推進，較短的路徑上累積的賀爾蒙濃度逐漸增高，選擇該路徑的螞蟻個數也愈來愈多。最終，整個螞蟻會在正回饋的作用下集中到最佳的路徑上，此時對應的便是待優化問題的最佳解。

螞蟻找到最短路徑要歸功於賀爾蒙和環境，假設有兩條路可從蟻窩通向食物，開始時兩條路上的螞蟻數量差不多：當螞蟻到達終點之後會立即返回，距離短的路上的螞蟻往返一次時間短，重複頻率快，在單位時間裏往返螞蟻的數目就多，留下的賀爾蒙也多，會吸引更多螞蟻過來，會留下更多賀爾蒙。而距離長的路正相反，因此越來越多的螞蟻聚集到最短路徑上來。

基本蟻群算法的實現步驟如下。

步驟 1：參數初始化。時間 $t=0$，循環次數 $N_C=0$；設置最大循環次數 $N_{C_{max}}$；隨機地把 m 個螞蟻放置到蟻窩中，每條路徑 (i, j) 的初始資訊量都為 $\tau_{ij}(t)=a$。

步驟 2：循環次數 $N_C=N_C+1$。

步驟 3：螞蟻的禁忌表為空，即 $tabu_k$ 中指針 $k=1$。

步驟 4：螞蟻數 $K=K+1$。

步驟 5：計算出路徑選擇的轉移機率，選出下一步的目標路徑 $j \notin \{c-tabu_k\}$ 並前行。

步驟 6：將禁忌表中的指針按螞蟻的移動進行修改，即當螞蟻移動到新的路徑之後，就把這個路徑放入該螞蟻的禁忌表中去。

步驟 7：如果沒有完成對集合 C 中所有路徑的訪問，則跳回到步驟 4，否則進入下一步驟。

步驟 8：更新每條路徑上的賀爾蒙。

步驟 9：查看循環次數是否滿足結束條件 $N_C \geqslant N_{C_{max}}$，如果滿足，則結束該循環，輸出程序的計算結果；否則清空禁忌表並跳回到步驟 2。

3.4.2 改進的工藝知識表述方法

在 3.2.1 節，關於工藝知識的表達主要解決了 3 個問題：①零件的工藝路線可由確定的工序組成，如公式(3-2) 所示；②工序可由 8 維特徵向量組成，如公式(3-2)～公式(3-8) 所示；③工序間存在工藝約束。基於上述工藝知識表達，利用遺傳算法進行了工藝路線的智慧規劃。但是上述工藝知識表述方法與加工現場的實際情況有出入，因此，本節改進了工藝知識表述方法，使之與實際情況更加接近，在此基礎上進行工藝規劃，更接近於工程實踐。

正如公式(3-1) 所示，某零件的工藝路線可表示為 OL，其由 i 個工序 OP_i 組成。而工序 OP_i 則從 m 個備選工序中確定，OP_i 可表示為

$$OP_i = \{OPT_{i1}, OPT_{i2}, \cdots, OPT_{ij}, OPT_{im}\} \qquad (3-15)$$

公式(3-15) 中 OPT_{ij} 指的是工序 OP_i 的所有備選工序集合，根據 3.2.1 節的表述 OPT_{ij} 可由 8 維特徵向量組成，而實際在利用遺傳算法求解工藝規劃問題時，工序向量僅包含了機床資訊、刀具資訊、基準資訊和加工階段資訊，經過查閱文獻，工序向量中的基準資訊，可由進刀方向表示，而不同的加工階段，因其使用的機床和刀具有差別，所以，工序向量中可不含加工階段資訊[29,30]。因此，備選工序 OPT_{ij} 可表示為

$$OPT_{ij} = \{M_{ij}, T_{ij}, TAD_{ij}\} \qquad (3-16)$$

公式(3-16) 中 M_i 指的是第 i 道工序的機床，T_i 指的是第 i 道工序的刀具，TAD_i 指的是第 i 道工序的進刀方向。

最終零件的製造特徵和工序的映射關係如圖 3-13 所示。

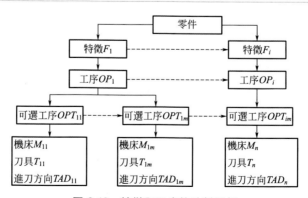

圖 3-13 特徵和工序的映射關係

示例零件 1 如圖 3-14 所示。

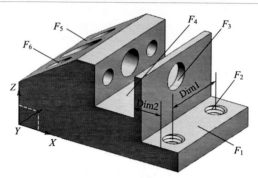

圖 3-14　示例零件 1

該零件具有 6 個加工特徵，分別以 $F_1 \sim F_6$ 表示，其中 F_1 為臺階面，F_2 為兩個螺紋孔，F_3 為大直徑通孔，F_4 為槽，F_5 為斜面，F_6 為兩個小直徑通孔，座飆系如圖 3-14 所示，針對示例零件 1，其工藝知識表達如表 3-8 所示。

表 3-8　工序表達

加工特徵	工序	機床	刀具	進刀方向	備註
F_1	銑臺階面(OP_1)	M_1	T_1	$+X, +Z$	
F_2	鑽孔(OP_2)	M_1, M_2	T_2	$-Z$	M_1:鑽銑中心；M_2:鑽床；T_1:立銑刀；T_2:麻花鑽 1；T_3:絲錐；T_4:麻花鑽 2；T_5:擴孔刀 1；T_6:槽刀；T_7:角度銑刀；T_8:麻花鑽 3；T_9:擴孔刀 2
	攻絲(OP_3)		T_3		
F_3	鑽孔(OP_4)	M_1, M_2	T_4	$-X$	
	擴孔(OP_5)		T_5		
F_4	銑槽(OP_6)	M_1	T_6	$+Z$	
F_5	銑斜面(OP_7)	M_1	T_7	$-Z, +Y$	
F_6	鑽孔(OP_8)	M_1, M_2	T_8	$+X$	
	擴孔(OP_9)		T_9		

每道工序 OP_i 對應的可選工序集合 OPT_{ij} 如表 3-9。

表 3-9　示例零件 1 的可選工序集合

工序	可選工序集合	機床	刀具	進刀方向
OP_1	OPT_{11}	M_1	T_1	$+X$
	OPT_{12}	M_1	T_1	$+Z$
OP_2	OPT_{21}	M_1	T_2	$-Z$
	OPT_{22}	M_2	T_2	$-Z$

工序	可選工序集合	機床	刀具	進刀方向
OP_3	OPT_{31}	M_1	T_3	$-Z$
	OPT_{32}	M_2	T_3	$-Z$
OP_4	OPT_{41}	M_1	T_4	$-X$
	OPT_{42}	M_2	T_4	$-X$
OP_5	OPT_{51}	M_1	T_5	$-X$
	OPT_{52}	M_2	T_5	$-X$
OP_6	OPT_{61}	M_1	T_6	$+Z$
OP_7	OPT_{71}	M_1	T_7	$-Z$
	OPT_{72}	M_1	T_7	$+Y$
OP_8	OPT_{81}	M_1	T_8	$+X$
	OPT_{82}	M_2	T_8	$+X$
Op_9	OPT_{91}	M_1	T_9	$+X$
	OPT_{92}	M_2	T_9	$+X$

（1）工藝約束

根據 3.2.1 節，工藝約束包括 5 大類規則，即①先主後次；②先面後孔；③先粗後精；④基準先行；⑤其他工藝約束。約束性質分為兩大類：硬約束和軟約束，硬約束指的是在工藝規劃過程中嚴格不能違反的約束條件，如果違反了該工藝約束，則最終達不到零件的加工要求。軟約束指的是在工藝規劃過程中可以違反的約束，但是違反了該約束可能會產生少量的不合格產品或者導致後續的加工難度增大。

示例零件 1 的工藝約束及其性質見表 3-10。

表 3-10　工藝約束及其性質

加工特徵	工序	工藝約束	規則	約束性質
F_1	OP_1	OP_1 優先於 OP_2、OP_3	②	硬約束
F_2	OP_2	OP_2 優先於 OP_3	③	硬約束
	OP_2、OP_3	OP_2、OP_3 優先於 OP_6	④	硬約束
F_3	OP_4	OP_4 優先於 OP_5	③	硬約束
	OP_4、OP_5	OP_4、OP_5 優先於 OP_6	⑤	軟約束
F_6	OP_8	OP_8 優先於 OP_9	③	硬約束
	OP_8、OP_9	OP_8、OP_9 優先於 OP_7	①	硬約束

（2）優化目標函數

使用成本作為工藝優化的目標函數。在加工過程中產生的成本來

自於多方面，為了簡化模型，將機加工工藝優化的成本劃分為三大類，即靜態成本、動態成本、懲罰成本。其中靜態成本包括機床損耗成本、刀具損耗成本，動態成本包括機床更換成本、刀具更換成本、裝夾成本，而懲罰成本指的是違反了工藝約束中的軟約束而觸發的懲罰成本。

對於某工藝路線而言，其機床損耗總成本 TMC 為

$$TMC = \sum_{i=1}^{n} MC_i \tag{3-17}$$

公式(3-17) 中 MC_i 表示機床 M_i 的成本。

刀具損耗總成本為

$$TTC = \sum_{i=1}^{n} TC_i \tag{3-18}$$

公式(3-18) 中 TC_i 表示刀具 T_i 的成本。

在零件的加工過程中，不同工序間涉及機床和刀具的更換，更換機床和刀具時，需要搬運零件、開停機床、裝夾刀具和零件，由此產生了附加成本，即機床更換成本、刀具更換成本和裝夾成本，其中機床更換總成本為

$$TMCC = MCC \times NMC \tag{3-19}$$

公式(3-19) 中，MCC 表示單次機床更換成本，NMC 為整個工藝路線過程中產生的機床更換次數，可透過公式(3-20) 表示

$$NMC = \sum_{i=1}^{n-1} \Omega_1(M_{i+1}, M_i) \tag{3-20}$$

公式(3-20) 中，$\Omega_1(x, y)$ 是判斷函數，可透過公式(3-21) 表示

$$\Omega_1(x, y) = \begin{cases} 1 & x \neq y \\ 0 & x = y \end{cases} \tag{3-21}$$

而刀具更換總成本為

$$TTCC = TCC \times NTC \tag{3-22}$$

公式(3-22) 中，TCC 表示單次刀具更換成本，NTC 為整個工藝路線過程中產生的刀具更換次數，可透過公式(3-23) 表示

$$NTC = \sum_{i=1}^{n-1} \Omega_2(\Omega_1(M_{i+1}, M_i), \Omega_1(T_{i+1}, T_i)) \tag{3-23}$$

公式(3-23) 中，$\Omega_2(x, y)$ 是判斷函數，可透過公式(3-24) 表示

$$\Omega_2(x, y) = \begin{cases} 0 & x = y = 0 \\ 1 & \text{其他} \end{cases} \tag{3-24}$$

裝夾總成本為

$$TSCC = SCC \times (NSC + 1) \tag{3-25}$$

公式(3-25) 中，SCC 表示單次夾具更換成本，NSC 為整個工藝路線過程中產生的夾具更換次數，可透過公式(3-26) 表示

$$NSC = \sum_{i=1}^{n-1} \Omega_2(\Omega_1(M_{i+1}, M_i), \Omega_1(TAD_{i+1}, TAD_{i\,i})) \tag{3-26}$$

懲罰成本為

$$TAPC = APC \times NPC \tag{3-27}$$

其中，APC 為單次違反工藝約束產生的成本，NPC 為工藝路線中所有違反軟約束的次數，可透過公式(3-28) 表示

$$NPC = \sum_{i=1}^{n-1} \sum_{j=i+1}^{n} \Omega_3(OP_i, OP_j) \tag{3-28}$$

公式(3-28) 中，$\Omega_3(x, y)$ 是判斷函數，可透過公式(3-29) 表示

$$\Omega_3(x, y) = \begin{cases} 1 & \text{工序 } x, y \text{ 違背工藝約束} \\ 0 & \text{工序 } x, y \text{ 滿足工藝約束} \end{cases} \tag{3-29}$$

綜合上述，則第 i 個工序第 j 個 OPT 的靜態成本為

$$SC_i = \omega_1 \times MC_i + \omega_2 \times TC_i \tag{3-30}$$

第 i 個工序的動態成本為

$$DC_{i-1,i} = \omega_3 \times MCC_{i-1,i} + \omega_4 \times TCC_{i-1,i} + \omega_5 \times SCC_{i-1,i} + \omega_6 \times APC_{i-1,i} \tag{3-31}$$

綜合上述靜態成本、動態成本、懲罰成本，某零件工藝路線的總成本 TPC 可表示為

$$TPC = \sum_{i=1}^{n} (\omega_1 \times MC_i + \omega_2 \times TC_i) + \sum_{i=2}^{n} (\omega_3 \times MCC_{i-1,i} + \omega_4 \times TCC_{i-1,i} + \omega_5 \times SCC_{i-1,i} + \omega_6 \times APC_{i-1,i}) + SCC \tag{3-32}$$

或者表示為

$$TPC = \omega_1 \times TMC + \omega_2 \times TTC + \omega_3 \times TMCC + \omega_4 \times TSCC + \omega_5 \times TTCC + \omega_6 \times TAPC \tag{3-33}$$

公式中，$\omega_1 \sim \omega_6$ 為權重係數，一方面，當某種或某幾種損耗成本占機器總成本的比重很小，相對於總成本可忽略不計時，其取值為 0，表示不計該項成本。如當 $\omega_2 = 0$，$\omega_1 = \omega_3 = \omega_4 = \omega_5 = \omega_6 = 1$ 時，表示刀具損耗成本相對於總成本而言較小，不考慮刀具損耗成本[30]。當 $\omega_6 = 0$，表示不計懲罰成本，也就是說，在進行工藝規劃時，不考慮軟約束的存在，全部為硬約束，即所有的工藝約束都不能違背。另一方面，可透過設置

$\omega_1 \sim \omega_6$ 權重係數的大小，表示各成本在總成本中所占的比重。例如，如果在某種工況條件下，認為機床損耗成本在總成本中更為重要，此時可將 ω_1 調整為大於 1 的權重係數。

根據公式(3-23) 和公式(3-26)，關於刀具更換次數和裝夾次數的說明如表 3-11、表 3-12 所示。

表 3-11 刀具更換次數

相連兩個工序	是否計算刀具更換次數
機床和刀具都沒變更	否
機床變更、刀具沒變	是
機床不變，刀具變更	是
機床和刀具都變更	是

表 3-12 裝夾次數

相連兩個工序	是否計算裝夾次數
機床和進刀方向(TAD)都沒變更	否
機床變更、進刀方向(TAD)沒變	是
機床不變，進刀方向(TAD)變更	是
機床和進刀方向(TAD)都變更	是

基於上述成本的說明，對於工藝規劃問題的優化目標就是確定合適的工藝規劃使該工藝路線最終的總成本最小。

為了便於說明利用蟻群算法求解工藝規劃問題，對圖 3-14 零件設置成本參數如表 3-13 所示。

表 3-13 示例零件的成本參數

MC		TC									MCC	TCC	SCC
M_1	M_2	T_1	T_2	T_3	T_4	T_5	T_6	T_7	T_8	T_9			
40	10	10	3	7	3	8	10	10	3	8	300	60	20

因此，在假定機床成本係數 ω_1 和刀具成本係數 ω_2 為 1 的情況下，可獲得各工序的靜態成本如表 3-14 所示。

表 3-14 各工序靜態成本

工序	可選工序集合	機床	刀具	進刀方向	靜態成本 SC
OP_1	OPT_{11}	M_1	T_1	$+X$	50
	OPT_{12}	M_1	T_1	$+Z$	50
OP_2	OPT_{21}	M_1	T_2	$-Z$	43
	OPT_{22}	M_2	T_2	$-Z$	13

續表

工序	可選工序集合	機床	刀具	進刀方向	靜態成本 SC
OP_3	OPT_{31}	M_1	T_3	$-Z$	47
	OPT_{32}	M_2	T_3	$-Z$	17
OP_4	OPT_{41}	M_1	T_4	$-X$	43
	OPT_{42}	M_2	T_4	$-X$	13
OP_5	OPT_{51}	M_1	T_5	$-X$	48
	OPT_{52}	M_2	T_5	$-X$	18
OP_6	OPT_{61}	M_1	T_6	$+Z$	50
OP_7	OPT_{71}	M_1	T_7	$-Z$	50
	OPT_{72}	M_1	T_7	$+Y$	50
OP_8	OPT_{81}	M_1	T_8	$+X$	43
	OPT_{82}	M_2	T_8	$+X$	13
OP_9	OPT_{91}	M_1	T_9	$+X$	48
	OPT_{92}	M_2	T_9	$+X$	18

而假定某條工藝路線如表 3-15 所示，各權重係數 $\omega_1 \sim \omega_6$ 為 1，其總成本計算結果見表 3-15。

表 3-15 某條可行工藝路線成本計算

工藝路線	工序	可選工序集合	機床	刀具	進刀方向	靜態成本 SC		動態成本 DC		
						機床成本	刀具成本	機床更換成本	刀具更換成本	裝夾成本
1 ↓	OP_1	OPT_{11}	M_1	T_1	$+X$	40	10			
2 ↓	OP_2	OPT_{22}	M_2	T_2	$-Z$	10	3	300	60	20
3 ↓	OP_3	OPT_{31}	M_1	T_3	$-Z$	40	7	300	60	
4 ↓	OP_4	OPT_{41}	M_1	T_4	$-X$	40	3		60	20
5 ↓	OP_5	OPT_{52}	M_2	T_5	$-X$	10	8	300	60	
6 ↓	OP_6	OPT_{61}	M_1	T_6	$+Z$	40	10	300	60	20
8 ↓	OP_8	OPT_{81}	M_1	T_8	$+X$	40	3		60	20
9 ↓	OP_9	OPT_{92}	M_2	T_9	$+X$	10	8	300	60	
7	OP_7	OPT_{71}	M_1	T_7	$-Z$	40	10	300	60	20
小計						270	62	1800	480	100
小計						332		2380		
合計						2712				

3.4.3 利用蟻群算法求解工藝規劃問題

在 3.2.1 節中嘗試了利用遺傳算法求解工藝規劃問題。在本節，改進了工藝路線和工序的數學模型，在此基礎上，嘗試利用蟻群算法求解工藝規劃問題。在利用蟻群算法求解工藝規劃問題之前，應該將零件工藝路線表示為一種有向加權圖。對於圖 3-14 所示的零件，其工藝路線可表示為圖 3-15 所示的有向加權圖。

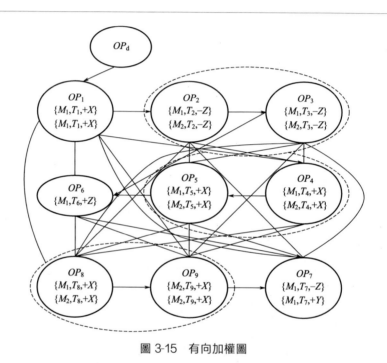

圖 3-15　有向加權圖

該有向加權圖是由一個集合構成 $D=(O,U,V)$，表示的是零件某條工藝路線，其中 O 為節點集，表示的是該零件所有的備選工序。對於每一工序節點 O，根據其構成機床、刀具、進刀方向不同，存在不同的備選工序。如圖 3-15 所示，對於工序 OP_5 而言，在其節點之內存在 OPT_{51} 和 OPT_{52} 兩個備選工序，分別為 $\{M_1,T_5,+X\}$ 和 $\{M_2,T_5,+X\}$。U 為有向弧集，表示的是工序之間的優先集約束，V 是無向弧集，表示的是工序之間不存在優先級約束。如圖 3-15 所示，OP_4 和 OP_5 之間存在的有向弧表示的是工序 OP_4 要先於工序 OP_5 加工，而工序 OP_1 和 OP_6 之間存在的無向弧表示的是工序 OP_1 和 OP_6 之間不存在加工順序的先後。工序之間的有

向弧和無向弧存在加權資訊，是螞蟻在此圖中進行工藝規劃的參考資訊，另外，在圖中增加了非工序節點 OP_d。利用該有向加權圖，能夠表示零件所有的可行工藝路線。

利用蟻群算法求解上述工藝規劃問題時，初始狀態下，某數量 K 的螞蟻種群位於初始非工序節點 OP_d，根據提前設置的工序間優先級關係，獲得該節點的下一步所有可能訪問的節點，並設為集合 G_i（對於本例來說，$i=9$），表示第 i 個節點的所有可訪問節點集合。例如當螞蟻當前處於第 $i=1$ 個工序節點時，其理論上可訪問除了 OP_1 以外的所有工序節點，根據優先級關係，則其可訪問節點列表集合 $G_1 = \{OP_2, OP_4, OP_8\}$。除了需設置可訪問節點集合 G_i 以外，還需設計禁忌列表集合。由於螞蟻在有向加權圖上進行工藝路線尋優時，其訪問節點的順序是隨機的，所以，對螞蟻 k 來說，其在不同節點的可訪問節點是動態變化的。例如，當目前螞蟻 k 處於 $i=5$ 個工序節點時，例如工藝路線為：1→2→3→4→8→5，本來其可訪問節點列表集合為 $G_5 = \{OP_6, OP_2, OP_8\}$，但是，由於螞蟻 k 已經訪問了節點 OP_2 和 OP_8，所以螞蟻 k 的禁忌列表集合 $L_k = \{OP_2, OP_8\}$，由可訪問列表集合 G_i 和禁忌列表集合 L_k 決定了螞蟻 k 下一步可能訪問的工序節點。螞蟻按照賀爾蒙引導和啟發式資訊兩種原則，從下一步可訪問節點中選取目標節點。當蟻群中所有螞蟻依據此原則遍歷所有的工序節點時，則形成完整的 K 條工藝路線，在螞蟻遍歷所有工序節點過程中，工序節點之間的有向和無向弧成為賀爾蒙的攜帶者，工序節點的靜態成本則成為螞蟻選擇下一步工序的啟發式資訊。假設 u 表示源節點，v 表示目標節點。對螞蟻 k 來說，目標節點 v 的選擇權重為

$$\eta_{uv} = \frac{E}{SC} \tag{3-34}$$

公式(3-34)中，E 為常數，取決於要解決問題的規模。SC 為節點 v 的啟發式資訊，即該節點的靜態成本，如公式(3-30)所示。如果設定 $E=50$，假定螞蟻 k 的當前訪問節點為 OP_1，在排除禁忌列表後，螞蟻 k 在節點 OP_1 的所有可訪問節點集為 $G_1 = \{OP_2, OP_4, OP_8\}$，則各個節點選擇權重如表 3-16 所示。

表 3-16　各工序節點選擇權重

工序	可選工序集合	機床	刀具	進刀方向	選擇權重 η_{1v}
OP_2	OPT_{21}	M_1	T_2	$-Z$	$50/43 = 1.163$
	OPT_{22}	M_2	T_2	$-Z$	$50/13 = 3.846$

工序	可選工序集合	機床	刀具	進刀方向	選擇權重 η_{1v}
OP_4	OPT_{41}	M_1	T_4	$-X$	$50/43 = 1.163$
	OPT_{42}	M_2	T_4	$-X$	$50/13 = 3.846$
OP_8	OPT_{81}	M_1	T_8	$+X$	$50/43 = 1.163$
	OPT_{82}	M_2	T_8	$+X$	$50/13 = 3.846$

由表 3-16 可知，靜態成本越低，其節點選擇權重越高，螞蟻在遍歷各工序節點時，選擇該節點的機率就越大。而對節點間有向弧和無向弧而言，隨著螞蟻數量和螞蟻訪問次數的增加，其節點間路徑上堆積了越來越多的賀爾蒙，雖然隨著螞蟻遍歷時間的變長，賀爾蒙按照一定的比例在揮發，但是螞蟻在選擇下一節點時，除了考慮節點的啓發式資訊以外，還要考慮節點間路徑的賀爾蒙。此時，螞蟻訪問下一節點的機率可透過公式（3-35）計算。

$$p_{uv}^k = \begin{cases} \dfrac{(\tau_{uv}^k)^\alpha (\eta_{uv})^\beta}{\sum\limits_{w \in S_k} (\tau_{uw}^k)^\alpha (\eta_{uv})^\beta} & v \in S_k \\ 0 & v \notin S_k \end{cases} \tag{3-35}$$

公式（3-35）中，S_k 為螞蟻 k 下一步可訪問的所有節點列表集合，τ_{uv}^k 為節點 u 與節點 v 間路徑上的賀爾蒙。α 為賀爾蒙 τ_{uv}^k 的指數，β 為啓發式資訊 η_{uv} 的指數。其中賀爾蒙 τ_{uv}^k 的多少，一方面隨著該路徑被螞蟻訪問次數的增加而遞增，另一方面，隨著賀爾蒙的揮發而減弱。因此，對於螞蟻訪問次數的路徑，其賀爾蒙堆積越來越多，而對於螞蟻訪問次數少的路徑，其賀爾蒙越來越少，直至為零。根據公式（3-35）可知，賀爾蒙含量越大，螞蟻 k 訪問該路徑的機率 p_{uv}^k 就越大。而賀爾蒙 τ_{uv}^k 可透過公式（3-36）更新。

$$\tau_{uv}^k = (1-\rho)\tau_{uv}^k + \Delta\tau_{uv}^k \tag{3-36}$$

公式（3-36）中，ρ 為揮發係數。上式中 $\Delta\tau_{uv}^k$ 為賀爾蒙增量，每只螞蟻完成一次搜尋任務後所獲得工藝路線成本決定了賀爾蒙的增量。顯然，所形成的工藝路線成本越低，其對後續螞蟻的吸引力就越大，相應的賀爾蒙增量就應該越大，因此，賀爾蒙增量 $\Delta\tau_{uv}^k$，可透過公式（3-37）表示

$$\Delta\tau_{uv}^k = \begin{cases} \dfrac{Q}{L_k} & \text{若 } L_k \leqslant L_{avg} \text{ 並且螞蟻 } k \text{ 經過圓弧}(u,v) \\ 0 & \text{否則} \end{cases} \tag{3-37}$$

公式（3-37）中，Q 為常數，與解決問題的規模相關。而 L_k 表示螞蟻 k 完成疊代後，獲得工藝路線的總成本 TPC。公式（3-37）表示，當螞

蟻 k 完成疊代形成工藝路線的總 TPC 小於歷史平均成本，則更新螞蟻 k 在本次遍歷過程中所經歷所有路徑中的賀爾蒙，所以 L_{avg} 為自算法啓動後所獲得工藝路線的平均 TPC，可表示為：

$$L_{avg} = \frac{\sum\limits_{i=1}^{R_{ite}} L_i}{R_{ite}} \tag{3-38}$$

公式(3-38) 中，R_{ite} 為疊代次數。

初次疊代時，螞蟻選擇下一節點只考慮節點的啓發式資訊，隨著螞蟻完成整個工序節點的遍歷，則工序間路徑將開始累積賀爾蒙。此時，螞蟻再次遍歷工序節點時，既要考慮啓發式資訊，又要考慮賀爾蒙。初始狀態下，當蟻群中某螞蟻 k 位於工序節點 $OP_1(OPT_{11})$ 時，按照表 3-16，假定 $\alpha = \beta = 1$ 時，則計算各節點的訪問機率如表 3-17。

表 3-17　各工序節點訪問機率

工序	可選工序集合	機床	刀具	進刀方向	選擇權重 η_{1v}	訪問機率 p_{uv}^k
OP_2	OPT_{21}	M_1	T_2	$-Z$	$50/43 = 1.163$	7.74%
	OPT_{22}	M_2	T_2	$-Z$	$50/13 = 3.846$	25.59%
OP_4	OPT_{41}	M_1	T_4	$-X$	$50/43 = 1.163$	7.74%
	OPT_{42}	M_2	T_4	$-X$	$50/13 = 3.846$	25.59%
OP_8	OPT_{81}	M_1	T_8	$+X$	$50/43 = 1.163$	7.74%
	OPT_{82}	M_2	T_8	$+X$	$50/13 = 3.846$	25.59%

由表 3-17 可以看出，在 3 個工序節點的 6 個備選工序中，OPT_{22}、OPT_{42}、OPT_{82} 具有相同的訪問機率 25.59%，高於另外 3 個備選工序節點的訪問機率，按照隨機選擇原則，假定選擇了工序節點 OP_4 的 OPT_{42}，則下一步的可訪問節點列表集合 $G_4 = \{OP_2, OP_5, OP_8\}$，此時禁忌列表集合為 $L_k = \{OP_1, OP_4\}$，計算各個節點的訪問機率如表 3-18 所示。

表 3-18　工序節點 OP_4 的可訪問節點的訪問機率

工序	可選工序集合	機床	刀具	進刀方向	選擇權重 η_{1v}	訪問機率 p_{uv}^k
OP_2	OPT_{21}	M_1	T_2	$-Z$	$50/43 = 1.163$	8.40%
	OPT_{22}	M_2	T_2	$-Z$	$50/13 = 3.846$	27.79%
OP_5	OPT_{51}	M_1	T_5	$-X$	$50/48 = 1.042$	7.53%
	OPT_{52}	M_2	T_5	$-X$	$50/18 = 2.778$	20.08%
OP_8	OPT_{81}	M_1	T_8	$+X$	$50/43 = 1.163$	8.40%
	OPT_{82}	M_2	T_8	$+X$	$50/13 = 3.846$	27.79%

同理，按照取訪問機率較高的節點，在相同訪問機率的情況下，隨機取的原則，假定取工序節點 $OP_2(OPT_{22})$，作為 OP_4 的訪問節點，則下一

步的可訪問節點列表集合 $G_2 = \{OP_3, OP_5, OP_8\}$，此時禁忌列表集合為 $L_k = \{OP_1, OP_4, OP_2\}$，計算各個節點的訪問機率如表 3-19 所示。

表 3-19 工序節點 OP_2 的可訪問節點的訪問機率

工序	可選工序集合	機床	刀具	進刀方向	選擇權重 η_{1v}	訪問機率 p_{uv}^k
OP_3	OPT_{31}	M_1	T_3	$-Z$	$50/47 = 1.064$	8.29%
	OPT_{32}	M_2	T_3	$-Z$	$50/17 = 2.941$	22.92%
OP_5	OPT_{51}	M_1	T_5	$-X$	$50/48 = 1.042$	8.12%
	OPT_{52}	M_2	T_5	$-X$	$50/18 = 2.778$	21.65%
OP_8	OPT_{81}	M_1	T_8	$+X$	$50/43 = 1.163$	9.06%
	OPT_{82}	M_2	T_8	$+X$	$50/13 = 3.846$	29.97%

同理，取工序節點 $OP_8(OPT_{82})$，作為 OP_8 的訪問節點，則下一步的可訪問節點列表集合 $G_8 = \{OP_3, OP_5, OP_8\}$，此時禁忌列表集合為 $L_k = \{OP_1, OP_4, OP_2, OP_8\}$，計算各個節點的訪問機率如表 3-20 所示。

表 3-20 工序節點 OP_8 的可訪問節點的訪問機率

工序	可選工序集合	機床	刀具	進刀方向	選擇權重 η_{1v}	訪問機率 p_{uv}^k
OP_3	OPT_{31}	M_1	T_3	$-Z$	$50/47 = 1.064$	9.14%
	OPT_{32}	M_2	T_3	$-Z$	$50/17 = 2.941$	25.26%
OP_5	OPT_{51}	M_1	T_5	$-X$	$50/48 = 1.042$	8.95%
	OPT_{52}	M_2	T_5	$-X$	$50/18 = 2.778$	23.86%
OP_9	OPT_{91}	M_1	T_9	$+X$	$50/48 = 1.042$	8.95%
	OPT_{92}	M_2	T_9	$+X$	$50/18 = 2.778$	23.86%

同理，取工序節點 $OP_3(OPT_{32})$，作為 OP_3 的訪問節點，則下一步的可訪問節點列表集合 $G_3 = \{OP_5, OP_9\}$，此時禁忌列表集合為 $L_k = \{OP_1, OP_4, OP_2, OP_8, OP_3\}$，同理，按照隨機原則，假定取工序節點 $OP_5(OPT_{52})$，則下一步的可訪問節點列表集合 $G_5 = \{OP_6, OP_9\}$，此時禁忌列表集合為 $L_k = \{OP_1, OP_4, OP_2, OP_8, OP_3, OP_5\}$，計算各個節點的訪問機率如表 3-21 所示。

表 3-21 工序節點 OP_5 的可訪問節點的訪問機率

工序	可選工序集合	機床	刀具	進刀方向	選擇權重 η_{1v}	訪問機率 p_{uv}^k
OP_6	OPT_{61}	M_1	T_6	$+Z$	$50/50 = 1$	20.75%
OP_9	OPT_{91}	M_1	T_9	$+X$	$50/48 = 1.042$	21.62%
	OPT_{92}	M_2	T_9	$+X$	$50/18 = 2.778$	57.63%

同理，取工序節點 OP_9（OPT_{92}），作為 OP_9 的訪問節點，只有工序節點 OP_6 和 OP_7，但是由於二者存在優先級約束，所以，應先進行工序 OP_6，再進行工序 OP_7（OPT_{71}）。因此，最終的工藝路線如表 3-22 所示。

表 3-22　最終工藝路線及其成本計算

工藝路線	工序	可選工序集合	機床	刀具	進刀方向	靜態成本 SC		動態成本 DC		
						機床成本	刀具成本	機床更換成本	刀具更換成本	裝夾成本
1 ↓	OP_1	OPT_{11}	M_1	T_1	$+X$	40	10			
4 ↓	OP_4	OPT_{42}	M_2	T_4	$-X$	10	3	300	60	20
2 ↓	OP_2	OPT_{22}	M_2	T_2	$-Z$	10	3		60	20
8 ↓	OP_8	OPT_{82}	M_2	T_8	$+X$	13	7		60	20
3 ↓	OP_3	OPT_{32}	M_2	T_3	$-Z$	10	7		60	20
5 ↓	OP_5	OPT_{52}	M_2	T_5	$-X$	10	8		60	20
9 ↓	OP_9	OPT_{92}	M_2	T_9	$+X$	10	10		60	20
6 ↓	OP_6	OPT_{61}	M_1	T_6	$+Z$	50	3	300	60	20
7	OP_7	OPT_{71}	M_1	T_7	$-Z$	40	10		60	20
小計						193	61	600	480	160
小計						254		1240		
合計						1494				

當 Q 取 2000 時，賀爾蒙增量如公式（3-39）所示。

$$\Delta\tau_{uv}^k = \frac{Q}{L_k} = \frac{2000}{1494} = 1.339 \qquad (3-39)$$

初始狀態下，所有路徑中賀爾蒙初值為 $\tau_0 = 0$，當螞蟻 k 完成所有工序節點的遍歷，形成工藝路線 $1 \rightarrow 4 \rightarrow 2 \rightarrow 8 \rightarrow 3 \rightarrow 5 \rightarrow 9 \rightarrow 6 \rightarrow 7$ 時，在此工藝路線的所有路徑中賀爾蒙增量為 1339。在蟻群中所有的螞蟻完成一次工序節點的遍歷後，則相應的路徑中賀爾蒙量也出現了差異化。在後續的疊代過程中，路徑中的賀爾蒙動態變化，將會直接影響螞蟻選擇下一節點的選擇機率。

在應用蟻群算法求解工藝規劃問題時，需要確定眾多的參數，包括蟻群規模 K，常數 E、Q，揮發係數 ρ，賀爾蒙初值 τ_0，賀爾蒙指數 α，啟發式資訊指數 β 等。確定參數的方法，一般進行重複性試驗，對於要解決的問題，透過多次的重複性試驗，決定各參數的取值。

3.4.4 兩階段蟻群算法求解工藝規劃問題

根據 3.4.3 節的描述，工藝規劃問題主要解決了兩個問題：①從每個特徵的備選工序集合 OPT 中確定工序；②對每個特徵確定好的工序進行排序，形成工藝路線。基於此，求解工藝規劃問題的蟻群算法可分為兩個部分，這種方法稱為兩階段的蟻群算法。為了更好地說明兩階段蟻群算法求解工藝規劃問題的過程，針對圖 3-14 所示的零件 1，改進了用於表達工藝路線的有向加權圖 3-15，改進後的有向加權圖如圖 3-16 所示。

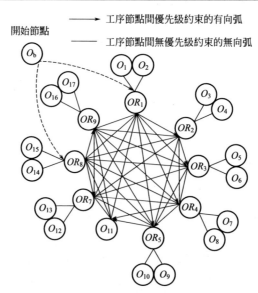

圖 3-16　示例零件 1 的有向加權圖

圖 3-16 中節點 $O_1 \sim O_{17}$ 表示的是 9 個工序的備選工序集，8 個無向弧用以連接節點 O_1、O_2、O_{12}、O_{13}、O_{14}、O_{15}、O_{16}、O_{17}，另外 8 個有向弧用以連接 O_3、O_4、O_5、O_6、O_7、O_8、O_9、O_{10}。OR 節點表示某工序 OP 的備選工序集 OPT，例如，當 OR_1 下的 O_2 被選擇作為 OP_2，那麼 O_1 將被忽略。工序節點與備選工序集的對應關係如表 3-23 所示。

表 3-23　示例零件 1 的備選工序集與工序節點

工序	節點	可選工序集合	機床	刀具	進刀方向
OP_1	O_1	OPT_{11}	M_1	T_1	$+X$
	O_2	OPT_{12}	M_1	T_1	$+Z$

續表

工序	節點	可選工序集合	機床	刀具	進刀方向
OP_2	O_3	OPT_{21}	M_1	T_2	$-Z$
	O_4	OPT_{32}	M_2	T_2	$-Z$
OP_3	O_5	OPT_{31}	M_1	T_3	$-Z$
	O_6	OPT_{32}	M_2	T_3	$-Z$
OP_4	O_7	OPT_{41}	M_1	T_4	$-X$
	O_8	OPT_{42}	M_2	T_4	$-X$
OP_5	O_9	OPT_{51}	M_1	T_5	$-X$
	O_{10}	OPT_{52}	M_2	T_5	$-X$
OP_6	O_{11}	OPT_{61}	M_1	T_6	$+Z$
OP_7	O_{12}	OPT_{71}	M_1	T_7	$-Z$
	O_{13}	OPT_{72}	M_1	T_7	$+Y$
OP_8	O_{14}	OPT_{81}	M_1	T_8	$+X$
	O_{15}	OPT_{82}	M_2	T_8	$+X$
OP_9	O_{16}	OPT_{91}	M_1	T_9	$+X$
	O_{17}	OPT_{92}	M_2	T_9	$+X$

　　兩階段的蟻群算法在第一階段，即確定工序階段，備選工序節點是賀爾蒙的攜帶者。而在第二階段，即工序排序階段，OR 間的有向弧和無向弧是賀爾蒙的攜帶者，這是不同於普通蟻群算法之處，而其他與普通蟻群算法並無不同。利用兩階段蟻群算法求解工藝規劃問題的流程如圖 3-17 所示，流程圖涉及的符號如表 3-24 所示。

表 3-24　兩階段蟻群算法中的符號含義

符號	表示	符號	表示
K	螞蟻個數	S_k	螞蟻 k 的可訪問列表
k	螞蟻編號，$k \in [1, K]$	V_k	螞蟻 k 的已訪問節點集
u	源節點	P_k	螞蟻 k 獲得的工藝路線
v	目標節點	L_k	螞蟻 k 工藝路線的 TPC
τ	賀爾蒙	P_i	第 i 次疊代最佳工藝路線
η	啟發式資訊	V_i	第 i 次疊代最佳工藝路線的節點集
α	賀爾蒙 τ_{uv} 的權重	L_i	第 i 次疊代最佳工藝路線的 TPC
β	啟發式資訊 η_{uv} 的權重	V_e	全局最佳工藝路線節點集
ρ	賀爾蒙揮發率	P_e	全局最佳工藝路線
E	啟發式資訊 η_{uv} 常數	M_{ite}	最大循環次數
Q	賀爾蒙增量 $\Delta\tau$ 常數	N_{ite}	疊代次數
τ_0	賀爾蒙初值		

　　根據上述流程圖，針對圖 3-14 所示零件 1 的工序選擇階段，確定有向加權圖如圖 3-18（a）所示，而在工序排序階段，確定的有向加權圖如圖 3-18（b）所示，其代表的工藝路線如表 3-25 所示。

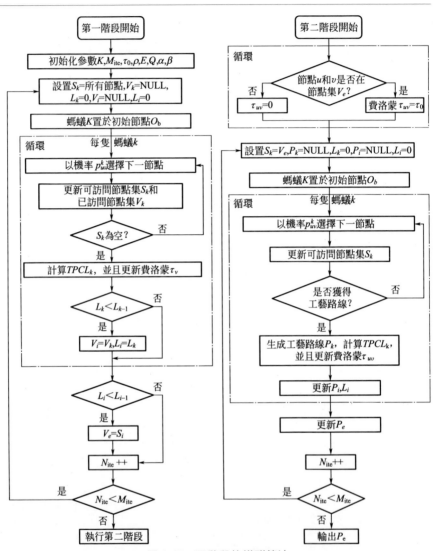

圖 3-17　兩階段的蟻群算法

表 3-25　示例零件 1 的可行工藝路線

節點	O_1	O_{14}	O_{16}	O_7	O_9	O_{11}	O_{12}	O_3	O_5
工序	OP_1	OP_8	OP_9	OP_4	OP_5	OP_6	OP_7	OP_2	OP_3
機床	M_1	M_1	M_1	M_1	M_1	M_1	M_1	M_1	M_1
刀具	T_1	T_8	T_9	T_4	T_5	T_6	T_7	T_2	T_3
進刀方向	$+X$	$+X$	$+X$	$-X$	$-X$	$+Z$	$-Z$	$-Z$	$-Z$

$NMC=0, NCC=8, NSC=3. TMC=360, TTC=62, TMCC=0, TTCC=160, TSCC=240,$
$TPC=822$

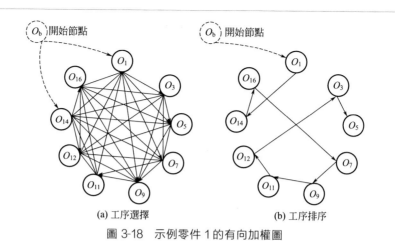

(a) 工序選擇　　　　　　　(b) 工序排序

圖 3-18　示例零件 1 的有向加權圖

3.4.5　典型案例及分析

為了驗證上述兩種蟻群算法的有效性，使用參考文獻 [21]、[29] 的示例零件 2（圖 3-19）。

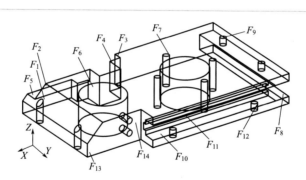

圖 3-19　示例零件 2

圖 3-19 的示例零件 2 具有 14 個特徵、14 道工序，具體的特徵和工序資訊如表 3-26 所示，其工藝約束如表 3-27 所示，成本如表 3-28 所示。

表 3-26　示例零件 2 的特徵、工序資訊表

特徵	特徵描述	工序	機床	刀具	進刀方向
F_1	兩個對稱通孔	鑽 OP_1	M_1,M_2,M_3	T_1	$+Z,-Z$
F_2	斜面	銑 OP_2	M_2,M_3	T_8	$-X,+Y,-Y,-Z$

續表

特徵	特徵描述	工序	機床	刀具	進刀方向
F_3	凹槽	銑 OP_3	M_2, M_3	T_5, T_6	$+Y$
F_4	凹槽	銑 OP_4	M_2	T_5, T_6	$+Y$
F_5	臺階面	銑 OP_5	M_2, M_3	T_5, T_6	$+Y, -Z$
F_6	兩個對稱通孔	鑽 OP_6	M_1, M_2, M_3	T_2	$+Z, -Z$
F_7	四個對稱通孔	鑽 OP_7	M_1, M_2, M_3	T_1	$+Z, -Z$
F_8	凹槽	銑 OP_8	M_2, M_3	T_5, T_6	$+X$
F_9	兩個對稱通孔	鑽 OP_9	M_1, M_2, M_3	T_1	$-Z$
F_{10}	凹槽	銑 OP_{10}	M_2, M_3	T_5, T_6	$-Y$
F_{11}	凹槽	銑 OP_{11}	M_2, M_3	T_5, T_7	$-Y$
F_{12}	兩個對稱通孔	鑽 OP_{12}	M_1, M_2, M_3	T_1	$+Z, -Z$
F_{13}	臺階面	銑 OP_{13}	M_2, M_3	T_5, T_6	$-X, -Y$
F_{14}	兩個對稱通孔	鑽 OP_{14}	M_1, M_2, M_3	T_1	$-Y$

表 3-27　示例零件 2 的工藝約束

約束	規則	約束性質
OP_1 優先於 OP_2	①	硬約束
OP_6 優先於 OP_7	④	硬約束
OP_{10} 優先於 OP_{11}	④	硬約束
OP_{13} 優先於 OP_{14}	④	硬約束
OP_9 優先於 OP_8	⑤	軟約束
OP_{12} 優先於 OP_{10}	⑤	軟約束
OP_8 優先於 OP_9	⑤	軟約束
OP_{10} 優先於 OP_{12}	⑤	軟約束
OP_{13} 優先於 OP_{14}	⑤	軟約束
OP_3 優先於 OP_4	⑤	軟約束

表 3-28　示例零件 2 的成本

編號	名稱	成本(MC/TC)
M_1	鑽床	10
M_2	銑床	35

續表

編號	名稱	成本（MC/TC）
M_3	3軸立銑加工中心	60
T_1	麻花鑽	3
T_2	麻花鑽	3
T_3	擴孔刀	8
T_4	鉸孔刀	15
T_5	立銑刀	10
T_6	立銑刀	15
T_7	槽銑刀	10
T_8	角度銑刀	10

針對示例零件2設定了兩種切削條件①$\omega_1=\omega_2=\omega_3=\omega_4=\omega_5=\omega_6=1$；②不考慮刀具成本和刀具更換成本，即 $\omega_2=\omega_5=0$，$\omega_1=\omega_3=\omega_4=\omega_6=1$，根據蟻群算法，透過 Matlab 編程，求解在條件①和②下的最佳工藝路線如表 3-29 所示。

表 3-29 示例零件 2 的最佳工藝路線

條件①

工序	6	1	7	9	12	5	3	4	8	10	11	13	14	2
機床	2	2	2	2	2	2	2	2	2	2	2	2	2	2
刀具	2	1	1	1	1	5	5	5	5	5	5	5	1	8
進刀方向	$-Z$	$-Z$	$-Z$	$-Z$	$-Z$	$-Z$	$+Y$	$+Y$	$+X$	$-Y$	$-Y$	$-Y$	$-Y$	$-Y$

$NMC=0$，$NTC=4$，$NSC=3$，$NPC=1$，$TMCC=0$，$TTCC=60$，$TSCC=480$，$TMC=490$，$TTC=98$，$TAPC=200$，$TPC=1328$

條件②

工序	6	7	12	1	9	2	5	13	8	3	4	10	11	14
機床	2	2	2	2	2	2	2	2	2	2	2	2	2	2
刀具	2	1	1	1	1	5	5	5	5	5	5	5	5	1
進刀方向	$-Z$	$-Z$	$-Z$	$-Z$	$-Z$	$-Z$	$-Z$	$-Z$	$+X$	$+Y$	$+Y$	$-Y$	$-Y$	$-Y$

$NMC=0$，$NSC=3$，$NPC=1$，$TMCC=0$，$TSCC=480$，$TMC=490$，$TAPC=200$，$TPC=1170$

圖 3-20 為示例零件 3，該零件具有 14 個特徵，最終形成 20 道工序，具體的特徵和工序資訊如表 3-30 所示，其工藝約束如表 3-31 所示，成本如表 3-32 所示。

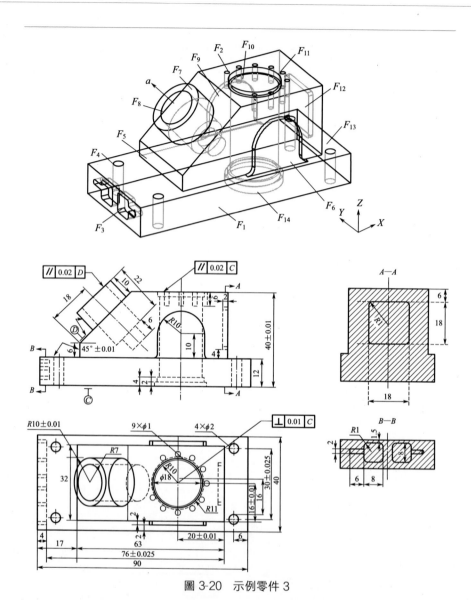

圖 3-20　示例零件 3

表 3-30　示例零件 3 的特徵、工序資訊表

特徵	特徵描述	工序	進刀方向	機床	刀具
F_1	平面	銑平面(OP_1)	$+Z$	M_2,M_3	T_6,T_7,T_8
F_2	平面	銑平面(OP_2)	$-Z$	M_2,M_3	T_6,T_7,T_8
F_3	兩個型腔	銑型腔(OP_3)	$+X$	M_2,M_3	T_6,T_7,T_8
F_4	四個對稱通孔	鑽孔(OP_4)	$+Z,-Z$	M_1,M_2,M_3	T_2
F_5	臺階面	銑臺階面(OP_5)	$+X,-Z$	M_2,M_3	T_6,T_7

續表

特徵	特徵描述	工序	進刀方向	機床	刀具
F_6	凸臺	銑凸臺(OP_6)	$+Y, -Z$	M_2, M_3	T_7, T_8
F_7	支管臺	銑削(OP_7)	$-a$	M_2, M_3	T_7, T_8
F_8	沉頭孔	鑽孔(OP_8)	$-a$	M_1, M_2, M_3	T_2, T_3, T_4
		擴孔(OP_9)		M_1, M_2, M_3	T_9
		鏜孔(OP_{10})		M_2, M_3	T_{10}
F_9	凸臺	銑削(OP_{11})	$-Y, -Z$	M_2, M_3	T_7, T_8
F_{10}	沉頭孔	鑽孔(OP_{12})	$-Z$	M_1, M_2, M_3	T_2, T_3, T_4
		擴孔(OP_{13})		M_1, M_2, M_3	T_9
		鏜孔(OP_{14})		M_3, M_4	T_{10}
F_{11}	9個均布盲孔	鑽孔(OP_{15})	$-Z$	M_1, M_2, M_3	T_1
		攻絲(OP_{16})		M_1, M_2, M_3	T_5
F_{12}	凹槽	銑槽(OP_{17})	$-X$	M_2, M_3	T_7, T_8
F_{13}	臺階面	銑臺階面(OP_{18})	$-X, -Z$	M_2, M_3	T_6, T_7
F_{14}	沉頭孔	擴孔(OP_{19})	$+Z$	M_1, M_2, M_3	T_9
		鏜孔(OP_{20})		M_3, M_4	T_{10}

表 3-31　示例零件 3 的工藝約束

特徵	工序	優先級約束	規則
F_1	銑平面(OP_1)	$F_1(OP_1)$是基準面,應該在所有特徵加工之前	①
F_2	銑平面(OP_2)	$F_2(OP_2)$優先於 $F_{10}(OP_{12}, OP_{13}, OP_{14})$、$F_{11}(OP_{15}, OP_{16})$	②
F_3	銑型腔(OP_3)		
F_4	鑽孔(OP_4)		
F_5	銑臺階面(OP_5)	$F_5(OP_5)$優先於 $F_4(OP_4)$、$F_7(OP_7)$	④
F_6	銑凸臺(OP_6)	$F_6(OP_6)$優先於 $F_{10}(OP_{12}, OP_{13}, OP_{14})$	④
F_7	銑削(OP_7)	$F_7(OP_7)$優先於 $F_8(OP_8, OP_9, OP_{10})$	④
F_8	鑽孔(OP_8) 擴孔(OP_9) 鏜孔(OP_{10})	OP_8 優先於 OP_9 和 OP_{10};OP_9 優先於 OP_{10}	③
F_9	銑削(OP_{11})	$F_9(OP_{11})$優先於 $F_{10}(OP_{12}, OP_{13}, OP_{14})$; OP_{12} 優先於 OP_{13}, OP_{14};OP_{13} 優先於 OP_{14}	④ ③
F_{10}	鑽孔(OP_{12}) 擴孔(OP_{13}) 鏜孔(OP_{14})	$F_{10}(OP_{12}, OP_{13}, OP_{14})$優先於 $F_{11}(OP_{15}, OP_{16})$; $F_{10}(OP_{12})$優先於 $F_{14}(OP_{19}, OP_{20})$	④
F_{11}	鑽孔(OP_{15}) 攻螺紋(OP_{16})	OP_{15} 優先於 OP_{16}	③

續表

特徵	工序	優先級約束	規則
F_{12}	銑槽（OP_{17}）		
F_{13}	銑臺階面（OP_{18}）	F_{13}（OP_{18}）優先於 OP_4、OP_{17}	②、①
F_{14}	擴孔（OP_{19}） 鏜孔（OP_{20}）	OP_{19} 優先於 OP_{20}	③

表 3-32　示例零件 3 的成本

編號	類型	成本
機床		
M_1	鑽床	10
M_2	3 軸立銑機床	40
M_3	數控 3 軸立銑機床	100
M_4	鏜床	60
刀具		TC
T_1	麻花鑽 1	7
T_2	麻花鑽 2	5
T_3	麻花鑽 3	3
T_4	麻花鑽 4	8
T_5	絲錐	7
T_6	銑刀 1	10
T_7	銑刀 2	15
T_8	銑刀 2	30
T_9	鉸刀	15
T_{10}	鏜刀	20
	$MCC=160, SCC=100, TCC=20$	

針對示例零件 3 設定了三種切削條件①$\omega_1=\omega_2=\omega_3=\omega_4=\omega_5=\omega_6=1$；②不考慮刀具成本和刀具更換成本，即 $\omega_2=\omega_5=0$，$\omega_1=\omega_3=\omega_4=\omega_6=1$；③不考慮刀具成本和刀具更換成本，即 $\omega_2=\omega_5=0$，$\omega_1=\omega_3=\omega_4=\omega_6=1$，同時，機床 2 和刀具 7 損壞，不能使用。根據蟻群算法，透過 Matlab 編程，求解在條件①、②、③下的最佳工藝路線如表 3-33 所示。

表 3-33　示例零件 3 在條件①、②、③下的最佳工藝路線

條件①

工序	1	3	5	6	2	18	11	12	13	17	7	8	9	19	14	20	10	4	15	16
機床	2	2	2	2	2	2	2	2	2	2	2	2	2	2	4	4	4	1	1	1
刀具	6	6	6	6	6	6	7	3	9	7	7	2	9	9	10	10	10	2	1	5
進刀方向	$+Z$	$+X$	$+X$	$-Z$	$-Z$	$-Z$	$-Z$	$-Z$	$-Z$	$-X$	$-a$	$-a$	$-a$	$+Z$	$-Z$	$+Z$	$-a$	$-Z$	$-Z$	$-Z$

$NMC=2, NTC=10, NSC=10, TMCC=320, TTCC=200, TSCC=1000, TMC=770, TTC=235,$
$TPC=2525$

續表

條件②

工序	1	2	18	11	6	12	13	19	17	3	5	7	8	9	10	20	14	4	15	16
機床	2	2	2	2	2	2	2	2	2	2	2	2	2	2	4	4	4	1	1	1
刀具	7	7	7	7	7	3	9	9	7	7	7	7	3	9	10	10	10	2	1	5
進刀方向	+Z	−Z	−Z	−Z	−Z	−Z	−Z	−Z	+Z	−X	+X	+X	−a	−a	−a	−a	+Z	−Z	−Z	−Z

$NMC=2, NSC=8, TMCC=320, TSCC=1000, TMC=770, TPC=2090$

條件③

工序	1	6	2	5	11	12	13	14	18	17	7	8	9	10	19	20	3	4	15	16
機床	3	3	3	3	3	3	3	3	3	3	3	3	3	3	3	3	1	1	1	1
刀具	6	6	6	6	8	2	9	10	6	8	8	2	9	10	9	10	6	2	1	5
進刀方向	+Z	−Z	−Z	−Z	−Z	−Z	−Z	−Z	−Z	−X	+X	−a	−a	−a	−a	+Z	+Z	+X	−Z	−Z

$NMC=1, NSC=6, TMCC=160, TSCC=700, TMC=1730, TPC=2590$

而兩種蟻群算法和其他算法求解示例零件 2 和示例零件 3 的結果對比如表 3-34、表 3-35 所示[31]。

表 3-34 示例零件 2 求解結果對比

條件	兩階段蟻群算法（Two-stage ACO）	蟻群算法（ACO）	禁忌算法（TS）	模擬退火算法（SA）	遺傳算法（GA）
①					
平均 TPC	1329	1329.5	1342.6	1373.5	1611.0
最大 TPC	1348	1343	1378	1518.0	1778.0
最小 TPC	1328	1328	1328	1328.0	1478.0
②					
平均 TPC	1170	1170	1194	1217.0	1482.0
最大 TPC	1170	1170	1290	1345.0	1650.0
最小 TPC	1170	1170	1170	1170.0	1410.0

表 3-35 示例零件 3 求解結果對比

條件	兩階段蟻群算法（Two-stage ACO）	混合遺傳算法（HGA）	禁忌算法（TS）	模擬退火算法（SA）	遺傳算法（GA）
①					
平均 TPC	2552.4	—	2606.6	2668.5	2796.0
最大 TPC	2557	—	2690	2829.0	2885.0
最小 TPC	2525	2527	2527	2535.0	2667.0
②					
平均 TPC	2120.5	—	2208.0	2287.0	2370.0
最大 TPC	2380	—	2390.0	2380.0	2580.0
最小 TPC	2090	2120	2120.0	2120.0	2220.0

續表

條件	兩階段蟻群算法 （Two-stage ACO）	混合遺傳算法 （HGA）	禁忌算法 （TS）	模擬退火算法 （SA）	遺傳算法 （GA）
③					
平均 TPC	2600.8	—	2630.0	2630.0	2705.0
最大 TPC	2740	—	2740.0	2740.0	2840.0
最小 TPC	2590.0	—	2580.0	2590.0	2600.0

參考文獻

[1] 肖偉躍. CAPP 中的智慧資訊處理技術 [M]. 長沙: 國防科技大學出版社, 2002: 1-2.

[2] 唐榮錫. CAD/CAM 技術[M]. 北京: 北京航空航天大學出版社, 1994: 11-13.

[3] 孫正興. 基於特徵的零件資訊研究[J]. 電腦輔助設計與製造, 1995, 7: 34-38.

[4] 王先逵, 趙傑. 智慧型機械結構零件和部件工藝過程設計系統 ICAPP-MS[J]. 電腦輔助設計與製造, 1995, 4（3）: 23-25.

[5] 許香穗, 蔡建國. 成組技術[M], 北京: 機械工業出版社, 1986: 21-30.

[6] Wsalonons O, Houten F J A, Kalsv H J J. Review in research in feature-based design [J] . Manufacturing System, 1993, 12（2）: 113-132.

[7] Wee Hock Yeo. Knowledge based feature recognizer for machining[J]. Computer Integrated Manufacturing Systems, 1994, 7（1）: 29-37.

[8] Krause F L, Kimur F. Product modeling [J]. Annals of the CIRP, 1993, 42（2）: 659-706.

[9] Shah J, Rogers M T. Functional requirements and conceptual design of the fea-tures based modeling system[J]. Computer Aided Engineering Journal, 1988, 5（1）: 9-15.

[10] Requicha A A G, Chan S C. Representation of geometric features, tolerances, and attributes in solid modelers based on constructive geometry[J]. IEEE Robotics and Automation Magazine, 1986, 2（3）: 150-156.

[11] Roy U, Liu C R. Feature based representational scheme of a solid modeler for providing dimension and tolerance information [J] . Computer in engineering, 1993, 5: 1574-1582.

[12] Wickens L P. A syntax for tolerances[J]. Tobot&CIM, 1988, 4（314）: 1869-1877.

[13] 楊安建, 白作霖. CAPP 專家系統開發工具中的若干問題的研究與實現[J]. 電腦輔助設計與製造, 1998, 8: 23-25.

[14] 王先逵, 李志忠. 用資訊元法構造 CAPP 系統框架[J]. 機械工程學報, 1999, 6: 2-6.

[15] 喬良, 李原. 基於特徵的 CAD/CAPP/CAM 集成方法研究[J]. 機械工藝自動化, 1999, 2: 13-15.

[16] 王軍．智慧集成 CAD/CAPP 系統關鍵技術研究[D]．秦皇島：燕山大學，2010.

[17] 蔡穎，薛慶，徐弘山．CAD/CAM 原理與應用 [M]．北京：機械工業出版社，2007: 165-170.

[18] 常偉，劉文劍，許之偉，等．基於人工神經網路的工藝知識表示方法的研究[J]．哈爾濱工業大學學報，2000，32（3）：132-136.

[19] 高偉，胡曉兵．基於 CLS 的決策型工藝知識發現算法[J]．四川大學學報（工程科學版），2006，38（2）：79-83.

[20] 肖偉躍．CAPP 中的模糊決策方法研究[J]．機械工藝師，2001（3）：31-32.

[21] Li W. D. , Ong S. K. , Nee A. Y. C. Hybrid genetic algorithm and simulated annealing approach for the optimization of process plans for prismatic parts [J]. International Journal of Production Research, 2002, 40（8）, 1899-1922.

[22] Huang W. J. , Hu Y. J. , Cai L. G. An effective hybrid graph and genetic algorithm approachto process planning optimization for prismatic parts [J]. Journal of Advanced Manufacturing Technology, 2012, 62（9-12）: 1219-1232.

[23] Xiao-jun Liu, Hong Yi, Zhong-hua Ni. Application of ant colony optimization algorithm in process planning optimization[J]. Journal of Advanced Manufacturing Technology, 2013, 24（1）: 1-13.

[24] 王進峰，吳學華，范孝良．A two-stage ant colony optimization approach based on a directed graph for process planning [J]. International Journal of Advanced Manufacturing Technology, 2015, 80, （5-8）: 839-850.

[25] Wang Y. F. , Zhang Y. F. , Fuh J. Y. H. A hybrid particle swarm based method for process planning optimization[J]. International Journal of Production Research, 2012, 50（1）: 277-292.

[26] 王進峰，康文利，趙久蘭，等．A simulation approach to process planning using a modified particle swarm optimization[J]. Advances in Production Engineering & Management, 2016, 11（2）: 77-92.

[27] Xiao-yu Wen, Xin-yu Li, Liang Gao, et al. Honey bees mating optimization algorithm for process planning problem [J]. Journal of Intelligent Manufacturing, 2016, 25（3）: 459-472

[28] Zhang F. , Zhang Y. F. , Nee A. Y. C. Using genetic algorithms in process planning for job shop machining [J]. IEEE Transactions on Evolutionary Computation, 1997, 1（4）, 278-289.

[29] Li W. D. , Ong S. K. , Nee A. Y. C. Optimization of process plans using a constraint-based tabu search approach[J]. International Journal of Production Research, 2004, 42（10）, 1955-1985.

[30] Li X. Y. , Gao L. , Wen X. Y. Application of an efficient modified particle swarmoptimization algorithm for process planning[J]. Journal of Advanced Manufacturing Technology, 2013, 67（5-8）: 1355-1369

[31] Wang J. F. , Wu X. H. , Fan X. L. A two-stage ant colony optimization approach based on a directed graph for process planning[J]. International Journal of Advanced Manufacturing Technology, 2015, 80（5-8）: 839-850.

第4章

智慧製造工廠
及調整

4.1 智慧製造工廠

　　智慧製造融合了現代感測技術、網路技術、自動化技術等先進技術，大量感測器、資料採集裝置等智慧設備在工廠投入使用，透過智慧感知、人機互動等手段，採集了工廠生產過程中的大量資料。這些資料涉及產品需求設計、原材料採購、生產製造、倉儲物流、銷售售後等環節，包括感測器、數控機床、MES、ERP 等相關資訊化應用。根據 GB/T 20720.3—2010 標準，數位化工廠從功能範疇上主要包括：生產運行管理、物流運行管理、品質運行管理、維護運行管理以及執行具體任務的數位化製造和輔助設備[1]。而智慧工廠是在製造物聯網、製造資料雲端的基礎上具有自動感知、人工智慧等特徵的「智慧」工廠，要實現從生產設備、工裝、物料、人員、物流設備等多種生產要素，也包括生產、質檢、監測、管理、控制等多項活動要素。根據智慧製造系統的體系框架，智慧製造工廠的體系結構可總結為物聯感知層—資料傳輸層—分析處理層—應用服務層，智慧製造工廠的基本架構如圖 4-1 所示[2,3]。

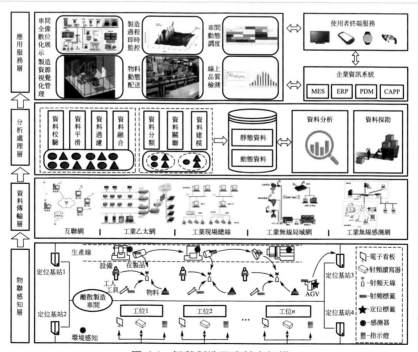

圖 4-1　智慧製造工廠基本架構

(1) 物聯感知層

製造工廠中設備、工人、物料、工具、在製品等各類生產要素及組成的生產活動所產生的狀態、運行、過程等即時多源資料，是生產過程優化與控制的基礎，針對不同生產要素的特點和資料採集與應用需求，透過在工廠現場分配 RFID、感測器、超寬帶（ultra wide band，UWB）等各類感知設備，實現對各類生產要素的互聯互感與資料採集，確保製造工廠多源資訊的即時可靠獲取。用於近距離資料傳輸的通訊技術包括藍牙技術、紅外技術、Wi-Fi 技術，以及目前較為先進的基於 ZigBee 協議的無線感測器網路[4,5]。該層負責製造過程中多源資訊的採集，因此，主要需要解決兩方面的問題，即感測網路的優化分配和製造資源的建模。由於製造過程涉及的製造資訊存在多源、複雜的特徵，如設備、工人、在製品、物料、工具等的移動資訊和狀態資訊、工件的加薪資訊（工件加工的幾何資訊）、設備的工況資訊（如機床振動）等；同時，傳統的有線網路解決方案和基於無線 AP（access point）的網路解決方案由於工廠場地限制、製造資源移動性強和通訊盲點等問題，並不適用於複雜工廠環境中動態製造資訊的傳輸。因此，需選用具有動態自行組網和具有最大可能消除盲點特性的異構多跳網路（WSN），來實現複雜工廠環境中動態製造資訊的可靠傳輸。為了能夠實現製造資源的自動感知、交叉互聯，則需要為各種製造資源配備相應的感測設備，使得製造資源具有一定的邏輯行為能力，能主動感知其周圍製造環境的變化，同時也能基於感測網反映該製造資源的即時運行狀態和環境變化資料。這種由傳統製造資源與先進感測設備相結合而組成新的製造對象，可定義為智慧製造資源。根據配備的感測設備功能的不同，智慧製造資源分為具有感知能力的智慧製造資源和被感知的智慧製造資源。以 RFID 感測設備為例，配備了 RFID 標籤的工廠工作人員、托盤以及安置了 RFID 讀寫器和感測器的測量設備和製造設備等都可看作是智慧製造資源。其中，配備了RFID 讀寫器的製造資源可看作是具有感知能力的智慧製造資源，因為製造設備安置了 RFID 讀寫器，所以可以在一定距離範圍內感知配備了RFID 標籤的可感知智慧製造資源（配備了 RFID 標籤的員工、托盤、物料等）的活動狀態。

藉助 Agent（代理）技術的建模思想，智慧製造資源能夠按照預定義的工作流模型實現自身的事務邏輯以及與其他智慧製造資源之間的互動與協同工作，感知和分析製造環境中可能的或確定的動態條件。當根據測量採集需求分配出在不同製造資源上的不同感測設備後，對這些感測設備的資料採集事件的管理變得非常重要。由於 Agent 具有自治性、

主動性和智慧性等特點，基於 Agent 技術對每個感測設備進行管理，Agent 作為一個軟體實體，用於代理安置在製造設備端的感測設備的資訊操作行為（如對 RFID 設備，具有寫入資料和讀取資料的功能），能夠按照預定義的工作邏輯實現自身的事務邏輯，以感知和分析製造工廠環境中的環境變化，並主動獲取製造環境的變化資訊，進而加工、儲存和傳輸獲取的資訊，以成為可服務於製造工廠生產管理與決策層的有用資訊。圖 4-2 為基於 Agent 技術的智慧設備管理模型，其中每個感測設備對應於一個與其行為相關的 Agent。該 Agent 採用 Web service 的體系結構，透過建立 Agent 與其所代理的感測設備在預定義工作流模型、綁定模型、驅動模型、消息模型等方面的關係，從而透過調用該 Agent 實現對此感測設備的讀取資訊行為進行操控，進而以 Web service 的服務方式向外部使用者或第三方系統傳輸其採集的生產即時資訊。

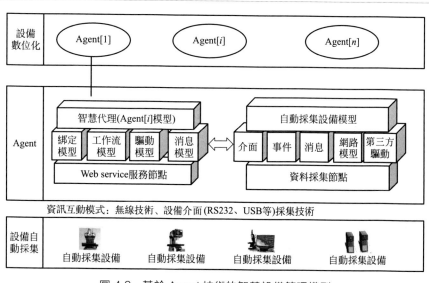

圖 4-2　基於 Agent 技術的智慧設備管理模型

Agent 的服務功能描述如下。

① 工作流模型　由於在製造設備端安置有多個感測設備，對於發生在該製造設備的每個製造任務（工序級任務），不同感測設備在採集即時製造資訊時，具有時域、資訊採集順序等方面的差異，為靈活分配不同感測設備的協同工作流程，可透過工作流技術建立安置在製造設備端的各個感測設備的工作順序和觸發條件，以實現其對複雜即時製造資訊採集的協同工作。

② 綁定模型　用於綁定感測設備與製造資源的隸屬關係，為採集的即時生產資訊和生產調度系統的無縫接駁奠定基礎。如感測設備與製造設備，以及分配給該製造設備的製造任務（工序級任務）之間的關係。

③ 驅動模型　用於驅動感測設備的正常工作。目前採用兩種模式：透過驅動標準的介面，如序列埠、USB 口、藍牙等，以實現對感測設備的操控；直接透過封裝感測設備的驅動，如動態連結庫等，實現對該設備的操控。

④ 消息模型　採用可擴展標記語言（Extensible Markup Language，XML）標準模板對感測設備所採集的即時資訊進行封裝，並透過簡單對象訪問協議（Simple Object Access Protocol，SOAP）實現即時資訊透過 Web service 的方式進行傳輸。

(2) 資料傳輸層

製造工廠中生產狀態、物料流轉、環境參數、設備運轉、品質檢測等資料分布廣、來源多，針對不同的感測設備所具有的不同的資料傳輸特點與需求，有選擇性地透過互聯網、工業乙太網、現場總線、工業局域網、工業感測網等實現感知資訊的有效傳遞和交換，確保工廠現場生產資料的穩定傳輸與應用。該層一方面包含採集的資料，該部分資料透過 SCADA 系統傳輸至資料分析處理層；另一方面包含控制資料，包括 DCS、PLC 和 FCS 系統發出的各種控制指令，傳輸至工廠各種智慧設備[6,7]。智慧工廠需運用電腦技術、通訊技術、數控技術對工廠智慧裝備進行聯網通訊完成數位化工廠網路覆蓋，實現對工廠智慧裝備的集中管控。把智慧裝備接入工廠通訊網路，為智慧工廠的生產管理建立相互聯繫的通道。早期通訊方式主要是基於異步串行通訊的點對點型通訊，隨著電腦技術、網路技術和現場總線技術的發展，逐步發展起來基於現場總線和基於乙太網的通訊方式。

① 基於串行口的通訊方式　點對點型通訊方式是工業設備聯網最早採用的通訊方式，它是基於 RS232C/RS422 序列埠來實現的，拓撲結構為星形，通訊速率一般為 110～9600bit/s。這種點對點的連接方式簡單、成本低，由於大部分電腦和智慧裝備都具有串行通訊介面，所以實現起來也比較方便。但是這種連接存在傳輸距離短、傳輸不夠可靠、傳輸速率低、即時性差、系統擴展不容易等缺點。為克服以上這些缺點，人們提出了多種技術手段來滿足通訊聯網的發展需求。第一種是透過序列埠擴展卡實現與多臺設備的通訊。第二種是透過序列埠伺服器直接連到網路上，序列埠伺服器在設備組網中的功能是實現底層 RS232 鏈路中的序列埠資料流與上層基於 TCP/IP 協議的乙太網口資

料包之間的轉化處理，相當於透過序列埠伺服器為設備分配 IP 地址，使底層設備成為局域網的一個節點，從而確保局域網中的任何資訊與設備之間的透明傳輸，實現資源共享。

② 基於局域網的通訊方式　隨著網路技術、自動化技術的發展，網路介面逐漸成為現代智慧裝備的標準分配，另外，透過序列埠伺服器也可以將只具有 RS232 或 RS485 等串行介面的智慧裝備轉換為網口進行通訊，這些都為基於局域網的通訊連接奠定了基礎。局域網路通訊是一種非集中控制的通訊網，它把分散的智慧裝備透過一條公用的通訊介質如雙絞線、光纖電纜或同軸電纜連接在一起。局域網路通訊具有在局部範圍內高可靠性、高速率地傳輸資訊和資料共享等特點。常見的局域網有 MAP 網、工業乙太網等。由於 MAP 網在實際開發中複雜程度高、開發費用大，目前工業乙太網最為流行。工業乙太網是在傳統乙太網技術的基礎上融合先進的分散式控制技術，使其能夠應用於工業控制和管理的局域網技術。工業乙太網的網路層和傳輸層以 TCP/IP 為主，該協議的特點是開放的協議標準，獨立於特定的電腦硬體與操作系統，具有統一的網路地址分配方案以及標準化的高層協議，可以提供多種可靠的使用者服務。在數位化工廠現場透過採用工業乙太網技術來構建通訊網路，以滿足工廠各個層次的即時通訊要求以及與上層企業資訊集成的需要，從而實現全工廠資訊的完整性、通透性、一致性、開放性。

③ 基於現場總線的通訊方式　出於保護自身投資利益考慮，目前工業乙太網一般在控制級及以上的各級實施應用，現場級智慧裝備的網路連接更多仍採用現場總線。現場總線是一種多個網段、多種通訊介質和多種通訊速率的控制網路，主要應用於生產現場，在現場設備之間、現場設備與控制裝置之間實現雙向、串行、多節點、全數字通訊的技術。它既可將一個現場設備的運行參數、狀態資訊以及故障資訊等傳輸到控制管理層，又可將各種控制、組態命令送往各相關的現場設備，從而建立了生產現場設備和上層業務管理層之間的聯繫，相當於「底層」工業資料總線。現場總線拓撲結構主要採用總線式（即主從式），在通訊方式上各結點之間的資料交換只允許透過主結點來實現，結點之間不直接交換資料。這樣有利於簡化通訊、降低成本、提高可靠性。在自動化控制系統中，現場總線如 CANBUS 總線等憑藉成本低、抗干擾能力強、即時性好等特點，已經廣泛應用於工廠底層設備互聯。

在智慧工廠聯網通訊中會涉及串行通訊、局域網通訊、現場總線等技術。在智慧工廠現場聯網通訊結構中，底層通訊網路主要使用現場總線網路。工業控制底層網路實際資訊傳輸過程中，單個節點面向控制的

資訊量不大，傳輸任務相對比較簡單，但是對資訊傳輸的即時性、快速性要求比較高，而現場總線作為一種即時控制網路，具有高度穩定性和強抗干擾的能力特性，可以實現生產現場設備間的即時、穩定可靠、完整準確通訊。因此，可考慮底層智慧裝備的通訊聯網方式採用 CANBUS總線，各智慧裝備作為 CAN 節點進行通訊網路連接。

　　上層的分析處理層與感知層的控制中心之間，存在較大數據量的狀態資訊上傳和控制資訊下達，同時應用服務層的各類業務客戶端之間資料傳輸量大，並有可能需要進行資料的遠端傳輸和資訊的遠端訪問，所以對大數據量資訊的即時、準確傳輸要求較高。因此，上層的分析處理層網路主要使用工業乙太網，以其大數據量高速傳輸的特性，實現現場控制中心與上位機之間的大數據量快速互動，以及應用服務層與分析處理層之間的資訊通訊。同時工業乙太網使用 TCP/IP 網路協議，採用端到端的高速資料交換，統一解決了工業網路的縱向分層和橫向遠端的系統問題，使資訊實現從感知層設備到分析處理層和應用服務層的完全集成，以滿足工廠各個層次的即時通訊要求。綜上，智慧工廠現場聯網通訊結構如圖 4-3 所示。

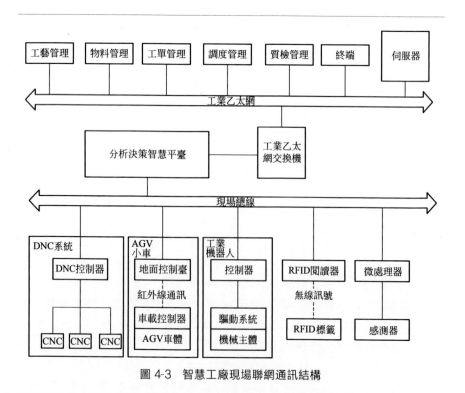

圖 4-3　智慧工廠現場聯網通訊結構

分析處理層在製造執行系統（MES）中處於承上啓下的位置，是上層應用服務層和底層智慧裝備進行資料連接和通訊的樞紐。MES 業務管理層與分析處理層之間的網路通訊可採用兩種類型的網路互動模式，即以客戶端和伺服器為模型的 C/S（Client/Server）模式和以瀏覽器和 Web 伺服器為模型的 B/S（Browser/Server）模式。C/S 網路模式是目前網路應用程式最為常用的通訊模式。在 C/S 網路互動模式下客戶端應用程式是針對特定任務而設計的，具有突出的專用性和軟體個性化等特點，同時 C/S 結構的網路通訊量只包括客戶端與伺服器端之間的通訊量，網路通訊量低，響應速度快，利於處理大量資料。而在 B/S 網路模式下系統將大多數業務邏輯放於伺服器端運行，對伺服器性能要求較高，並且伺服器「崩潰」將導致所有客戶端無法正常工作，同時系統採用開放的結構模式，其安全性只能依靠伺服器上使用者帳戶管理模組，資料安全性較差。綜合分析智慧裝備集成平臺資料傳輸的特點，其在資料傳輸過程中對系統的安全性和可靠性要求比較高，並且從工廠生產底層回饋的狀態資訊資料量巨大，透過對網路通訊模式的特點和智慧裝備集成平臺功能需求的分析，C/S 網路模式更符合智慧裝備集成平臺上層網路通訊的要求，在 C/S 網路模式下，前臺模組處理資料能力強，客戶端能夠實現較好的功能和複雜的使用者介面，從而資訊處理的速度和效率比較高。

（3）分析處理層

製造工廠具有強金屬干擾、遮擋與覆蓋等複雜環境特性以及多品種變批量混線生產、生產工況多變、生產要素移動等複雜生產特性，由此導致製造資料的冗餘性、亂序性和強不確定性，針對具有容量大、價值密度低等典型特徵的製造資料進行資料校驗、平滑、過濾、融合、分類、關聯等處理操作，轉化為可被生產與管理應用的有效資料，並進行分類儲存，透過多種智慧計算與分析方法實現海量資料的增值應用[8]。基於工廠製造大數據資訊的分析決策層是目前公認的智慧工廠的典型特徵。基於大數據思維，將設備狀態參數、計劃執行情況等運行參數，以及品質、交貨期等性能指標資料化，透過聚類、序列模式探勘、關聯等算法分析這些製造資料之間的關聯關係；然後透過資料探勘手段獲取交貨準時率、產品合格率等工廠性能在設備狀態、運行過程等參數影響下的演化規律，建立性能預測模型；最後基於控制理論，從演化規律中找到關鍵參數進行定量控制，以保證性能達到要求。在以上思路中，形成了大數據驅動的「關聯＋預測＋調控」的決策新模式[9]。

① 關聯指透過工廠製造資料的關聯分析，發現其間隱藏的關係。需要在清洗、分類與集成等製造資料預處理的基礎上，構建製造資料時序

模型並探勘序列模式，實現不同製造資料的關聯分析，探勘資料之間的影響規律。

② 預測指利用關聯分析結果，描述工廠製造過程與性能指標的內在關係。透過將工廠性能指標資料化，建立模型，描述工廠運行過程資料對性能指標資料的影響規律，實現工廠性能預測。

③ 調控指基於工廠性能預測模型，找到工廠運行過程的關鍵製造參數並進行控制。透過確定影響品質控制、交貨期控制等關鍵參數，運用規律知識建立針對產品合格率、交貨準時率等性能指標的科學調控機製。

根據上述的決策新模式，利用大數據解決智慧工廠運行分析與決策，需要實現工廠資料預處理與分析、工廠運行分析與性能預測以及工廠運行決策與性能優化。但是，當前工廠資料處理與分析大多只針對有限的結構化資料，隨著大數據環境下智慧工廠資料中半結構化、非結構化資料所占的比例越來越高，海量高維資料難以實現有效分類與重複利用，並且資料的時變規律呈現多尺度特徵，資料之間的關聯關係愈發複雜多樣，工廠製造資料的預處理與分析方法需要進一步細化與深入研究。而當前工廠運行分析方法主要集中於排隊論模型、Petri 網和馬爾科夫模型等精確建模方法，透過建立系統性能與參數間的因果關係實現性能預測。隨著製造系統越來越複雜，這些方法開始遇到維數災難難題，無法準確描述系統的全部特性。如何透過資料關聯關係學習與建模，根據製造資料的時變特性探究工廠性能的演化規律，弱化對製造系統模型的依賴，成為工廠運行分析的主要任務。在工廠運行決策方面，現有方法存在模型和算法複雜度過高、通用性較差等缺點，需要在工廠運行分析與性能預測的基礎上，建立工藝、設備、系統等資料對工廠複雜運行過程的科學調控機製，實現工廠性能優化。因此，「關聯＋預測＋調控」的智慧工廠分析與決策方法透過工廠製造大數據預處理方法、工廠製造大數據時序分析方法與工廠製造大數據關係網路建模方法實現關聯，透過工廠運行狀態預測方法實現預測，透過工廠運行決策方法實現調控。

① 工廠製造大數據預處理方法　工廠在運行過程中產生的製造資料具有海量、高維、多源異構、多尺度和高噪音等特性，這些資料難以直接用於運行過程的分析決策，工廠製造大數據預處理方法主要針對以上特點，透過對製造資料進行清洗去噪、建模集成與多尺度分類等操作，為工廠運行分析與決策提供可靠、可複用的資料資源。

② 工廠製造大數據時序分析方法　工廠製造大數據時序分析方法針對工廠製造資料的時序特性，建立工廠運行過程多維資料的時間序列模

型，設計製造資料的時間序列模式探勘算法，揭示製造資料隨時間變化的規律。

③ 工廠製造大數據關係網路建模方法　產品、工藝、裝備、系統運行等製造資料相互影響，使工廠生產過程呈現出複雜的運行特性。工廠製造大數據關係網路建模方法在對工藝參數、裝備狀態參數等製造資料應用關聯分析等資料探勘算法的基礎上，利用複雜網路等理論描述製造資料之間的關聯規則和相關係數。

④ 工廠運行狀態預測方法　工廠運行狀態預測方法針對工廠運行的時變特性，根據製造資料時序模式分析工廠製造系統內部結構的動態特性與運行機製，學習與運用工廠性能的演化規律，完成工廠性能的精確預測。

⑤ 工廠運行狀態決策方法　工廠運行決策方法在工廠運行分析的基礎上，將工廠性能的預測值與目標決策值進行即時比對，透過關鍵製造資料的科學調整實現工廠性能優化，如產品品質智慧決策方法和製造系統智慧調度方法。

（4）應用服務層

將感知資料用於製造工廠管理與生產過程控制優化，提供工廠全像數位化展示、製造資源視覺化管理、製造過程即時監控、物料動態配送、生產動態調度、品質診斷與追溯等功能服務，並透過統一的資料集成介面實現與 MES、ERP、PDM 等資訊系統的緊密集成，在多種視覺化終端上實現製造現場的透明化、即時化和精準化管理、控制與優化[10]。

4.2 工廠生產智慧調度

4.2.1 調度問題描述

製造系統調度就是在一定的時間內，透過可用共享資源的分配和生產任務的排序，來滿足某些製定的性能指標。具體來說，就是針對某項可以分解的工作，在一定的約束條件下，合理安排其組成部分所占用的資源、加工時間及先後順序，以獲得產品製造時間或者成本等最佳[11,12]。對企業級製造系統和地域級製造系統，製造資源的綜合調度一般視為供應鏈的調度問題，而工廠級製造系統製造資源的調度，一般視為生產調度。對於工廠級製造系統而言，工廠調度是製造過程的重要環節，透過合理的調度方案，能夠提高設備利用率，降低庫存和成本，減

少能耗，從而提高製造系統的整體運行效率。近 20 年來，國際生產工程學會（CIRP）總結了 40 種先進製造模式，都是以優化的生產調度為基礎。而隨著全球市場競爭的加劇，客戶需求的多樣化和個性化，企業組織生產的模式正朝著「多品種、變批量、低能耗」的方向發展，製造系統的調度問題受到日益廣泛的重視。

在調度問題中，通常存在一組工件（$J_1, J_2, \cdots, J_n$），每個工件具有 h_i 道工序，以及一組機器（$M_1, M_2, \cdots, M_m$）。一個調度問題常用三元組 $\alpha|\beta|\gamma$ 描述[13]：α 域描述機器環境；β 域提供加工特徵和約束的細節，一個實際問題可能不包含其中任何一項，也可能有多項；γ 域描述性能指標。

α 域所描述的機器環境包括：

① 單機　單機是所有機器環境中最簡單的，是所有其他環境的特例。

② 並行機　並行機具有相同的功能，可分為三類：同速機，即並行的 m 臺機器具有相同的速度；恆速機，即並行的 m 臺機器速度不同，但每臺機器的速度為常數；變速機，即機器的速度依賴於加工的工件。

③ 流水工廠　流水工廠有串行的 m 臺機器，每個工件必須以相同的加工路徑訪問所有機器。在一臺機器上加工完畢後，工件進入第二臺機器的緩衝區，等待加工，依次訪問，直到所有工序加工完畢。如果工件的體積很小（如集成電路），機器間可以大量存放，可認為緩衝區無窮大；當工件的體積較大（如電視機），則認為機器間緩衝區有限。

④ 柔性流水工廠　柔性流水工廠是流水工廠和並行機的綜合。在柔性流水工廠中，工件的加工要經過 m 個階段，每個階段存在多臺功能相同的並行機，工件在某個階段加工時，需從該階段存在的多臺機器中，選擇一臺進行加工。

⑤ 作業工廠　作業工廠的每個工件都要訪問所有機器，但每個工件都有自己的機器訪問順序。

⑥ 開放工廠　開放工廠的每個工件可以在每臺機器上進行多次加工，有些加工時間可以為零，對工件的加工路徑沒有任何限製。

β 域所描述的加工約束可能包括：

① 提交時間　提交時間是指工件到達系統的時間，也就是工件可以開始加工的最早時間。

② 與加工順序相關的調整時間　也稱分離調整時間，即不能包含在加工時間內的調整時間。

③ 中斷　中斷意味著不必將一個工件在其加工完成之前一直保留在

機器上，它允許調度人員在任何時間中斷正在加工工件的操作，而安排機器做另外的工作（如加工其他工件或者維修等）。通常假設不允許中斷，若允許中斷，則該條件將出現在 β 域中。

④ 故障　機器故障意味著機器不可用。

⑤ 優先約束　優先約束是指某道工序開始之前，其他一道或多道工序必須完成。

⑥ 阻塞　如果一個流水工廠在兩臺相鄰的機器之間只有有限的緩衝區，當緩衝區變滿後，上游的機器無法釋放已加工完畢的工件，加工完的工件只能停留在該機器上，從而阻止了其他工件在該機器上加工。

⑦ 零等待　零等待是指不允許工件在兩臺機器間等待，工件的加工一旦開始，就必須無等待地訪問所有機器。例如，在軋鋼廠，鋼板的生產就不允許等待，因為在等待過程中，鋼板會變冷。關於阻塞和零等待，不一定只出現在流水工廠，作業工廠中也可以出現。

⑧ 再循環　同一工件可能重複訪問同一機器多次。

γ 域描述中性能指標有以下幾類。

1）基於加工完成時間的指標

① 最大完成時間

$$C_{\max} = \max\{C_i\} \tag{4-1}$$

這是調度研究中最常見的指標。

② 平均完成時間

$$\overline{C} = \frac{1}{n}\sum_{i=1}^{n}C_i \tag{4-2}$$

③ 最大流經時間

$$F_{\max} = \max_{1\leqslant i\leqslant n}F_i = \max_{1\leqslant i\leqslant n}\{C_i - r_i\} \tag{4-3}$$

式中，C_i 為工件 J_i 的加工完成時間；r_i 為提交時間；F_i 為工件 J_i 從進入製造系統到加工完畢離開系統所經歷的時間，稱為流經時間。

④ 總流經時間

$$\sum_{i=1}^{n}F_i \tag{4-4}$$

⑤ 加權流經時間

$$\sum_{i=1}^{n}w_iF_i \tag{4-5}$$

⑥ 平均流經時間

$$\overline{F} = \frac{1}{n}\sum_{i=1}^{n}F_i \tag{4-6}$$

2) 基於交貨期的性能指標

① 總拖後時間

$$\sum_{i=1}^{n} T_i \qquad (4\text{-}7)$$

② 最大拖後時間

$$T_{max} = \max_{1 \leqslant i \leqslant n} \{T_i\} \qquad (4\text{-}8)$$

③ 平均拖後時間

$$\overline{T} = \frac{1}{n} \sum_{i=1}^{n} T_i \qquad (4\text{-}9)$$

$$T_i = \max\{C_i - d_i, 0\} \qquad (4\text{-}10)$$

式中，T_i 為工件 J_i 的拖後時間；d_i 為 J_i 的交貨期。

平均延遲時間為 $\overline{L}$，最大延遲時間為 L_{max}。

拖後工件個數 n_T 即完成時間大於交貨期的工件數。

拖後目標與顧客滿意度有關，也是調度問題的一類重要目標。

3) 基於庫存的性能指標

① 平均已完成工件數 $\overline{N}_c$。

② 平均未完成工件數 $\overline{N}_n$。

③ 平均機器空閒時間 $\overline{I}$。

④ 最大機器空閒時間 I_{max}。

4) 基於機器負荷的性能指標

① 最大機器負荷 WL_{max}，即具有最大加工時間和的機器的負荷。

② 總機器負荷 WL_{tot}，即所有機器所有加工時間之和。

③ 機器負荷間的平衡，即所有機器負荷之間的方差或標準差。

4.2.2 典型調度問題

根據調度類型的特點，調度問題主要包含以下典型問題[14-17]。

(1) 作業工廠調度問題 (JSSP)

JSSP 由 n 個工件和 m 臺機器組成。每個工件具有一定數量的工序，其加工路徑事先給定。每道工序的加工機器和加工時間事先給定，除此之外，還有一些機器和工件的約束：一個工件不能訪問同一機器兩次；不同工件的工序之間沒有優先約束；工序加工不能被中斷；一臺機器不能同時加工多個工件；開工時間和交貨期均未指定；不考慮工件加工的優先權；工序加工容許等待，即前一道工序未完成，則後續的工序要等待。

JSSP 的數學描述如下：

$$\min \max_{1 \leqslant k \leqslant m} \{ \max_{1 \leqslant i \leqslant n} \{ c_{ik} \} \} \tag{4-11}$$

$$c_{ik} - p_{ik} + M(1 - a_{ihk}) \geqslant c_{ih}, i=1,2,\cdots,n; h,k=1,2,\cdots,m \tag{4-12}$$

$$c_{jk} - c_{ik} + M(1 - x_{ijk}) \geqslant p_{ik}, i,j=1,2,\cdots,n; k=1,2,\cdots,m \tag{4-13}$$

$$c_{ik} \geqslant 0, i=1,2,\cdots,n; k=1,2,\cdots,m \tag{4-14}$$

$$x_{ijk} = 0 \text{ 或 } 1, i,j=1,2,\cdots,n; k=1,2,\cdots,m \tag{4-15}$$

式中，C_{ij} 為工件 J_j 在機器 M_k 上的完成時間；p_{jk} 為工件 J_j 在機器 M_k 上的加工時間；M 為大正數。

$$a_{ihk} = \begin{cases} 1, \text{如果工件 } J_i \text{ 先在機器 } M_h \text{ 上加工，後在 } M_k \text{ 上加工} \\ 0, \text{否則} \end{cases} \tag{4-16}$$

$$x_{ijk} = \begin{cases} 1, \text{如果在機器 } M_i \text{ 上，工件 } J_i \text{ 先於 } J_j \text{ 加工} \\ 0, \text{否則} \end{cases} \tag{4-17}$$

以上模型中，目標函數為最大完工時間，式(4-12)表明每個工件的工序加工順序按事先規定的路徑進行，式(4-13)表明每臺機器同一時刻只能加工一個工件。

（2）流水工廠調度問題（FSSP）

FSSP一般可以描述為：n 個工件由 m 臺機器加工，每個工件具有一定數量的工序，每個工件以相同的順序訪問所有機器，工件在機器上的加工時間固定，問題的目標是求所有工件的最佳加工順序，使最大完成時間最小。對 FSSP 常做以下假設：每個工件在機器上的加工順序相同；每臺機器在同一時刻只能加工一個工件的某道工序；一個工件不能同時在兩臺以上的機器加工；工序的調整時間與順序無關，且包含在加工時間中；緩衝區容量無窮大。

FSSP 是一種重要的製造系統調度問題，實際製造過程中的許多調度問題都可以簡化為 FSSP，其中置換流水工廠調度問題（PFSSP）就是 FSSP 的一種特例，該問題不僅工件的加工路徑一樣，而且每臺機器上工件的加工順序也完全一樣。不過，就智慧優化來說，這兩個問題的解決方法相似，甚至可以用相同的方法求解，以遺傳調度來說，通常都採用工件排列對這兩個問題的解進行編碼。

（3）開放工廠調度問題（OSSP）

OSSP 具有如下特點：各工件的工序事先給定，但無加工路徑約束，每道工序只能由一臺機器加工。具體描述如下：n 個工件（$J_1, J_2, \cdots, J_n$）和 m 臺機器（$M_1, M_2, \cdots, M_m$），工件 J_i 的釋放時間和交貨期為 r_i 和 d_i，一共有 h_i 道工序，每道工序的加工機器只有一臺，加工過程不允

許中斷，一臺機器同一時刻只能加工一個工件，同一工件同一時刻只能由同一臺機器加工。

(4) 柔性工廠調度問題（FJSP）

生產的柔性包括設備使用柔性和設備安排柔性，其中前者指設備可用於多個工件的多道工序的加工；而後者是指工件的設備加工路徑不是固定和預先確定的，具有可選的路徑。

這類問題包括柔性流水工廠調度和柔性作業工廠調度兩種。在 FSSP 和 JSSP 中，每道工序只能由一臺機器加工，而在柔性工廠調度中，具有設備安排柔性，至少一道工序存在多臺加工機器。或者至少一個工件存在多種可能的加工路徑。

(5) 批處理機調度

批處理機是一類能同時加工多個工件的機器，批處理機已廣泛應用於半導體製造的擴散和氧化操作、半導體測試的老化操作、金屬加工的熱處理、印製電路板封裝以及食品、化工和製藥工業等。批處理機調度突破了傳統調度問題中一臺機器上任何時刻只能加工一個工件的假設，具有以下特點：對工件的加工以批為單位進行，設批處理的批容量為 C，則在進行加工時，要把工件分成若干批，每批工件大小之和不能超過 C；批加工時間或者由批內工件的最大加工時間決定，或者為常數；同一批內的工件具有相同的加工開始時間和完成時間，一批工件的加工一旦開始，就不能中斷；整個調度問題可以分解為工件分批和批調度兩個子問題。

常見的批處理機調度形式有：①在需要加工的所有工件中，每個工件都可以和其他任何工件組成一批進行加工，批加工時間固定，且與工件類型無關；②只有一種類型工件，每個工件可以有不同的加工時間，而批加工時間等於批中工件的最大加工時間。半導體製造中的老化操作調度就是這類問題；③存在多種類型的工件，只有屬於同一類型的工件才能安排在同一批中進行加工，批加工時間也由批內工件的最大加工時間決定。

根據工廠構造，可分為單批處理機調度、並行批處理機調度和流水工廠批處理機調度等。其中，單批處理機調度指對工件進行組批，然後由一臺批處理機按一定次序進行加工；並行批處理機指功能類似的多臺機器聚集在一起，共同完成相似的加工任務，如半導體製造生產線的氧化爐管，並行批處理機調度包括工件組批、加工機器分配和批調度三個子問題；流水工廠批處理機調度指工件分批以相同的順序依次訪問所有批處理機。

(6) E/T 調度

E/T 調度是一類以 E/T 指標為目標函數的調度問題。E/T 調度的提出是為了適應準時製（JIT）生產模式的需要，準時製是在 1980 年代出現的，首先在日本的製造業中得到廣泛採用，並很快被西方國家的製造業所接受，其基本內涵是，從企業利潤角度出發，對產品的加工以滿足交貨期為目標，既不能提前交貨，也不能延期交貨，而 E/T 指標就反映了這方面的要求，其標準形式可表為

$$\sum_j (\alpha_j E_j + \beta_j T_j) \tag{4-18}$$

式中，α_i 和 β_j 為提前交貨和拖後交貨的懲罰係數。

通常情況下，標準 E/T 調度問題可以分為公共交貨期問題和不同交貨期問題。前者指所有待加工的工件均屬於同一訂單，產品需在同一時間內交付給客戶，即工件具有相同的交貨期，而後者指不同的工件具有不同的交貨期。

除了標準 E/T 指標外，還有其他形式的指標，如二次型懲罰函數 E/T 指標、待完成時間懲罰項 E/T 指標等。

(7) 動態調度

生產調度分為動態調度和靜態調度兩大類。靜態調度是在調度環境和任務已知的前提下的事前調度方案。在實際生產過程中，雖然在調度之前進行了盡可能符合實際的預測，但由於生產過程中的諸多因素，如處理單元和物料等資源的變化難以預先精確估計，往往影響調度計畫，使實際生產進度與靜態調度的進度表不符，需要進行動態調整，特別是在市場經濟條件下，沒有一種預測方法能夠完全預測製造過程的動態變化。事實上，由於市場需求變化會引起產品訂單變化，如產品數量的變化和交貨期的變化等，以及生產設備故障、能源的短缺和加工時間的變化等，都可能使原來的調度不符合實際要求。

為了適應實際製造過程中的不確定性和隨機性，一般採用週期性調度和再調度相結合的策略。定義一些關鍵事件，如設備故障等，當關鍵事件發生時，立即重新調度；否則，週期性調度，即進行所謂動態調度或再調度。動態調度是指在調度環境和任務存在著不可預測的擾動情況下的調度方案，它不僅依賴於事前調度環境和任務，而且與當前狀態有關。

動態調度有兩種形式，即滾動調度和被動調度。滾動調度指調度優化隨著時間推移，在一個接一個的時間段內動態進行；被動調度指當生產過程發生變化、原來的調度不再可行時，所進行的調度修正。

被動調度是在原有的靜態調度的基礎上進行的。它的調度目標是盡

量維持原調度水準，性能指標下降越小越好。滾動調度既可以在原有的靜態調度的基礎上進行，也可以直接進行，其最終目的都是在當前優化區域內得到最佳或次佳調度。

動態調度必須符合即時性要求，所以更關心線上計算能力問題。為了能夠在有效的時間內得到一個較為合理的調度，一般希望將問題的規模減小，在一個較小時間段的問題空間內，得到一個較好解。因此，大多數採用啓發式方法和基於預測的滾動優化方法。

大多數動態調度由加工時間的變化引起，少數動態調度由訂單的變化和設備故障等引起。對於由加工時間的變化而引起的動態調度，由於批量和加工順序一般是根據最早的最佳（或者可行）調度設定好的，在這種情況下，一般不再需要重新分配批次和加工順序，只是調整各加工任務的加工起始時間，盡量得到一個次佳的調度，或者保持原有調度的性能指標。

4.2.3 調度問題的研究方法

調度問題的研究始於 1950 年代。在 1954 年，Johnson 提出了解決 $n/2/F/C_{\max}$ 和部分特殊的 $n/3/F/C_{\max}$ 問題的有效優化算法[18]，代表經典調度理論研究的開始。不過直到 1950 年代末期，研究成果仍主要是針對一些特殊情況和規模較小的單機和簡單的流水工廠問題提出一些解析優化方法，範圍較窄。1975 年，中國科學院研究員越民義、韓繼業在《中國科學》上發表了論文〈n 個零件在 m 臺機床上的加工順序問題〉[19]，從此揭開了中國調度理論研究的序幕。

1960 年代，研究人員大多利用混合或純整數規劃、動態規劃和分支定界法等運籌學的經典方法解決一些代表性的問題。也有人開始嘗試用啓發式算法進行研究，如 Gavett[20] 曾提出過不同的優先分派規則。至此，調度理論的基本框架初步成形。1970 年代，學者開始對算法複雜性進行深入研究，多數調度問題被證明屬於 NP（non-deterministic polynomial，非確定性多項式）完全問題或 NP 難問題，難以找到有效的多項式算法，有效的啓發式算法逐漸受到關注。Panwalkar 總結和歸納出了 113 條調度規則，並對其進行了分類[21]，至此，經典調度理論趨向成熟。1980 年代以後，隨著電腦技術和工程科學等學科的相互交叉和相互滲透，許多跨學科的人工智慧方法被應用到研究中。1990 年代初湧現出大量的新方法，例如，Nowicki[22] 的約束滿足技術，Foo[23] 的神經網路技術，Aarts[24] 和 Peter[25] 的模擬退火、Brandimarte[26] 的禁忌搜尋、Nakano[27] 的遺傳算法等。到目前為止，這些算法都還在不斷的改進和發展，使得它們在求解調度問題或者其他 NP 難問題時更加實用、高效。

從 Johnson 揭開調度問題研究的序幕以來，調度問題一直是極其困難的組合優化問題。調度模型從簡單到複雜，研究方法也隨著調度模型變遷，從開始的數學方法發展到啟發式的智慧算法。解決調度問題的方法主要分為三類：基於運籌學的方法、基於啟發式規則方法和人工智慧算法。運籌學方法也稱為最佳化方法，能夠保證得到全局最佳解，但只能解決較小規模的問題，而且求解速度較慢。而啟發式規則和人工智慧算法，可以很快地得到問題的解，但不能保證得到的是最佳解。啟發式的智慧算法適合解決大規模問題，基本上能夠滿足工程實踐的需求。

（1）基於運籌學的方法

該方法將調度問題簡化成數學規劃模型進行求解，包括整數規劃、混合整數規劃、拉格朗日鬆弛法、分解方法和分支定界法等。數學規劃中求解調度問題最常見的方法是混合整數規劃。混合整數規劃有一組線性約束和一個線性目標函數。該方法限製決策變數都必須是整數，因此，在運算中出現的整數個數以指數規模成長。拉格朗日鬆弛法和分解方法是兩種較成功的數學模型方法[28]。拉格朗日鬆弛法用非負拉格朗日乘子對工藝約束和資源約束進行鬆弛，最後將懲罰函數加入目標函數中。劉學英用拉格朗日鬆弛法解決了工廠調度問題[29]。

分支定界法（branch and bound，B&B）是用動態樹結構來描述所有的可行解排序的解空間，樹的分支隱含有要被搜尋的可行解。Balast 在 1969 年提出的基於析取圖的枚舉算法是最早應用於調度問題求解的 B&B 方法[30]。B&B 非常適合解決總工序數小於 250 的調度問題，但對於大規模問題，由於它需要巨大的計算時間，限製了它的使用。

（2）基於啟發式規則的方法

基於運籌學的大部分方法在解決複雜調度問題方面有一定的局限性，例如，存在運算量大、效率低等問題。而調度規則的模糊化處理，能夠解決其在大規模調度問題求解時的低效率問題，而且不僅求解效率高，其品質也較高。因此，基於啟發式規則的方法在解決較大規模調度問題時具有一定的優勢。常見的啟發式調度規則包括優先分派規則、瓶頸移動方法和 Palmer 算法等。

優先分派規則（PDR）是最早的啟發式算法。該方法是分派一個優先權給所有的被加工工序，然後選出優先權最高的加工工序最先排序，接下來按優先權次序依次進行排序。由於該方法非常容易實現，且計算

複雜性低，在實際的調度問題中經常被使用。Panwalkar 和 Iskander[31] 對各種不同規則進行了歸納和總結，在實際中常用的規則有 SPT、LPT、EDD、MOR 和 FCFS 等。大量該領域的研究表明：對於大規模的調度問題，多種優先分派規則組合使用更具有優勢。

瓶頸移動方法（SBP）由 Adams[32] 在 1988 年提出，也是第一個解決 FT10 標準測試實例的啓發式算法。SBP 方法的主要貢獻是提供了一種用單一機器確定將要排序的機器的排列途徑。實際求解時，把問題化為多個單機器問題，每次解決一個子問題，把每個子問題的解與所有其他子問題的解比較，每個機器依解的好壞排列，有著最大下界的機器被認為是瓶頸機器。雖然 SBP 可以得到比優先分派規則法品質更好的解，但計算時間較長，而且實現比較複雜。

1965 年 Palmer 提出按斜度指標排列工件的啓發式算法，稱之為 Palmer 算法[33]。工件斜度指標定義為

$$s_i = \sum_{k=1}^{m} (2k - m - 1) p_{ik} \tag{4-19}$$

式中，p_{ik} 為工件 J_i 在機器 M_k 上的加工時間。

按 s_i 非增的順序排列工件，得到工件排列 $(i_1, i_2, \cdots, i_n)$，滿足

$$s_{i_1} \geqslant s_{i_2} \geqslant \cdots \geqslant s_{i_n} \tag{4-20}$$

（3）人工智慧

1980 年代出現的人工智慧在調度研究中占據重要的地位，也為解決調度問題提供了一種較好的途徑，具體包括：約束滿足、神經網路、專家系統、多智慧體，以及後來人們透過模擬或揭示某些自然現象、過程和規律而發展的元啓發式算法（如遺傳算法、禁忌搜尋算法、蟻群算法和粒子群優化算法等）。

約束滿足是透過運用約束減少搜尋空間的規模，這些約束限製了選擇變數的次序和分配到每個變數可能值的排序。當一個值被分配給一個變數後，不一致的情況被剔除。去掉不一致的過程稱為一致性檢查（consistency checking），但是這需要進行修正，當所有的變數都得到分配的值並且不與約束條件衝突時約束滿足問題就得到了解決[34]。

神經網路（NN）透過一個 Lyapunov 能量函數構造網路的極值，當網路疊代收斂時，能量函數達到極小，使與能量函數對應的目標函數得到優化。Foo 和 Takefuji[23] 最早提出用 Hopfield 模型求解工廠調度問題，之後有大量學者進行了改進性研究。除了 Hopfield 模型之外，BP 模型也較多地應用於求解工廠調度問題。Remus[35] 最早利用 BP 模型求解

調度問題，之後有大量學者對此模型進行研究。目前，神經網路僅能解決規模較小的調度問題，而且計算效率非常低，不能較好地求解實際大規模的調度問題。

專家系統（ES）是一種能夠在特定領域內模擬人類專家思維以解決複雜問題的電腦程序。專家系統通常由人機互動介面、知識庫、推理機、解釋器、綜合資料庫和知識獲取等六個部分構成。它將傳統的調度方法與基於知識的調度評價相結合，根據給定的優化目標和系統當前狀態，對知識庫進行有效的啓發式搜尋和並行模糊推理，避開煩瑣的計算，選擇最佳的調度方案，為線上決策提供支持。比較著名的專家系統有 ISIS[36]、OPIS[37]、CORTES[38]、SOIA[39] 等。

為了解決複雜問趣，克服單一的專家系統所導致的知識有限、處理能力弱等問題，出現了分散式人工智慧（distributed artificial intelligence，DAI）。多個智慧體的合作正好符合分散式人工智慧的要求，因此出現了多智慧體系統（MAS）。MAS 對開放和動態的實際生產環境具有良好的靈活性和適應性，因此 MAS 在實際生產中不確定因素較多的工廠調度等領域中獲得越來越多的應用[40]。不過，MAS 和專家系統有相同的不足，需要豐富的調度經驗和大量知識的累積等。

演化算法（EA）通常包括遺傳算法（genetic algorithm，GA）[41]、遺傳規劃（genetic programming，GP）[42]、演化策略（evolution strategies，ES）[43] 和演化規劃（evolutionary programming，EP）[44]。這些方法都是模仿生物遺傳和自然選擇的機理，用人工方式構造的一類優化搜尋算法。其側重點不同，GA 主要發展自適應系統，是應用最廣的算法；EP 主要求解預期問題；ES 主要解決參數優化問題。1985 年，Davs 最早將 GA 應用到調度問題，透過一個簡單的 20×6 的工廠調度問題驗證了採用 GA 的可行性。此後，Falkenauer 和 Bouffouix[45] 進一步進行了改進提高。1991 年，Nakano[46] 首先將 GA 應用到了一系列工廠調度的典型問題中。Yamada 和 Nakano[47] 在 1992 年提出了一種基於 Giffler 和 Thompson 的算法 GA/GT。自 1975 年 Holland 教授提出遺傳算法以來，中國對其在求解工廠調度問題的文獻非常多，其中清華大學的王凌和鄭大鐘較好地對遺傳算法及其在調度問題中的應用進行了分析和總結[48]。

蟻群優化（ACO）算法是義大利學者 Dorigo 等人於 1991 年提出的[49]。模擬螞蟻在尋找食物過程中發現路徑的行為。螞蟻在尋找食物過程中，會在它們經過的地方留下一些化學物質「外激素」或「賀爾蒙」。這些物質能被同一蟻群中後來的螞蟻感受到，並作為一種訊號影響後來

者的行動，而後來者也會留下外激素對原有的外激素進行修正，如此反復循環下去，外激素最強的地方形成一條路徑。Colorni 等[50] 首先用蟻群算法求解工廠調度問題。

粒子群優化（PSO）算法是由 Eberhart 博士[51] 和 Kennedy 博士[52] 在 1995 年提出的，源於對鳥群捕食行為的模擬研究。在 PSO 算法中，系統初始化為一組隨機解，稱為粒子。每個粒子都有一個適應值表示粒子的位置，還有一個速度來決定粒子飛翔的方向和距離。在每一次疊代中粒子透過兩個極值來更新自己，一個極值是粒子自身所找到的最佳解，稱為個體極值，另一個極值是整個種樣目前找到的最佳解，稱為全局極值。中國關於 PSO 算法在工廠調度中的應用研究較多，華中科技大學的高亮等人[53,54] 在 PSO 算法應用方面做了大量工作。

局部搜尋（LS）是將人們從生物演化、物理過程中受到的啓發應用於組合優化問題，從早期的啓發式算法變化而來的。LS 以模擬退火（SA）、禁忌搜尋（TS）為代表[55,56]，應用廣泛。LS 必須依據問題設計優良的鄰域結構以產生較好的鄰域解來提高算法的搜尋效率和能力。

除了上述方法以外，還有很多種方法可以對調度問題進行求解，如文化算法（cultural algorithm）、Memetic 算法、分散搜尋（scatter search）等。由於各種調度算法都不同程度地存在各自的優缺點，近來許多學者開始將各種元啓發式算法或最佳化算法進行組合應用研究，彌補各自的缺點，發揮各自的優勢，以達到高度次佳化的目標[57]。目前，解決調度問題最先進的算法一般是混合算法，如 GA＋TS[58]，PSO＋SA 等。

4.3　柔性作業工廠調度問題

4.3.1　柔性作業工廠調度建模

柔性作業工廠調度（FJSP）問題可描述如下：m 臺機床 $\{W_1, W_2, \cdots, W_m\}$ 完成 n 個作業 $\{J_1, J_2, \cdots, J_n\}$，其中每個作業 J_i 的由 p 道工序 $\{O_{i1}, O_{i2}, \cdots, O_{ip}\}$ 組成，每個作業的工序數目和順序一定。每道工序可由多臺機床完成，加工時間隨機床不同而不同。調度目標是安排 n 個作業任務的每一道工序（$n \times p$）在相應的機床加工，確定每臺機床相應工序的最佳順序和開工時間，使所有作業的完工時間最小。基於問題描述的需要和工程的實際情況，FJSP 還需引入以下假設條件：

① 完成工序 O_{ij} 的機床 W_k 可選，某道工序指定機床的加工時間 T_{ijk} 已知，其中 $\{O_{ij} \in O, W_k \in W, i=1,2,\cdots,n; j=1,2,\cdots,p; k=1, 2,\cdots,m\}$；

② 某個時刻每臺機床 W_k 只能處理一個作業 J_i，同一作業 J_i 的兩道工序不能同時加工，且工序 O_{ij} 一經開始就不能中斷；

③ 機器調整設置時間和作業的運輸時間忽略不計；

④ 不考慮作業的取消、機器的崩潰和其他隨機性因素。

因此，FJSP 可表示為

$$S = \{O_{111}, \cdots, O_{11k}, O_{121}, \cdots, O_{12k}, \cdots, O_{1jk}, \cdots, O_{2jk}, \cdots, O_{ijk}\}$$

$$(4\text{-}21)$$

式中，S_{ijk} 表示第 i 個作業的第 j 道工序在第 k 個機床加工。

表 4-1 是 6×6 柔性作業工廠調度問題實例，該實例由 6 道作業任務構成，每道作業任務由 3 道工序組成，6 道作業任務的 18 道工序安排到 6 個機器進行加工完成。表中的資料表示每道工序在相應機床進行加工時的加工時間（單位，s），「X」表示某道工序不能在某個機床進行加工。例如，工序 O_{11} 可由 W_1、W_2、W_4、W_5、W_6 四臺機床完成，加工時間分別為 2s、3s、5s、2s、3s。

表 4-1　6×6 柔性作業工廠調度問題實例

作業	工序	機床					
		W_1	W_2	W_3	W_4	W_5	W_6
1	O_{11}	2	3	X	5	2	3
	O_{12}	4	3	5	X	3	X
	O_{13}	2	X	5	4	X	4
2	O_{21}	3	X	5	3	2	X
	O_{22}	4	X	3	3	X	5
	O_{23}	X	X	4	5	7	9
3	O_{31}	5	6	X	4	X	4
	O_{32}	X	4	X	3	5	4
	O_{33}	X	X	11	X	9	13
4	O_{41}	9	X	7	9	X	6
	O_{42}	X	7	X	5	6	5
	O_{43}	2	3	4	X	X	4
5	O_{51}	X	4	5	3	X	4
	O_{52}	4	4	6	X	3	5
	O_{53}	3	4	X	5	6	X
6	O_{61}	X	3	7	4	5	X
	O_{62}	6	2	X	4	3	X
	O_{63}	5	4	3	X	X	4

進行柔性作業工廠調度研究，主要目的是工序排序和機床選擇。針對不同的加工要求，最終優化目標略有差異。通常情況下，FJSP 問題的性能指標包括以下幾類：基於所有加工任務完工時間的指標、基於交貨期的指標、基於成本的指標、基於機床負荷的指標。

(1) 基於加工任務完工時間的指標

每一個作業任務的最後一道工序的完成時間，稱為該作業任務的完工時間，所有作業任務的最遲完工時間，即為最大完工時間（makespan），最大完工時間最小化是提高作業任務加工效率的最終目標，是 FJSP 問題最重要的指標。通常情況下，以式(4-22) 作為基於完工時間的評價指標。

$$f_1 = \min(C_{\max}) \qquad\qquad (4\text{-}22)$$

式中，$C_{\max} = \max (C_J)$，C_J 表示作業任務 J_i 的完工時間。

(2) 基於交貨期的指標

目前，多品種、變批量生產模式逐漸成為企業組織生產的主要形式。在此模式下，如何減少庫存、降低成本成為製造企業普遍關注的問題。JIT 生產模式強調低庫存、高品質的生產組織形式，在此模式下，訂單的交貨期是其考慮的主要性能指標，即訂單的完工時間越接近交貨期，產品庫存就越低，儲存、搬運成本就越低。因此，作為 FJSP 問題的性能指標，加工任務的完工時間越接近交貨期，說明其交貨期性能越好。一般用最大提前期指標 E_J 和最大拖期指標 T_J 衡量其交貨期性能指標。

$$E_J = \max(d_J - C_J, 0) \qquad\qquad (4\text{-}23)$$
$$T_J = \max(C_J - d_J, 0) \qquad\qquad (4\text{-}24)$$

式中，d_J 表示作業任務 J 的交貨期，E_J 為非負值。

因此，以最大提前期 E_J 和最大拖期 T_J 最小化作為調度方案的優化目標。即

$$f_2 = \min(E_{\max}) \qquad\qquad (4\text{-}25)$$
$$f_3 = \min(T_{\max}) \qquad\qquad (4\text{-}26)$$

式(4-25) 中，$E_{\max} = \max (E_J)$；式(4-26) 中，$T_{\max} = \max (T_J)$。

(3) 基於機床負荷的指標

機床負荷主要指的是機床的工作運行時間。機床負荷指標反映了企業資源的利用水準。按照約束理論的思想，瓶頸機床的產出決定著企業的最終產出，為了提高生產效率，調度的目標應該盡可能地減少瓶頸機床的負荷，即，使機床的最大負荷最小化。為了判斷製造工廠機床整體的利用率，所有機床的總負荷也是評價指標之一。另外，保證生產均衡

進行，要求機床整體負荷較為均衡，因此，最大負荷機床和最小負荷機床的負荷差值也是評價指標之一。因此，機床負荷成為衡量工廠調度的重要指標，式(4-27) 表示機床 k 的負荷情況。

$$L_k = \sum_{i=1}^{n} \sum_{j=1}^{p} T_{ijk} X_{ijk} \qquad (4\text{-}27)$$

式中，T_{ijk} 為作業任務 J_i 的工序 O_{ij} 在機床 W_k 上的加工時間；X_{ijk} 為調整係數，具體為

$$X_{ijk} = \begin{cases} 1 & \text{當工序 } O_{ij} \text{ 在機床 } W_k \text{ 加工時} \\ 0 & \text{當工序 } O_{ij} \text{ 不在機床 } W_k \text{ 加工時} \end{cases}$$

以機床負荷作為工廠調度的性能指標主要有三個：

① 最大負荷機床負荷最小化，即

$$f_4 = \min(L_{\max}) \qquad (4\text{-}28)$$

式中，$L_{\max} = \max (L_k)$。

② 總機床負荷最小化，即

$$f_5 = \min\left(\sum_{k=1}^{m} L_k\right) \qquad (4\text{-}29)$$

③ 最大負荷機床與最小負荷機床的負荷差值最小化，即

$$f_6 = \min(L_{\max} - L_{\min}) \qquad (4\text{-}30)$$

式中，$L_{\min} = \min (L_k)$。

（4）基於成本的指標

生產成本指標直接反映調度決策對企業經濟效益的影響。生產成本可根據性質分為不變成本和可變成本。不變成本與加工任務的多少無關，包括專用機床、專用工藝設備的維護折舊費，以及與之有關的調整費等。可變成本與加工任務的多少有關，包括材料費、工人薪資等等費用。生產過程中產生的產品成本通常由以下幾部分構成。

生產成本：由加工時間、對刀引導時間、裝拆零件，開停機床等耗費時間所產生的成本。

拖期懲罰成本：零件晚於交貨期完工時，產生的一次性罰金和與拖期時間長短相關的罰款。

儲存成本：半成品等待加工時的儲存和搬運成本、產品提前完工又不能提前發貨時，需要消耗的儲存和搬運成本。

由於在基於交貨期的指標中已經考慮了拖期或提前完工對調度決策的影響，因此，基於成本的指標考慮生產成本和儲存成本。

① 生產成本 由於調度方案的形成與加工任務所耗費的時間密切相

關，因此，為了將生產成本轉化為成本指標，統一將生產成本分為動態成本和靜態成本。

動態成本指與所有作業任務相關的機床工作時，單位時間內所耗資源的總費用。該費用可透過式(4-31) 表示

$$C^{v} = \sum_{k=1}^{m} \Big(\sum_{i=1}^{n} \sum_{j=1}^{p} T_{ijk} X_{ijk} \Big) F_{k}^{v} \qquad (4\text{-}31)$$

式中，C^{v} 為動態成本；F_{k}^{v} 為機床 W_{k} 的動態費率；式中其他參數同式(4-27)。

靜態成本指作業所關聯的設備處於就緒狀態下單位時間內所必須消耗的總費用。該費用可透過式(4-32) 表示

$$C^{s} = \sum_{k=1}^{m} \Big(T^{*} - \sum_{i=1}^{n} \sum_{j=1}^{p} T_{ijk} X_{ijk} \Big) F_{k}^{s} \qquad (4\text{-}32)$$

式中，C^{s} 為靜態成本；F_{k}^{s} 為機床 W_{k} 的靜態費率；T^{*} 為調度決策的完成時間；式中其他參數同式(4-27)。

因此，基於生產成本的調度決策指標如式(4-33) 所示

$$f_{7} = \min(C^{p}) = \min(C^{v} + C^{s}) \qquad (4\text{-}33)$$

式中，C^{p} 為調度決策總生產成本。

② 儲存成本　影響儲存成本的因素有三個：零件當前價值、儲存成本比例係數和儲存時間。零件當前價值是半成品在等待加工時本身的價值。由作業任務模型可知，零件的加工過程就是原材料價值增加的過程，零件經過每個作業後價值增加，即零件產生了另外的附加值，即零件的價值隨著加工過程的進行而增加。儲存成本比例係數是指半成品在等待加工時，其所耗用的儲存成本（包括保管費、占用的空間費以及資金積壓的機會成本等）占總價值的百分比；積壓時間是從開始等待到開始加工這一段時間的長度。因此，儲存成本可以透過式(4-34) 所示：

$$C^{w} = \sum_{i=1}^{n} \Big(\sum_{j=1}^{p} \Big(\big(C_{i}^{m} + \sum_{j=1}^{p} \big(\sum_{k=1}^{m} T_{i(j-1)k} X_{i(j-1)k} F_{k}^{v} \big) \big)$$
$$\eta_{ij} \big(ST_{ij} - \big(ST_{i(j-1)} + \sum_{k=1}^{m} T_{i(j-1)k} X_{i(j-1)k} \big) \big) \big) \Big) \qquad (4\text{-}34)$$

式中　C^{w}——儲存成本；

　　　C_{j}^{m}——作業任務 J_{i} 的原材料成本；

　　　η_{ij}——作業任務 J_{i} 加工到 O_{ij} 工序時儲存成本占到此時零件總價值的比例，簡稱儲存比例係數；

　　　ST_{ij}——作業任務 J_{i} 的工序 O_{ij} 的開工時間。

式中其他參數同式(4-31)。

由式(4-34) 所示公式，基於儲存成本的調度決策評價指標可透過式(4-35) 表示

$$f_8 = \min(C^w) \tag{4-35}$$

4.3.2 利用遺傳算法求解柔性作業工廠調度問題

現在以表 4-1 中 6×6 FJSP 問題為例，說明遺傳算法求解 FJSP 問題的一般過程。

（1）基因編碼

基因編碼是 GA 解決 FJSP 問題的第一步，也是關鍵一步。透過將 FJSP 問題轉化為合理高效的染色體表達方案，對於進一步的遺傳操作有重要的影響。如前節所述，FJSP 問題的本質是為了解決兩個問題：一是為加工任務的每道工序選擇合適的機床，二是確定加工任務每道工序的順序安排和開工時間。針對上述兩個子問題，解決 FJSP 問題時，基因編碼方式主要有集成式和分段式兩種方式：集成式編碼方式中，染色體中的每一個基因 (j，h，i) 代表一個工序任務，表示零件 j 的第 h 道工序在機床 i 上加工。分段式編碼方式中染色體分為兩部分，一部分是表示工序選擇的機床，一部分表示工序的順序安排。由於分段式編碼方式表達 FJSP 問題直觀明瞭，而且遺傳操作容易設計，因此，近些年，分段式基因編碼方式研究較多。

本書根據分段式基因編碼方式設計染色體結構，對染色體種群初始化，選擇、交叉、變異等操作進行了改進。染色體由兩部分構成：

① 機床基因編碼 該部分基因編碼代表每個作業任務中每道工序的加工機床編號，和工序順序基因編碼中的工序一一對應。

② 工序順序基因編碼 該部分基因編碼由加工任務編號構成，根據某加工任務編號出現的先後次序，分別代表該加工任務的第一道工序、第二道工序、第 n 道工序等。

例如，表 4-2 所示的染色體 A 是針對表 4-1 所示的 6×6 柔性作業調度問題生成的一條合理染色體。

表 4-2　染色體 A

工序基因	1	2	3	4	5	6	4	1	5	2	1	4	6	5	2	6	3	3
代表工序	O_{11}	O_{21}	O_{31}	O_{41}	O_{51}	O_{61}	O_{42}	O_{12}	O_{52}	O_{22}	O_{13}	O_{43}	O_{62}	O_{53}	O_{23}	O_{63}	O_{32}	O_{33}
機床基因	1	5	4	6	4	2	6	5	5	4	1	1	2	1	3	3	4	5

　　表 4-2 中染色體 A 工序基因第 1 個基因 1 代表工序 O_{11}，所屬機床基因 1，表示所選機床為 W_1，活動調度方案中為第 1 順序位。工序基因第 18 個基因 3 代表工序 O_{33}，所屬機床基因 5，表示所選機床為 W_5，活動調度方案中為第 18 順序位。

　　上述染色體所代表的調度方案可用式(4-36) 表示

$$S = \{O_{111}, O_{215}, O_{314}, O_{416}, O_{514}, O_{612}, O_{426}, O_{125}, O_{525}, \\ O_{224}, O_{131}, O_{431}, O_{622}, O_{531}, O_{233}, O_{633}, O_{324}, O_{335}\} \quad (4\text{-}36)$$

調度方案甘特圖如圖 4-4 所示。

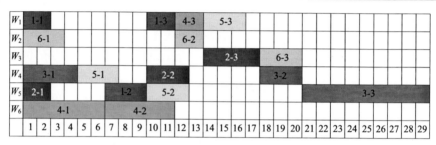

圖 4-4　染色體 A 對應甘特圖

　　透過上述染色體表達方案，既能夠表示每道工序的加工機床，又能確定每道工序的順序安排。但是每道工序在相應機床的開工時間需要另外確定。

（2）種群初始化

　　染色體初始種群包含了進行遺傳操作的原始染色體，初始種群的大小由 FJSP 問題的規模決定。大部分的文獻對 FJSP 問題種群初始化時採用隨機初始化方法，這種方法的好處是簡單明瞭，但是往往也會造成各種困難。例如，由於初始化種群搜尋空間過大，導致算法收斂速度變慢、加工機床的負荷不均衡等問題。

　　本節種群初始化方法建立在分配時間表的基礎上。考慮到機床的負荷和種群的多樣性，初始化種群採用全局選擇最少加工時間的 GMT 方法及工序和機床隨機選擇的 RS 方法。

　　GMT 方法的工作流程如下。

　　第一步：在全部工序和機床範圍內，選擇加工時間最小的工序 O_{ij} 及其機床 W_k，並記錄其加工時間 T_{ijk}。

　　第二步：在機床負荷表中，相應機床的所有工序的加工時間相應增加，即 $T'_{dfk} = T_{dfk} + T_{ijk}$，其中 $d \notin i$、$f \notin j$。

第三步：重複上述步驟，直到確定所有工序的加工機床，並記錄其加工時間。

以表 4-1 所示資料為例說明上述過程。透過 GMT 方法確定機床基因部分的過程如表 4-3 所示。

表 4-3　GMT 法機床基因部分的確定過程

工序	W_1	W_2	W_3	W_4	W_5	W_6	W_1	W_2	W_3	W_4	W_5	W_6	W_1	W_2	W_3	W_4	W_5	W_6
O_{11}	2	3	X	5	**2**	3	2	3	X	5	**2**	3	**4**	3	X	5	2	3
O_{12}	4	3	5	X	3	X	4	3	5	X	**5**	X	**6**	3	5	X	5	X
O_{13}	2	X	5	4	X	4	**2**	X	5	4	**X**	4	2	X	5	4	X	4
O_{21}	3	X	5	3	2	X	3	X	5	3	**4**	X	**5**	X	5	3	4	X
O_{22}	4	X	3	3	X	5	4	X	3	3	**X**	5	**6**	X	3	3	X	5
O_{23}	X	X	4	5	7	9	X	X	4	5	**9**	9	**X**	X	4	5	9	9
O_{31}	5	6	X	4	X	4	5	6	X	4	**X**	4	**7**	6	X	4	X	4
O_{32}	X	4	X	3	5	4	X	4	X	3	**7**	4	**X**	4	X	3	7	4
O_{33}	X	X	11	X	9	13	X	X	11	X	**11**	13	**X**	X	11	X	11	13
O_{41}	9	X	7	9	X	6	9	X	7	9	**X**	6	**11**	X	7	9	X	6
O_{42}	X	7	X	5	6	5	X	7	X	5	**8**	5	**X**	7	X	5	8	5
O_{43}	2	3	4	X	X	4	2	3	4	X	**X**	4	**4**	3	4	X	X	4
O_{51}	X	4	5	3	X	4	X	4	5	3	**X**	4	**X**	4	5	3	X	4
O_{52}	4	4	6	X	3	5	4	4	6	X	**5**	5	**6**	4	6	X	5	5
O_{53}	3	4	X	X	5	X	3	4	X	5	**8**	X	**5**	4	X	5	8	X
O_{61}	X	3	7	4	5	X	X	3	7	4	**7**	X	**X**	3	7	4	7	X
O_{62}	6	2	X	4	3	X	6	2	X	4	**5**	X	**8**	2	X	4	5	X
O_{63}	5	4	3	X	X	4	5	4	3	X	**X**	4	**7**	4	3	X	X	4

工序	W_1	W_2	W_3	W_4	W_5	W_6	W_1	W_2	W_3	W_4	W_5	W_6	W_1	W_2	W_3	W_4	W_5	W_6
O_{11}	4	**5**	X	5	2	3	4	5	X	**8**	2	3	4	5	**X**	8	2	3
O_{12}	6	**5**	5	X	5	X	6	5	5	**X**	5	X	6	5	**8**	X	5	X
O_{13}	2	**X**	5	4	X	4	2	X	5	**7**	X	4	2	X	**8**	7	X	4
O_{21}	5	**X**	5	3	4	X	5	X	5	**3**	4	X	5	X	**8**	3	4	X
O_{22}	6	**X**	3	3	X	5	6	X	3	**6**	X	5	6	X	**6**	6	X	5
O_{23}	X	**X**	4	5	9	9	X	X	4	**8**	9	9	X	X	**7**	8	9	9
O_{31}	7	**8**	X	4	X	4	7	8	X	**7**	X	4	7	8	**X**	7	X	4
O_{32}	X	**6**	X	3	7	4	X	6	X	**6**	7	4	X	6	**X**	6	7	4
O_{33}	X	**X**	11	X	11	13	X	X	11	**X**	11	13	X	X	**14**	X	11	13
O_{41}	11	**X**	7	9	X	6	11	X	7	**12**	X	6	11	X	**10**	12	X	6
O_{42}	X	**9**	X	5	8	5	X	9	X	**8**	8	5	X	9	**X**	8	8	5
O_{43}	4	**5**	4	X	X	4	4	5	4	**X**	X	4	4	5	**7**	X	X	4
O_{51}	X	**6**	5	3	X	4	X	6	5	**6**	X	4	X	6	**8**	6	X	4
O_{52}	6	**6**	6	X	5	5	6	6	6	**X**	5	5	6	6	**9**	X	5	5
O_{53}	5	**6**	X	5	8	X	5	6	X	**8**	8	X	5	6	**X**	8	8	X
O_{61}	X	**5**	7	4	7	X	X	5	7	**7**	7	X	X	5	**10**	7	7	X
O_{62}	8	**2**	X	4	5	X	8	2	X	**7**	5	X	8	2	**X**	7	5	X
O_{63}	7	**6**	3	X	X	4	7	6	3	**X**	X	4	7	6	**3**	X	X	4

　　表 4-3 中，在全局範圍內，搜尋加工時間最小的工序與機床。O_{11} 在機床 W_5、W_1 上的加工時間為 2s，O_{13} 在機床 W_1 上的加工時間為 2s，O_{21} 在機床 W_5 上的加工時間為 2s，O_{43} 在機床 W_1 上的加工時間為 2s，O_{62} 在機床 W_2 上的加工時間為 2s，以上工序和機床都滿足要求，隨機選擇 O_{11} 在機床 W_5 上加工，則 W_5 上除了 O_{11} 外所有工序的加工時間增加 O_{11} 在機床 W_5 上的加工時間，即 2s，如表 4-3 中加粗數字顯示。同理，在全局範圍內，繼續搜尋負荷或加工時間最小的工序，O_{13} 在機床 W_1 上的加工時間為 2s，O_{62} 在機床 W_2 上的加工時間為 2s，上述兩個工序都滿足要求，隨機選擇 O_{13} 在機床 W_1 上加工，則機床 W_1 上除了 O_{13} 外所有工序的加工時間增加 O_{13} 在機床 W_1 上的加工時間，即 2s，如表 4-3 中加粗數字顯示。循環執行上述操作，直到所有工序的加工機床確定完畢，詳細的計算過程見附錄 A。

　　透過 GMT 方法可以確定各個工序的加工機床，如表 4-4 所示。

表 4-4　GMT 法確定的各工序加工機床

作業	工序	機床					
		W_1	W_2	W_3	W_4	W_5	W_6
1	O_{11}	2	3	X	5	2	3
	O_{12}	4	3	5	X	3	X
	O_{13}	2	X	5	4	X	4
2	O_{21}	3	X	5	3	2	X
	O_{22}	4	X	3	3	X	5
	O_{23}	X	X	4	5	7	9
3	O_{31}	5	6	X	4	X	4
	O_{32}	X	4	X	3	5	4
	O_{33}	X	X	11	X	9	13
4	O_{41}	9	X	7	9	X	6
	O_{42}	X	7	X	5	6	5
	O_{43}	2	3	4	X	X	4
5	O_{51}	X	4	5	3	X	4
	O_{52}	4	4	6	X	3	5
	O_{53}	3	4	X	5	6	X
6	O_{61}	X	3	7	4	5	X
	O_{62}	6	2	X	4	3	X
	O_{63}	5	4	3	X	X	4

　　工序順序則隨機安排，由此獲得的染色體 B 如表 4-5 所示。

表 4-5　染色體 B

工序基因	1	2	3	4	5	6	3	5	2	6	1	3	4	5	1	6	4	2
代表工序	O_{11}	O_{21}	O_{31}	O_{41}	O_{51}	O_{61}	O_{32}	O_{52}	O_{22}	O_{62}	O_{12}	O_{33}	O_{42}	O_{53}	O_{13}	O_{63}	O_{43}	O_{23}
機床基因	5	4	6	4	6	2	4	5	3	2	2	6	5	1	1	3	1	3

RS 工作流程如下。

第一步：為工序排列中第一道工序 O_{ij} 選擇加工時間的機床 W_k，並記錄其加工時間 T_{ijk}。

第二步：在機床負荷表中，相應機床的工序 O_{ij} 後所有工序的加工時間相應增加，即 $T'_{dfk} = T_{dfk} + T_{ijk}$，其中 $d>i$、$f>j$。

第三步：為工序排列中第二道工序 O'_{ij} 選擇加工時間的機床 W'_k，並記錄其加工時間 T'_{ijk}。

第四步：在機床負荷表中，相應機床 O'_{ij} 的工序後所有工序的加工時間相應增加，即 $T'_{dfk} = T_{dfk} + T'_{ijk}$，其中 $d>i$、$f>j$。

第五步：重複上述步驟，直到確定所有工序的加工機床，並記錄其加工時間。

將表 4-1 所示 6×6 FJSP 問題的工序順序隨機排序，但是由於同一工作任務的相關工序必須按照先後次序加工，例如工序 O_{11} 的加工必須在工序 O_{12} 和工序 O_{13} 之前進行，因此，對工序順序隨機排序應滿足上述要求。以表 4-6 所示資料為例說明上述過程。

表 4-6　RS 法機床基因部分的確定過程

工序	W_1	W_2	W_3	W_4	W_5	W_6	W_1	W_2	W_3	W_4	W_5	W_6	W_1	W_2	W_3	W_4	W_5	W_6
O_{11}	2	3	X	5	2	3	2	3	X	5	2	3	2	3	X	5	2	3
O_{21}	3	X	5	3	2	X	3	X	5	3	4	X	3	X	5	3	4	X
O_{31}	5	6	X	4	X	4	5	6	X	4	X	4	5	6	X	7	X	4
O_{41}	9	X	7	9	X	6	9	X	7	9	X	6	9	X	7	12	X	6
O_{51}	X	4	5	3	X	4	X	4	5	3	X	4	X	4	5	6	X	4
O_{61}	X	3	7	4	5	X	X	3	7	4	7	X	X	3	7	7	7	X
O_{42}	X	7	X	5	6	5	X	7	X	5	8	5	X	7	X	8	8	5
O_{12}	4	3	5	X	3	X	4	3	5	X	5	X	4	3	5	X	5	X
O_{52}	4	4	6	X	3	5	4	4	6	X	5	5	4	4	6	X	5	5
O_{22}	4	X	3	3	X	5	4	X	3	3	X	5	4	X	3	6	X	5
O_{13}	2	X	5	4	X	4	2	X	5	4	X	4	2	X	5	7	X	4
O_{43}	2	3	4	X	X	4	2	3	4	X	X	4	2	3	4	X	X	4
O_{62}	6	2	X	4	3	X	6	2	X	4	5	X	6	2	X	7	5	X
O_{53}	3	4	X	5	6	X	3	4	X	5	8	X	3	4	X	8	8	X
O_{23}	X	X	4	5	7	9	X	X	4	5	9	9	X	X	4	8	9	9
O_{63}	5	4	3	X	X	4	5	4	3	X	X	4	5	4	3	X	X	4
O_{32}	X	4	X	3	5	4	X	4	X	3	7	4	X	4	X	6	7	4
O_{33}	X	X	11	X	9	13	X	X	11	X	11	13	X	X	11	X	11	13
工序	W_1	W_2	W_3	W_4	W_5	W_6	W_1	W_2	W_3	W_4	W_5	W_6	W_1	W_2	W_3	W_4	W_5	W_6
O_{11}	2	3	X	5	2	3	2	3	X	5	2	3	2	3	X	5	2	3
O_{21}	3	X	5	3	4	X	3	X	5	3	4	X	3	X	5	3	4	X
O_{31}	5	6	X	7	X	4	5	6	X	7	X	4	5	6	X	7	X	4

續表

工序	W_1	W_2	W_3	W_4	W_5	W_6	W_1	W_2	W_3	W_4	W_5	W_6	W_1	W_2	W_3	W_4	W_5	W_6
O_{41}	9	X	7	12	X	10	9	X	7	12	X	10	9	X	7	12	X	6
O_{51}	X	4	5	6	X	8	X	**4**	**12**	6	X	8	X	**4**	5	6	X	4
O_{61}	X	3	7	7	7	X	X	3	**14**	7	7	X	X	**7**	7	7	7	X
O_{42}	X	7	X	8	8	9	X	7	**X**	8	8	9	X	**11**	X	8	8	5
O_{12}	4	3	5	X	5	X	4	3	**12**	X	5	X	4	**7**	5	X	5	X
O_{52}	4	4	6	X	5	9	4	4	**13**	X	5	9	4	**8**	6	X	5	5
O_{22}	4	X	3	6	X	9	4	X	**10**	6	X	9	4	**X**	3	6	X	5
O_{13}	2	X	5	7	X	8	2	X	**12**	7	X	8	2	**X**	5	7	X	4
O_{43}	2	3	4	X	X	8	2	3	**11**	X	X	8	2	**7**	4	X	X	4
O_{62}	6	2	X	7	5	X	6	2	**X**	7	5	X	6	**6**	X	7	5	X
O_{53}	3	4	X	8	8	X	3	4	**X**	8	8	X	3	**8**	X	8	8	X
O_{23}	X	X	4	8	9	13	X	X	**11**	8	9	13	X	**X**	4	8	9	9
O_{63}	5	4	3	X	X	8	5	4	**10**	X	X	8	5	**8**	3	X	X	4
O_{32}	X	4	X	6	7	8	X	4	**X**	6	7	8	X	**8**	X	6	7	4
O_{33}	X	X	11	X	11	**17**	X	X	**18**	X	11	17	X	**X**	11	X	11	13

　　表 4-6 中，首先為第一道工序 O_{11} 搜尋加工時間最小的機床 W_1、W_5，二者的加工時間都為 1s，本例中選擇 W_5，在 W_5 上除了第一道工序 O_{11} 外的所有工序加工時間增加第一道工序 O_{11} 在 W_5 上的加工時間，即 1s，如表 4-6 中加粗數字顯示。同理，第二道工序 O_{21} 搜尋加工時間最小的機床 W_1、W_5，二者加工時間都為 3s，本例中選擇 W_4，W_4 上除了第一道工序 O_{11}、第二道工序 O_{21} 外的所有工序加工時間增加第二道工序 O_{21} 在 W_4 上的加工時間，即 3s，如表 4-6 中加粗數字顯示。逐行執行上述操作，直到所有工序的加工機床確定完畢。循環執行上述操作，直到所有工序的加工機床確定完畢，詳細的計算過程見附錄 B。

　　透過 RS 方法可以確定各個工序的加工機床，如表 4-7 所示。

表 4-7　RS 法確定的各工序加工機床

作業	工序	機床					
		W_1	W_2	W_3	W_4	W_5	W_6
1	O_{11}	2	3	X	5	2	3
	O_{12}	4	3	5	X	3	X
	O_{13}	2	X	5	4	X	4
2	O_{21}	3	X	5	3	2	X
	O_{22}	4	X	3	3	X	5
	O_{23}	X	X	4	5	7	9
3	O_{31}	5	6	X	4	X	4
	O_{32}	X	4	X	3	5	4
	O_{33}	X	X	11	X	9	13

續表

作業	工序	機床					
		W_1	W_2	W_3	W_4	W_5	W_6
4	O_{41}	9	X	7	9	X	6
	O_{42}	X	7	X	5	6	5
	O_{43}	2	3	4	X	X	4
5	O_{51}	X	4	5	3	X	4
	O_{52}	4	4	6	X	3	5
	O_{53}	3	4	X	5	6	X
6	O_{61}	X	3	7	4	5	X
	O_{62}	6	2	X	4	3	X
	O_{63}	5	4	3	X	X	4

工序順序則隨機安排，由此獲得的染色體 C 如表 4-8 所示。

表 4-8 染色體 C

工序基因	1	2	3	4	5	6	4	1	5	2	1	4	6	5	2	6	3	3
代表工序	O_{11}	O_{21}	O_{31}	O_{41}	O_{51}	O_{61}	O_{42}	O_{12}	O_{52}	O_{22}	O_{13}	O_{43}	O_{62}	O_{53}	O_{23}	O_{63}	O_{32}	O_{33}
機床基因	5	4	6	3	2	5	4	1	1	6	3	2	5	2	4	1	6	5

（3）複製、交叉、變異

求解 FJSP 時存在多個評價指標，根據上述評價指標，FJSP 問題是一個多目標的優化問題。本節重點說明基於模擬退火算法的混合遺傳算法求解 FJSP 問題的機理與過程，限於篇幅，對於基於多目標優化的柔性工廠調度問題不予深入討論，因此，本節討論的 FJSP 問題以最大完工時間 C_{max} 最小化作為優化目標。據此，確定適應度函數如式（4-37）所示

$$F(x) = \max(C_{max}) - C_{max} \tag{4-37}$$

式中，C_{max} 代表種群中所有調度方案完工時間中最大值。

正如 3.3.2 節的說明，本節在此處也採用錦標賽選擇方法，每次從種群中選擇一定數量的個體進行適應度值的比較，適應度值較高的個體按照一定的機率直接進入下一代種群。由於本節採用分段式基因編碼方式，將染色體分為機床基因編碼和工序順序基因編碼兩部分，因此，針對這兩部分分別進行交叉操作。

工序順序基因部分採用雙點交叉操作，具體的算法流程如下。

步驟 1：對種群中所有染色體以事先設定的交叉機率判斷是否進行交叉操作，確定進行交叉操作的兩個染色體 B、C。

步驟 2：隨機產生兩個交叉位置點 p、q。

步驟 3：在其中一個染色體 B 的工序順序基因部分取出兩個交叉點

p、q 之間的基因，交叉點外的基因保持不變。

步驟 4：在另一個父代染色體 C 的工序順序基因部分找第一個染色體 B 工序順序基因部分交叉點外缺少的基因。按照 C 原來的排列順序插入到 B 兩個交叉點之間的位置，形成一個新的染色體 D 的工序順序基因部分。

步驟 5：將父代染色體 B 中相應工序所選擇機床填入到子代染色體 D 交叉點之間的相應工序位置處。

以表 4-5 的染色體 B、表 4-8 的染色體 C 為例說明雙點交叉算法的流程，取染色體 B 的交叉點為 8 和 13 兩個基因位，經過交叉運算，形成新的子代染色體 D，算法執行過程如圖 4-5 所示，染色體 D 如表 4-9 所示。

染色體 B	工序基因	1	2	3	4	5	6	3	5	2	6	1	3	4	5	1	6	4	2
	代表工序	O_{11}	O_{21}	O_{31}	O_{41}	O_{51}	O_{61}	O_{32}	O_{52}	O_{22}	O_{62}	O_{12}	O_{33}	O_{42}	O_{53}	O_{13}	O_{63}	O_{43}	O_{23}
	機床基因	5	4	6	4	6	2	4	5	3	2	2	6	5	1	1	3	1	3
染色體 D	工序基因	1	2	3	4	5	6	3	4	1	5	2	6	3	5	1	6	4	2
	代表工序	O_{11}	O_{21}	O_{31}	O_{41}	O_{51}	O_{61}	O_{32}	O_{42}	O_{12}	O_{52}	O_{22}	O_{62}	O_{33}	O_{53}	O_{13}	O_{63}	O_{43}	O_{23}
	機床基因	5	4	6	4	6	2	4	5	2	5	3	2	6	1	1	3	1	3
染色體 C	工序基因	1	2	3	4	5	6	4	1	5	2	1	4	6	5	2	6	3	3
	代表工序	O_{11}	O_{21}	O_{31}	O_{41}	O_{51}	O_{61}	O_{42}	O_{12}	O_{52}	O_{22}	O_{13}	O_{43}	O_{62}	O_{53}	O_{23}	O_{63}	O_{32}	O_{33}
	機床基因	5	4	6	3	2	5	4	1	1	6	3	2	5	2	4	1	6	5

圖 4-5 工序基因部分兩點交叉算法

表 4-9 兩點交叉後的染色體 D

工序基因	1	2	3	4	5	6	3	4	1	5	2	6	3	5	1	6	4	2
代表工序	O_{11}	O_{21}	O_{31}	O_{41}	O_{51}	O_{61}	O_{32}	O_{42}	O_{12}	O_{52}	O_{22}	O_{62}	O_{33}	O_{53}	O_{13}	O_{63}	O_{43}	O_{23}
機床基因	5	4	6	4	6	2	4	5	2	5	3	2	6	1	1	3	1	3

同理，取染色體 C 的交叉點為 8 和 13 基因位，經過交叉運算，形成新的子代染色體 E 如表 4-10 所示。

表 4-10 兩點交叉後的染色體 E

工序基因	1	2	3	4	5	6	4	5	2	1	4	1	6	5	2	6	3	3
代表工序	O_{11}	O_{21}	O_{31}	O_{41}	O_{51}	O_{61}	O_{42}	O_{52}	O_{22}	O_{12}	O_{43}	O_{13}	O_{62}	O_{53}	O_{23}	O_{63}	O_{32}	O_{33}
機床基因	5	4	6	3	2	5	4	1	6	1	2	3	5	2	4	1	6	5

機床基因部分採用均勻交叉算法。由於受到工序允許加工機床的限製，採用兩點交叉，可能會導致機床基因部分的交叉操作失敗。因此，機床基因部分採用均勻交叉操作。交叉算法流程如下。

步驟1：選擇上述工序基因部分執行了交叉操作生成的染色體 D 和 E。

步驟2：隨機產生兩個交叉點 p、q，代表準備進行交叉操作的作業編號，$p \in (1, n)$，$q \in (1, n)$。

步驟3：保持工序基因部分不變，將染色體 D 中作業 p 和 q 所有工序選擇的機床和染色體 E 中作業 p 和 q 所有工序選擇的機床相互交叉，替換相應工序的機床基因部分。

以表 4-9 染色體 D、表 4-10 染色體 E 為例，進行交叉運算。染色體 D 交叉位置選 3 和 4，經過交叉運算形成新的子代染色體，算法執行過程如圖 4-6 所示，獲得染色體 F 如表 4-11 所示，染色體 E 交叉位置選 2 和 5，經過交叉運算，形成新的染色體 G 如表 4-12 所示。

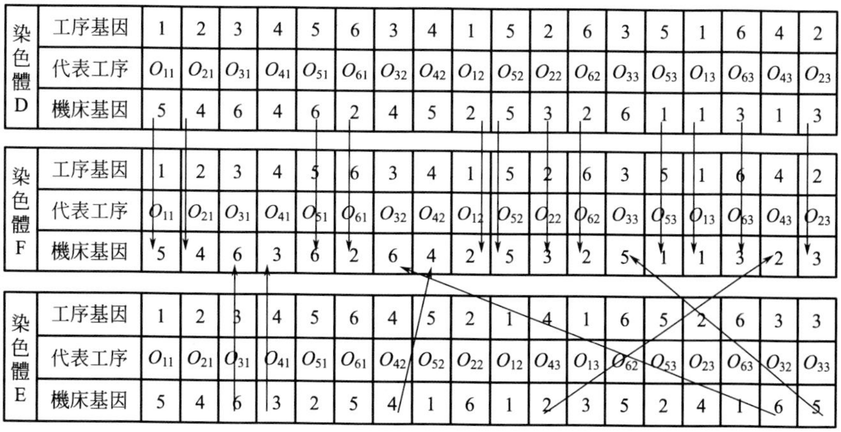

圖 4-6　機床基因部分均勻交叉算法

表 4-11　均勻交叉後的染色體 F

工序基因	1	2	3	4	5	6	3	4	1	5	2	6	3	5	1	6	4	2
代表工序	O_{11}	O_{21}	O_{31}	O_{41}	O_{51}	O_{61}	O_{32}	O_{42}	O_{12}	O_{52}	O_{22}	O_{62}	O_{33}	O_{53}	O_{13}	O_{63}	O_{43}	O_{23}
機床基因	5	4	6	3	6	2	6	4	2	5	3	2	5	1	1	1	3	2	3

表 4-12　均勻交叉後的染色體 G

工序基因	1	2	3	4	5	6	4	5	2	1	4	1	6	5	2	6	3	3
代表工序	O_{11}	O_{21}	O_{31}	O_{41}	O_{51}	O_{61}	O_{42}	O_{52}	O_{22}	O_{12}	O_{43}	O_{13}	O_{62}	O_{53}	O_{23}	O_{63}	O_{32}	O_{33}
機床基因	5	4	6	3	6	4	5	4	5	3	1	2	3	5	1	3	1	6	5

　　變異操作的主要目的包含兩個。一是使遺傳算法具有局部的隨機搜尋能力。當遺傳算法透過交叉操作已接近最佳解鄰域時，利用變異操作的這種局部隨機搜尋能力可以加速向最佳解收斂。顯然，此種情況下的變異機率應取較小值，否則，接近最佳解的染色體會因變異而遭到破壞。二是使遺傳算法可維持群體多樣性，以防止出現未成熟收斂現象。由於採用了分段式基因編碼方式，與交叉操作相似，變異操作也針對兩部分基因編碼執行不同的遺傳操作，針對工序基因部分執行變異操作的算法流程如下。

　　步驟 1：對種群中所有染色體以事先設定的變異機率判斷是否進行變異操作，確定進行變異操作的兩個染色體 B、C。

　　步驟 2：隨機產生兩個變異位置點 p、q，將 p，q 兩個位置點的基因互換。

　　步驟 3：檢查互換位置的工序基因部分是否滿足要求，即後一道工序只有在前一道工序加工結束進行，如果不滿足要求，返回步驟 2。

　　步驟 4：將互換的 p、q 兩個位置點工序的所屬機床互換。

　　因此，針對表 4-5 中的染色體 B，取變異點為 6 和 12，經檢驗，如果將 6 和 12 兩點的工序基因進行交換，那麼會導致工序 O_{33} 安排在工序 O_{32} 之前，顯然這不符合實際的工序約束條件。因此，取變異點 4 和 9，經過變異運算獲得的染色體 H 如表 4-13 所示。

表 4-13　變異後生成的染色體 H

工序基因	1	2	3	2	5	6	3	5	4	6	1	3	4	5	1	6	4	2
代表工序	O_{11}	O_{21}	O_{31}	O_{22}	O_{51}	O_{61}	O_{32}	O_{52}	O_{41}	O_{62}	O_{12}	O_{33}	O_{42}	O_{53}	O_{13}	O_{63}	O_{43}	O_{23}
機床基因	5	4	6	3	6	2	4	5	4	2	2	6	5	1	1	3	1	3

　　同理，針對表 4-8 中的染色體 C，取變異點為 6 和 12，經檢驗，如果將 6 和 12 兩點的工序基因進行交換，那麼會導致工序 O_{43} 安排在工序 O_{42} 之前，顯然，這不符合實際的工序約束條件。因此，取變異點 6 和 9，經過變異運算獲得的染色體 I 如表 4-14 所示。

表 4-14　變異後生成的染色體 I

工序基因	1	2	3	4	5	4	5	1	6	2	1	4	6	5	2	6	3	3
代表工序	O_{11}	O_{21}	O_{31}	O_{41}	O_{51}	O_{52}	O_{42}	O_{12}	O_{61}	O_{22}	O_{13}	O_{43}	O_{62}	O_{53}	O_{23}	O_{63}	O_{32}	O_{33}
機床基因	5	4	6	3	2	1	4	1	5	6	3	2	5	2	4	1	6	5

　　針對機床基因部分執行變異操作的算法流程如下。

　　步驟 1：隨機選擇上述工序基因部分執行了變異操作生成的染色體

H 和 I。

步驟 2：隨機產生兩個變異點點 p、q，代表準備進行變異操作的機床編號，$p \in (1, n)$，$q \in (1, n)$。

步驟 3：判斷選擇 p 機床加工的所有工序，是否能夠在 q 機床進行加工，如果不滿足要求，返回步驟 2。

步驟 4：判斷選擇 q 機床加工的所有工序，是否能夠在 p 機床進行加工，如果不滿足要求，返回步驟 2。

步驟 5：保持工序基因部分不變，將機床 p 和機床 q 進行交換。

針對表 4-13 中的染色體 H，取變異點為 2 和 5，經過變異操作，形成新的子代染色體 J 如表 4-15 所示。

表 4-15 變異後生成的染色體 J

工序基因	1	2	3	2	5	6	3	5	4	6	1	3	4	5	1	6	4	2
代表工序	O_{11}	O_{21}	O_{31}	O_{22}	O_{51}	O_{61}	O_{32}	O_{52}	O_{41}	O_{62}	O_{12}	O_{33}	O_{42}	O_{53}	O_{13}	O_{63}	O_{43}	O_{23}
機床基因	2	4	6	3	6	5	4	2	4	5	5	6	2	1	1	3	1	3

針對表 4-14 中的染色體 I，取變異點為 1 和 3，經過變異操作，形成新的子代染色體 K 如表 4-16 所示。

表 4-16 變異後生成的染色體 K

工序基因	1	2	3	4	5	5	4	1	6	2	1	4	6	5	2	6	3	3
代表工序	O_{11}	O_{21}	O_{31}	O_{41}	O_{51}	O_{52}	O_{42}	O_{12}	O_{61}	O_{22}	O_{13}	O_{43}	O_{62}	O_{53}	O_{23}	O_{63}	O_{32}	O_{33}
機床基因	5	4	6	1	2	3	4	3	5	6	1	2	5	2	4	3	6	5

（4）基因解碼

基因解碼指的是將染色體表示為具體的調度方案。如前文圖 4-4 所示，調度方案表示為具體的甘特圖。根據上述基因編碼方式和遺傳操作求解最佳調度方案的過程，可以確定基因解碼最關鍵的問題是確定每道工序的開工時間。由於機床基因部分已經確定了每道工序的加工機床，那麼該工序的加工時間也已確定，工序基因部分只確定了每道工序開工的先後次序，但是，沒有確定每道工序具體的開工時間。確定每道工序的開工時間，需要考慮兩個時間節點，即當前任務上一道工序的完工時間和本道工序所選擇機床的最後一道工序的完工時間。因此，工序 O_{ij} 在機床 W_k 上的開工時間 ST_{ijk} 可用式(4-38) 表示：

$$ST_{ijk} = \max(ST_{ij-1} + T_{ij-1}, SE_k) \qquad (4-38)$$

式中，ST_{ij} 為作業任務 J_i 的 O_{ij} 工序的開工時間；其中 $ST_{i0} = 0$，$T_{i0} = 0$。

SE_k 為機床 W_k 最後一道工序完工時間，可用式 (4-39) 表示：

$$SE_k = \begin{cases} 0 & L_k = 0 \\ ST_{ij-1k} + T_{ij-1k}X_{ij-1k} & L_k \neq 0 \end{cases} \tag{4-39}$$

式中　L_k ——機床 W_k 的工作負荷；

X_{ijk} ——調整係數，$X_{ij-1k} = \begin{cases} 1 & \text{當工序 } O_{ij-1} \text{ 在機床 } W_k \text{ 加工時} \\ 0 & \text{當工序 } O_{ij-1} \text{ 不在機床 } W_k \text{ 加工時。} \end{cases}$

基因解碼算法流程見圖 4-7。

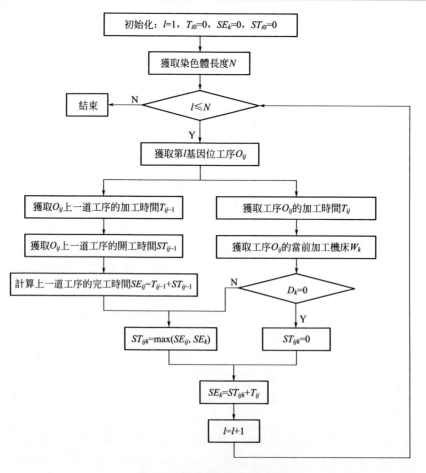

圖 4-7　基因解碼算法流程圖

以表 4-14 中染色體 I 為例說明各工序的開工時間的計算過程，如表 4-17 所示，並以此為基礎生成該染色體的甘特圖，如圖 4-8 所示。

表 4-17 染色體 I 解碼表

工序	T_{ij}	$T_{ij.1}$	$ST_{ij.1}$	SE_k	ST_{ijk}					
					W_1	W_2	W_3	W_4	W_5	W_6
O_{11}	2	0	0	0					0	
O_{21}	3	0	0	0				0		
O_{31}	4	0	0	0						0
O_{41}	7	0	0	0			0			
O_{51}	4	0	0	0		0				
O_{52}	4	4	0	0	4					
O_{42}	5	7	0	3				7		
O_{12}	4	3	0	8	8					
O_{61}	5	0	0	2					2	
O_{22}	5	3	0	4						4
O_{13}	5	4	8	7			12			
O_{43}	3	5	7	0		12				
O_{62}	3	5	2	7					7	
O_{53}	4	4	4	15		15				
O_{23}	5	5	7	9				12		
O_{63}	5	3	7	12	12					
O_{32}	3	4	0	9						9
O_{33}	9	3	9	10				12		

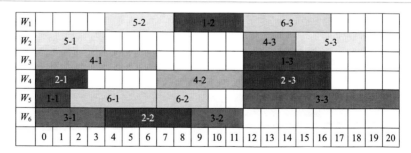

圖 4-8 染色體 I 對應甘特圖

4.3.3 基於混合遺傳算法的柔性作業工廠調度方法研究

本質上 GA 是一種全局搜尋算法，即針對優化問題，隨機產生可能解，並採用機率分布的方式自動獲取新的搜尋空間，並且能夠自適應地

調整搜尋方向。在應用 GA 解決類似 FJSP 等組合優化問題時，經常會遇到以下兩個問題。

① 染色體「早熟」現象　由於 GA 採用適應度值判斷可能解的優劣性，那麼可能來自於同一種群，或者採用同一種機製產生的染色體可能擁有相近的適應度值，同時，在同一代演化中，其適應度較大，那麼這些染色體可能被大量複製選擇，造成近親繁殖，從而造成算法的局部收斂，即「早熟」現象。此時獲得染色體可能陷入了「局部最佳」，而不是「全局最佳」，甚至和全局最佳背道而馳。

② 搜尋效率較低　GA 採用的全局隨機搜尋算法，所以，在確保較廣搜尋空間的前提下，影響了算法的收斂速度。通常情況下，GA 算法的終止條件包括兩種，一種是疊代次數達到規定的次數，另一種是染色體適應度值趨近於某個值，則終止算法。第一種終止方法會出現染色體「早熟」現象，當採用第二種終止方法，由於在搜尋的過程中，隨機產生染色體，缺乏對子代種群最佳染色體的局部搜尋，則導致算法收斂速度慢，搜尋效率低。

在解決 FJSP 問題時，為了避免由於局部收斂導致的調度方案「局部最佳」，通常情況下，採用混合遺傳算法。將 GA 和局部搜尋算法相結合，提高 GA 的局部搜尋能力。本節採用將 GA 和 SA 相結合的方法，提高算法的收斂速度，避免「早熟」現象。

本節的基於 SA 的混合遺傳算法指的是在遺傳算法交叉、變異操作結束後，對具有較高適應度值的新染色體再一次模擬退火操作，以便能夠在其鄰域內搜到更高適應度的新染色體。基於 SA 的混合遺傳算法的執行流程如圖 4-9 所示。

基於 SA 的混合遺傳算法執行流程相對於標準遺傳算法的最大區別在於子代染色體的形成機製更加科學合理。該混合算法在解決某些組合優化問題時，具有非常高的搜尋效率和精準的目標搜尋能力，而不僅僅局限於 FJSP 問題。圖 4-9 所示的基於 SA 的混合遺傳算法的具體執行步驟如下。

步驟 1：令 $k=0$，隨機產生 N 個初始個體構成初始種群 $P(0)$，並設定初始溫度 T_0。

步驟 2：評價 $P(k)$ 中各個體的適應度值（fitness value），令 $T=T_0$。

步驟 3：判斷算法收斂準則是否滿足。如果滿足則輸出搜尋結果；否則執行以下步驟。

步驟 4：令 $m=0$。

步驟 5：根據適配值大小以一定方式執行複製操作來從 $P(k)$ 中選取兩個個體 $P_1(k)$、$P_2(k)$。

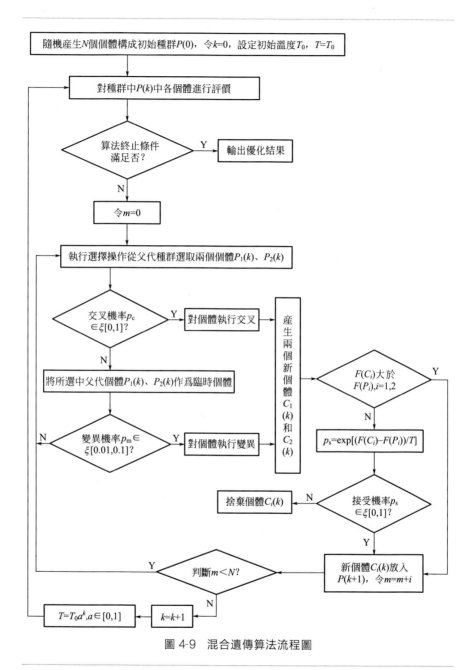

圖 4-9 混合遺傳算法流程圖

步驟 6：若交叉機率 $p_c > \xi[0,1]$，則對選中個體執行交叉操作來產生兩個新個體 $C_1(k)$、$C_2(k)$，否則將所選中父代個體作為臨時個體。

步驟 7：計算父、子兩代染色體的適應度值 $F(P_i)$ 和 $F(C_i)$，$i =$

1，2，如果 $F(C_i)$ 大於 $F(P_i)$，則用 $C_i(k)$ 代替 $P_i(k)$，否則，以機率 $\exp[(F(C_i)-F(P_i))/T]$ 接受 $C_i(k)$。

步驟 8：按變異機率 p_m 對臨時個體執行變異操作產生兩個新個體 $C_1(k)$、$C_2(k)$。

步驟 9：計算父、子兩代染色體的適應度值 $F(P_i)$ 和 $F(C_i)$，$i=$ 1，2，如果 $F(C_i)$ 大於 $F(P_i)$，則用 $C_i(k)$ 代替 $P_i(k)$，否則，以機率 $\exp[(F(C_i)-F(P_i))/T]$ 接受 $C_i(k)$。將接受的新染色體放入 $P(k+1)$，並令 $m=m+i$。

步驟 10：若 $m<N$，則返回步驟 5。

步驟 11：若 $m \geqslant N$，則令 $k=k+1$，降溫，令 $T=T_0 a^k$，a 為一個 $[0，1]$ 之間的常數，並返回步驟 2。

具體針對表 4-1 所示的 FJSP 問題，按照 4.3.2 小節所示，進行種群初始化，按照 GMT 方法生成了染色體 B，按照 RS 方法生成了染色體 C，按照 4.3.2 節中的方法進行複製、交叉、變異操作，對染色體 B、C 交叉操作後，生成了染色體 F、G，經過變異操作後生成了染色體 J、K。上述基於 SA 的混合遺傳算法流程表明經過交叉、變異生成的子代染色體不能直接進入子代種群，而要根據其適應度值計算其進入子代種群的機率，根據機率大小判斷其是否進入子代種群。因此，經過交叉、變異生成的染色體需要進行基因解碼，獲得甘特圖，計算其適應度值。

由公式(4-37)可知，最大完工時間 $C_{\max}$ 值越大，其適應度值越大。由於本算例中，限於篇幅，並沒有設定種群規模，也沒有完全進行種群的初始化，因此，$\max(C_{\max})$ 無法獲得，所以，用各染色體的 $C_{\max}$ 代替適應度，計算其他數值。染色體 F 的 $C_{\max}$ 為 20，比其父代染色體 B 的 $C_{\max}$ 值 27 要小，根據上述流程中的步驟 7，染色體 F 直接進入子代種群。染色體 G 的 $C_{\max}$ 為 22，比其父代染色體 C 的 $C_{\max}$ 值 21 要大，因此，染色體 G 以機率 $\exp(22-21)/T$ 進入子代種群。同理，染色體 J 的 $C_{\max}$ 值為 24，比其父代染色體 B 的 $C_{\max}$ 值 27 小，因此，染色體 J 直接進入子代種群，染色體 K 的 $C_{\max}$ 值為 21，與其父代染色體 C 的 $C_{\max}$ 值 21 相同，根據步驟 9，染色體 J 也直接進入子代種群。依此類推，連續進行複製、交叉、變異操作，直到整個子代種群達到規定的染色體個數 N，或者疊代次數，或者染色體適應度值，上述流程算法中以達到規定的染色體個數 N 作為本次疊代結束的標誌。

更新退火溫度，使 $T=T_0 a^k$，進行第三代種群的遺傳操作。按照上述步驟，進行下一代種群的生成。直至退火溫度降為 0 度或者規定終止

溫度。為了提高算法的執行效率，並獲得全局最佳解。設定合適的退火溫度 T_0 和衰減係數 a，非常重要。

針對表 4-1 所示 FJSP 問題，參數設置如下：100 條染色體構成初始種群，複製機率 10％，交叉機率 80％，變異機率 3％，初始溫度 10，終止溫度 0.05，衰減係數 0.95。最終獲得的最佳調度方案如式(4-40)，甘特圖如圖 4-10 所示。

$$S = \{O_{111}, O_{612}, O_{413}, O_{314}, O_{215}, O_{516}, O_{122}, O_{324}, O_{525}, \tag{4-40}$$
$$O_{131}, O_{622}, O_{223}, O_{424}, O_{335}, O_{531}, O_{636}, O_{233}, O_{432}\}$$

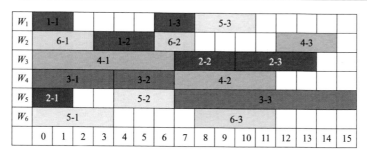

圖 4-10　最佳調度方案甘特圖

4.3.4　典型案例及分析

關於 FJSP 問題的測試資料可從網址 http://www.idsia.ch/~monaldo/fjsp.html 下載。

標準的測試資料中，其資料組成如下。

每組數的第一行包含 3 個數字，第一個數字表示零件數；第二個數字表示機器數；第三個不是必需的，表示每一道工序平均可選擇的加工機器數。

每二行表示一個工件，第一個數字表示此工件的總工序數，第二個數字表示加工第一道工序的可選機器數，接著會有可選機器數的個數的一組資料（機器號、加工時間）。然後是第二道工序的可選機器數，及其可選機器數的一組資料，依次類推。例如：

2 4 4

2 2 1 4 4 2 1 3 4

3 4 1 3 2 4 3 2 4 3 1 2 3 3 1 4 3 2 2 4

第一行表示該 FJSP 問題由 2 個零件、4 個機器組成，每個工序的備

選機床為 4 臺。

第二行表示該零件有 2 道工序，第 1 個工序可有兩臺機床加工。第 1 個工序可由機床 1 加工，時間為 4s，也可由機床 2 加工，時間為 3s，第 2 個工序可由 1 臺機床加工，由機床 3 的加工時間為 4s。

第三行表示該零件有 3 道工序，第 1 個工序有 4 臺機床加工，其中機床 1 的加工時間為 3s，機床 2 的加工時間為 4s，機床 3 的加工時間為 2s，機床 4 的加工時間為 3s，第 2 個工序由 1 臺機床加工，機床 2 的加工時間為 3s，第 3 道工序可由 3 臺機床加工，機床 1 的加工時間為 4s，機床 3 的加工時間為 2s，機床 2 的加工時間為 4s。

現以 Brandimarte 提出的測試問題實例說明 FJSP 問題的求解[26]，具體細節見附錄 C。來自於 Brandimarte 的 10 個測試問題中的 MK06 和 MK01 的調度甘特圖如圖 4-11 和圖 4-12 所示。

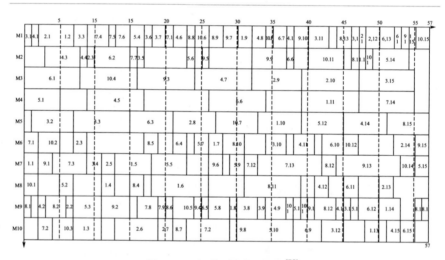

圖 4-11　MK06 調度甘特圖[58]

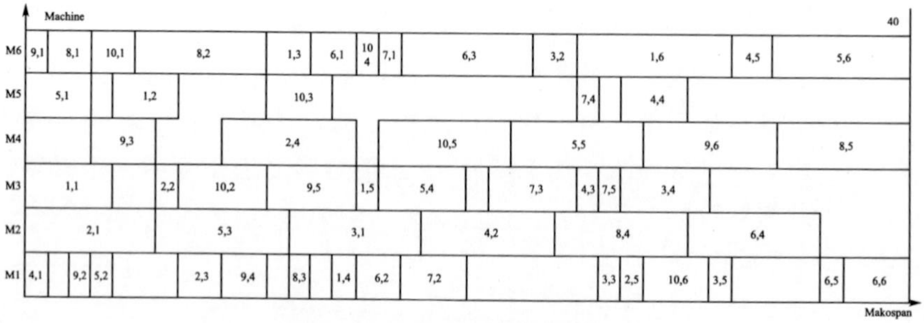

圖 4-12　MK01 調度甘特圖[57]

4.4 成批生產工廠調度問題

無論是作業工廠調度，還是流水工廠調度，其基本假設之一就是：任何機器在任何時刻最多只能同時加工一個工件。但是在實際的工業生產中，有很多機器可以同時加工多個工件，這類機器稱為批處理機，這類機床組織生產時需要解決兩個問題：①組批；②將組好的批量工件安排到相應的批處理機上，這個過程稱為批處理機調度問題，簡稱批調度（batch-processing machine，BPM）問題。

4.4.1 成批生產調度問題建模

對於批調度問題，同樣可採用提出的三元組符號 $\alpha|\beta|\gamma$ 描述來定義批調度問題的研究類型，其分別從機器加工環境、工件特性和加工性能指標三方面來描述調度問題。BMP 問題用三參數法來表示時在第二個參數處加入 B 來表示該問題是批調度問題。例如 $1|B|C_{\max}$ 表示機器容量有限的、目標為極小化 $C_{\max}$ 的單機批調度問題。

α 域代表機器加工環境，以描述機器的數量和類型。主要包括：

1：單機環境。即只有一臺機器，每個工件也僅包含一個操作，是最簡單的機器加工環境，也是多機加工環境的特例。

P_m：同速機。機器加工環境為 m 臺完全相同的並行機。工件 j 為單工序，可在 m 臺機器上的任意一個平行機上加工，即對任意機器，工件的加工速度保持不變。

Q_m：恆速機。機器加工環境為 m 臺加工速度不同的並行機，工件在機器上加工的速度是常數，不依賴於被加工的工件。v_i 代表機器 i 的加工速度，則工件 j 在機器 i 上的加工時間 $p_{ij}=p_j/v_j$，如果所有機器具有相同的加工速度，也就是對於所有機器 i，都有 $v_i=1$，則有工件加工時間 $p_{ij}=p_j$，此時等同於同型機。

R_m：變速機。機器加工環境為 m 臺加工速度互不相干的並行機，工件在機器上加工的速度依賴於被加工的工件。這是更為一般的平行機情況，v_{ij} 代表工件 j 在機器 i 上的加工速度，則工件 j 在機器 i 上的加工時間 $p_{ij}=p_i/v_{ij}$。如果所有機器的加工速度獨立於待加工工件，也就是對於所有機器 i 和工件 j，都有 $v_{ij}=v_j$，此時等同於同類機。

以上加工環境中每個工件僅包含一個工序，其中，P、Q、R 統稱為

平行機。還有一類多操作的加工環境，即每個工件包含多個工序。

F_m：流水作業機。機器加工環境為 m 臺流水作業機器，每個工件必須在所有 m 臺機器上加工且工件具有相同的加工順序。如果流水工廠中各機器上工件有相同的加工順序，則稱之為置換流水作業機。

J_m：異序作業機。機器加工環境為 m 臺機器，工件有多工序，且每個工件有自己獨立的固定加工順序。如果作業工廠允許工件多次被同一機器加工，則稱之為可重異序作業機。

O_m：自由作業機。機器加工環境為 m 臺機器，工件有多工序，且每個工件有任意的加工順序。

β 代表工件的加工特性，可有多項或為空。常見的特性有：

r_j：表示工件有到達時間約束，即工件 j 不能在到達時間 r_j 之前開始加工。若 $r_j = 0$，則在 β 域中不出現該符號。不同於到達時間特性，交貨期約束不需在 β 域中單獨指出，透過目標函數的類型可知工件是否含有該約束。

prmp：表示工件加工可中斷，即工件在加工過程中，可在任意時刻被中斷加工，之後可在原機器或其他機器上繼續加工，且只需完成剩餘的加工時間。若加工不允許中斷，則在 β 域中不出現該符號。

prec：表示工件間有優先關係。常出現在單機或平行機環境。

S_{jk}：表示工件間有安裝時間，即加工不同工件需要有一定的轉換時間。若工件間的安裝時間依賴於機器，則記為 s_{ijk}。若假設工件間的安裝時間為零或將其隱含在工件加工時間中，則在 β 域中不出現該符號。

$fmls$：表示 n 個工件被劃分為 F 個工件簇。同一工件簇的工件可能有不同的加工時間，但他們在同一個機器上連續加工時不需要安裝時間。若是不同工件簇的加工，則機器轉換過程中需要一定的安裝時間。若安裝時間同時依賴於兩個工件簇 g 和 h，記為 S_{gh}。若安裝時間僅依賴於某一個工件簇，則記為 S_h，若不依賴於任何一個工件簇，則記為 S。

M_j：常出現在平行機（P_m）環境中，表示只有集合 M_j 中的機器才允許加工工件 j。若允許任意機器加工工件 j，則在 β 域中不出現該符號。

prmu：常出現在流水作業（F_m）環境中，表示機器上的工件安裝以先進先出的順序加工，即工件在所有機器上保持同樣的加工順序。

Recrc：常出現在異序作業（J_m）或柔性異序作業環境中，表示一個工件有可能多次在同一個機器中加工。

γ 域表示加工目標函數，其含義與 FJSP 問題的加工目標基本相同。對於基於完工時間的指標可以細化至加權總提前期 $\sum (\omega_j) E_J$、加權總拖

期 $\sum(\omega_J)T_J$、加權完工時間 $\sum(\omega_J)C_J$。

4.4.2 利用蟻群算法求解成批生產調度問題

本節以單機批處理調度問題為研究對象，以最小化總完工時間為調度目標為例說明蟻群算法求解批調度問題($1|B|\sum C_j$) 的方法。

基本前提：假設零件集合為 $J=\{1,2,\cdots,n\}$，零件 j 加工時間記為 p_j，工件尺寸為 s_j，且所有工件同時到達；任意批 b 的加工時間為 P^b，等於該批中所有工件的最大加工時間，即 $P^b=max\{p_j|j\in B^b\}$；批處理機最大容量為 B，任一批中工件尺寸和不得超過最大容量，即 $\sum_{j=1}^{|B^b|}S_j\leqslant B$；組批結束後，每個批有一個完工時間 C^b，等於前一批的完工時間與當前批加工時間之和，即 $C^b=C^{b-1}+P^b$；設所有零件是相容的，即滿足容量約束的任意兩個零件件均可放入同一批中進行加工。批的加工不允許中斷，同時也不允許在批加工過程中放入新的零件，優化目標是最小化總完工時間 $\sum C_j$。

數學模型如下：

$$\text{Minimize} \sum C_j$$

$$\sum_{b=1}^{k}X_{jb}=1 \quad j=1,\cdots,n \tag{4-41}$$

$$\sum_{j=1}^{n}X_{jb}s_j\leqslant B \quad b=1,\cdots,k \tag{4-42}$$

$$P^b\geqslant X_{jb}p_j \quad j=1,\cdots,n;b=1,\cdots,k \tag{4-43}$$

$$\sum C_j=\sum_{b=1}^{k}(k-b+1)P^b\mid B^b\mid \tag{4-44}$$

$$X_{jb}\in\{0,1\} \quad j=1,\cdots,n;b=1,\cdots,k \tag{4-45}$$

$$\left\lceil\sum_{j=1}^{n}\frac{s_j}{B}\right\rceil\leqslant k\leqslant n \tag{4-46}$$

式(4-41) 保證了每個工件只能被安排在一個批中；式(4-42) 約束批中所有工件尺寸和不能超過批處理機的最大容量限製；式(4-43) 表示批的加工時間為批的最大工件加工時間；式(4-44) 為總完工時間，其值和批中工件數量相關；式(4-45) 是決策變數，確保工件不會被分配到空批，X_{jb} 表明零件 j 被安排在批 b 中；式(4-46) 為批數量限製，k 為總批數，$\left\lceil\sum_{j=1}^{n}\frac{s_j}{B}\right\rceil$ 是最小批數，n 為最大批數。

(1) 編碼

基於問題特性的編碼方式能夠更好地提高算法的優化性能，對於 $1|B|\sum C_j$ 問題，採用基於批序列的編碼方式。

直接分批的編碼方式：首先每個螞蟻 a 隨機選擇一個初始零件，由於機器有容量限製 B，定義可行集 $N_{B^b}^a$ 為滿足約束（未被調度且尺寸不大於當前批 k 剩餘容量）的零件集合，按狀態轉移機率 p_{kj}^a 從可行集 $N_{B^b}^a$ 中選擇下一個零件 j 放入當前批 k。當可行集 $N_{B^b}^a$ 為空時，另構造新批，並隨機選擇一個未訪問的零件 j 放入新批，繼續從可行集 $N_{B^b}^a$ 中選擇零件，直至所有的零件被訪問到，形成一個批序列。

(2) 賀爾蒙和啓發式資訊

根據編碼方式的特點，賀爾蒙 $\tau_{i,j}$ 為零件 i 和 j 安排在同一批的期望度。由於求解目標是極小化總完工時間，因此該類問題的優化，不僅要考慮批的數目，同時還要考慮每批中的零件數目，因此不能使用目標為 $C_{\max}$ 的啓發式資訊。

批權重 ω^b 與批加工時間 P^b 成正比，與批零件數目 $|B^b|$ 成反比。批權重小，即零件數目多且加工時間短的批應優先加工。因此批權重對目標函數的優化效果起著重要的作用。在構建批的過程中，隨著零件的不斷加入，批權重隨之變化，不同的零件加工時間可使批權重增大或變小，而保持其穩定在一定水準可獲得較佳解。下面的定理證明瞭零件加工時間對批權重變化的影響。

定理　設當前批為 k，滿足批容量約束的零件 j，如果零件 j 的加工時間 p_j 滿足如下約束條件時，批權重 ω^b 減小，反之增大。

$$0 < p_j < \left(1 + \frac{1}{|B^b|}\right)P^b \tag{4-47}$$

證明：設零件 j 放入批 k 後，批加工時間為 $P^{b'}$，批零件數量為 $|B^{b'}| = |B^b|+1$，批權重為 $\omega^{b'}$。已知批加工時間等於批中最長零件的加工時間，那麼當 $p_j > P^b$ 時，$P^{b'} = P^b$；當 $p_j \leqslant P^b$ 時，$P^{b'} = p_{j'}$。因此，根據 p_j 和 P^b 大小不同分別考慮這兩種情況進行證明。

1）當 $0 < p_j < P^b$ 時，$P^{b'}$ 不變，即 $P^{b'} = P^b$

$$\omega^{b'} = \frac{P^{b'}}{|B^{b'}|} = \frac{P^b}{|B^b|+1} \leqslant \frac{P^b}{|B^b|} = \omega^b \tag{4-48}$$

2）當 $P^b < p_j < \left(1 + \frac{1}{|B^b|}\right)P^b$ 時，$P^{b'}$ 變大，即 $P^{b'} = p_{j'}$

$$\omega^{b'} = \frac{P^{b'}}{|B^{b'}|} = \frac{p_j}{|B^b|+1} < \frac{(1+|B^b|)P^b}{|B^b|+1} = \frac{P^b}{|B^b|} = \omega^b \qquad (4\text{-}49)$$

綜合兩種情況可知，當 $0 < p_j < \left(1 + \dfrac{1}{|B^b|}\right)P^b$ 時，批權重減小反

之，當 $p_j > \left(1 + \dfrac{1}{|B^b|}\right)P^b$ 批權重增大，得證。

根據上述定理，設計 BSAS 的啟發式資訊計算公式如下

$$\eta_{kj} = \frac{1}{1 + \left| p_j - \left(1 + \dfrac{1}{|B^b|}\right)P^b \right|} (j \in N_{B^b}^a) \qquad (4\text{-}50)$$

（3）狀態轉移機率

對於本算法，設螞蟻 a 當前所在批為 k，$N_{B^b}^a$ 是滿足批容量大小的可行零件集合。螞蟻 a 使用下面的狀態轉移機率選擇零件 j 加入到當前批 k 中加工。

$$P_{kj}^a = \begin{cases} \dfrac{\tau_{kj}\eta_{kj}^{\beta}}{\sum_{l \in N_{B^b}^a} \tau_{kl}\eta_{kl}^{\beta}} & ,j \in N_{B^b}^a \\ 0 & ,其他 \end{cases} \qquad (4\text{-}51)$$

（4）賀爾蒙更新與初始化

已知的賀爾蒙 τ_{ij} 是兩零件安排在同一批的期望度，因此其更新也是對同一批中兩兩零件的賀爾蒙進行更新，如公式（4-52）、（4-53）所示。

$$\tau_{ij} = (1-\rho)\tau_{ij} + m_{ij}\sum_{a=1}^{M} \Delta\tau_{ij}^a \qquad (4\text{-}52)$$

$$\Delta\tau_{i,j}^a(t) = \frac{Q}{\sum C_i^a} \qquad (4\text{-}53)$$

在賀爾蒙更新規則中增加了變數 m_{ij}，它代表零件 i 和 j 在本次疊代中出現在同一批的次數。m_{ij} 越大，則零件 i 和 j 下次被選中在同一批的可能性就越大。這種賀爾蒙更新規則要求所有螞蟻都完成批序列的構建後才能進行賀爾蒙的更新。這樣能夠充分利用蟻群算法的並行計算優勢，增強螞蟻間的資訊互動，提高算法的收斂速度。

由於狀態轉移機率對算法的全局優化性能有著重要的影響。而由於啟發式資訊在疊代的過程中是相對穩定的，因此，影響狀態轉移機率的主要因素是賀爾蒙的變化程度。而這種變化主要來自賀爾蒙釋放量和賀爾蒙初始值之間的差距。如果賀爾蒙釋放量遠大於賀爾蒙初始值，搜尋

區域很快就會集中到螞蟻最初生成的幾條路徑中，導致搜尋陷入較差的局部空間中。反之，如果賀爾蒙釋放量遠小於賀爾蒙初始值，算法最初的許多次疊代都會被白白浪費掉，直至賀爾蒙逐漸揮發，並減少到足夠小時，螞蟻釋放的賀爾蒙才開始發揮指引搜尋偏向性的作用。因此，賀爾蒙初始值和賀爾蒙釋放量的差距不能過大或過小。合理的賀爾蒙初始值應略高於每次疊代螞蟻釋放賀爾蒙的期望值。

已知賀爾蒙 τ_{ij} 代表兩個零件安排在同一批的期望度，由於批處理機容量是強約束，兩個尺寸之和大於 B 的零件不能放在同一批加工。因此，對不滿足該約束的 τ_{ij} 初始化為 0，對零件尺寸和小於 B 的初始化公式如下：

$$\tau_{ij}(0) = \begin{cases} \dfrac{Mn}{\sum C^{nn}} & , s_i + s_j \leqslant B \\ 0 & , s_i + s_j > B \end{cases} \tag{4-54}$$

傳統蟻群算法在賀爾蒙初始化階段，對賀爾蒙矩陣中初始值的設置都是完全一樣的。考慮到編碼方式，根據問題的分批特性以及機器容量約束，設置不同的初始值，以便減少算法的計算量，提高了算法優化性能。

(5) 局部優化策略

針對批序列的編碼方式與目標函數的特點，對已經得到的批序列採用如下的局部搜尋策略進行優化。

步驟 1：設 $b_1 = 0$；m 為批序列解中批的數量。按批加工時間非遞減排序；

步驟 2：b_1++；若 $b_1 = m$，則結束；

步驟 3：設 $b_2 = b_1 + 1$，若 $b_2 > m$，則轉步驟 2；

步驟 4：尋找 b_2 批中加工時間小於 b_1 批加工時間的零件，放入集合 N。n 為 N 中零件數量。設 $j = 0$；若 N 為空集，轉步驟 3；

步驟 5：$j++$，若 $j > n$，轉步驟 3；

步驟 6：零件 j 和 b_1 批中加工時間最長的零件交換。如果交換後仍然滿足批容量約束，則進行交換，並更新 b_1 批加工時間，轉步驟 4；若不滿足交換約束條件，轉步驟 5。

4.4.3　典型案例及分析

變速箱齒輪是汽車等運輸工具的重要部件，其在工作時受到較高的衝擊載荷和交變載荷。因此，變速箱齒輪通常要求具備兩種性能，即：

表面具有良好的耐磨性、抗疲勞特性和抗彎強度；芯部有足夠的強度和衝擊韌性。為此，通常情況下，汽車變速箱齒輪採用強度和衝擊韌性較高的低合金鋼製造，而其製造過程一般包括：鍛坯、預先熱處理、切削加工、滲碳焠火、精密加工等多道工序。其中滲碳焠火工序是保證齒輪表面具有較好表面層力學性能的主要工序，其熱處理工序包括排氣調整碳勢、強滲、擴散、預冷、保溫等[59]。

目前，汽車製造一般採用流水線式的生產組織模式，而滲碳焠火作為齒輪加工中最重要的一道熱處理工序，是典型的批量生產模式。其生產模式的主要特徵是，採用多臺連續式的熱處理設備，在滿足其尺寸和質量限製的條件下，進行齒輪的批量滲碳焠火。同時，不同規格的齒輪進行熱處理時所耗費的時間也不相同[60]。如何將不同規格的齒輪安排在相同的熱處理設備上批量完成滲碳焠火關係到齒輪生產的效率，直接影響到齒輪加工的後續工序。因此，研究齒輪滲碳焠火的生產調度問題，對於提高齒輪的製造效率和品質具有重要的現實意義。

由於汽車製造屬於大批量生產，其變速器箱齒輪的生產也屬於大批量生產。所以，為了適應整個汽車製造的生產節拍，滲碳焠火工段往往擁有一定數量的相同型號的熱處理設備。該熱處理設備具有固定的且有限的容量（齒輪質量）。進入滲碳焠火工段的齒輪根據其熱處理工序特點，分為不同的作業組。具有相似熱處理時間的齒輪，無論其材質、尺寸、質量、結構是否相同，歸為同一個作業組，同一個組的齒輪可以同時在熱處理設備內滲碳焠火，不同的作業組的齒輪則不能同時在熱處理設備內滲碳焠火。由於在某一時間段內相同組的齒輪作業往往存在多個，因此，當多個相同組的齒輪作業容量（質量）大於熱處理設備的容量時，允許對某個作業進行拆解。因此，齒輪滲碳焠火的生產調度問題可歸為多批處理機變零件尺寸的批調度問題。針對齒輪滲碳焠火工序，建立的批處理調度模型如下。

① 在某一時間段內，所有齒輪到達滲碳焠火工段已經完成作業組劃分，等待熱處理。

② 完成組劃分的所有作業具有相似的容量（質量），且不能超過熱處理設備的容量。

③ 所有熱處理設備的容量是相同的，並且一旦啟動，不考慮故障等原因導致的停機問題。

④ 不屬於同一組的作業不能同時在同一臺熱處理設備滲碳焠火。

⑤ 並行機批處理調度以齒輪最小化拖期懲罰作為優化目標。

為了便於描述該模型，定義符號和變數如下。

1) 符號定義

J 為齒輪作業集合 $J=\{1,2,3,\cdots,N\}$，j 為齒輪作業編號，且 $j\in J$。

F 為齒輪作業組集合 $F=\{1,2,3,\cdots,M\}$，f 為齒輪組編號，且 $f\in F$。

K 為熱處理設備集合 $K=\{1,2,3,\cdots,I\}$，k 為熱處理設備編號，且 $k\in K$。

C_j 為齒輪作業 j 的完成日期。

D_j 為齒輪作業 j 的交貨日期。

T_j 為齒輪作業 j 的拖期，$T_j=C_j-D_j$。

w_j 為齒輪作業 j 的優先級權重。

v_j 為齒輪作業 j 的容量（質量）。

B 為熱處理設備的容量（質量）。

R_f 為齒輪組 f 的滲碳淬火時間。

S 為齒輪批次集合 $S=\{1,2,3,\cdots,L\}$，b 為熱處理設備編號，且 $b\in S$。

P_b^k 為第 b 批次齒輪在熱處理設備 k 的熱處理時間。

C_b^k 為第 b 批次齒輪在熱處理設備 k 的完工時間。

C^k 為熱處理設備 k 的完工時間。

2) 變數定義

$$X_{jbk}=\begin{cases}1,\text{如果作業 } j \text{ 以第 } b \text{ 批在熱處理爐 } k \text{ 上完成}\\0,\text{否則}\end{cases} \tag{4-55}$$

$$Y_{fbk}=\begin{cases}1,\text{如果齒輪組 } f \text{ 以第 } b \text{ 批在熱處理爐 } k \text{ 上完成}\\0,\text{否則}\end{cases} \tag{4-56}$$

$$Z_{jf}=\begin{cases}1,\text{如果作業 } j \text{ 隸屬於齒輪組 } f\\0,\text{否則}\end{cases} \tag{4-57}$$

3) 數學模型

$$\text{Minimize } TT=\sum_{j=1}^{n}w_jT_j \tag{4-58}$$

Subject to：
$$\tag{4-59}$$

$$\sum_{f=1}^{M}Y_{fbk}\leqslant 1 \quad b=1,2,\ldots,n;\forall k\in K$$

$$\sum_{f=1}^{M}Y_{fzk}\geqslant\sum_{f=1}^{M}Y_{fbk} \quad b=2,\ldots,n;z=b-1;\forall k\in K \tag{4-60}$$

$$P_b^k\geqslant\sum_{f=1}^{M}R_fY_{fbk} \quad b=1,2,\ldots,n;\forall k\in K \tag{4-61}$$

$$C_b^k\geqslant P_b^k \quad b=1,2,\ldots,n;\forall k\in M \tag{4-62}$$

$$X_{jbk}Z_{jf}\leqslant Y_{fbk} \quad \forall j\in J;\forall f\in F;b=1,2,\ldots,n;\forall k\in K \tag{4-63}$$

$$\sum_{j=1}^{N} X_{jbk} a_{jf} \geqslant Y_{fbk} \quad \forall f \in F; b=1,2,\ldots,n; \forall k \in K \quad (4\text{-}64)$$

目標函數式（4-58）表示最小加權生產拖期。約束式（4-59）表示熱處理的齒輪批次最多允許一個齒輪組。約束式（4-60）組批是連續的，只有當前齒輪批次組合完畢，才能組合下一批次。約束式（4-61）表示某批次齒輪的熱處理時間不少於構成該批的某個齒輪組的任何齒輪的熱處理時間。約束式（4-62）表示某批次齒輪的完工時間大於該批次齒輪的熱處理時間。約束式（4-63）確保組批內的隸屬於同一齒輪組的每個作業都能完成滲碳焠火。約束式（4-64）確保組批時某個齒輪組的至少包含一個作業。

齒輪滲碳焠火工序是多齒輪組熱處理任務在多臺相同的熱處理設備上調度。主要解決兩個方面的問題：組批和批調度。對於齒輪組批問題，採用經典的加權拖期懲罰成本最小的 ATC 原則。計算每個齒輪作業的加權拖期懲罰參數，根據其參數值大小，決定齒輪作業組批的優先級。因此，隸屬於齒輪組 f 的齒輪作業 j 在時間 t 的組批優先級參數計算方法如下：

$$r_j = \frac{w_j}{p_f} \exp\left(\frac{-\max(D_j - p_f - t, 0)}{s\bar{p}}\right) \quad (4\text{-}65)$$

式中，r_j 為齒輪作業 j 的組批優先級參數；s 是調整因子，與問題的規模有關，一般為 $1.5 < s < 4.5$；$\bar{p}$ 為所有齒輪作業在對應熱處理設備上的平均加工時間。

組批後，需要將相應的批次安排到對應的熱處理設備進行滲碳焠火。本章透過蟻群算法解決該問題。蟻群算法解決該問題主要分為兩步，一是選擇熱處理設備，二是將相應批次的齒輪作業安排到該熱處理設備。蟻群按照一定的機率選擇熱處理設備，對某個螞蟻 w 而言，其選擇熱處理設備的規則如下：

$$i = \begin{cases} \max_{\forall k \in K}\{\eta_k\}, & q_m \leqslant q_{m0} \\ K, & q_m > q_{m0} \end{cases} \quad (4\text{-}66)$$

式中，q_{m0} 是預設的設備選擇機率，q_m 是隨機整數，q_{m0}、$q_m \in [0, 1]$。i 反映的是選擇不同的熱處理設備時的機率大小，對蟻群算法而言，該機率大小實際上反映了不同設備的啟發式資訊。當 $q_m \leqslant q_{m0}$ 時，該資訊可透過下式獲得：

$$\eta_k = \frac{F}{C^k}, k \in K \quad (4\text{-}67)$$

式（4-67）中 C^k 表示設備 k 上已調度的所有作業的完工時間。顯然，完工越早的熱處理設備，下一次被螞蟻選中的機率就越大。

而對於 $q_m > q_{m0}$ 時，熱處理設備 k 被螞蟻 w 選中的機率透過下式獲得：

$$P_k = \frac{\eta_k}{\sum\limits_{k=1}^{I} \eta_k} \tag{4-68}$$

當熱處理設備確定後，需要將組批的齒輪安排到相應的熱處理設備滲碳焠火。除了要考慮熱處理設備的啓發式資訊外，還有考慮組批和相應的熱處理設備連接上賀爾蒙。因此，組批 b 安排到熱處理設備 k 的機率可透過下式計算：

$$P_{kb} = \begin{cases} \dfrac{(\eta_k)^\alpha (\tau_{kb})^\beta}{\sum\limits_{r \in S} (\eta_k)^\alpha (\tau_{kr})^\beta}, b \in S \\ 0, b \notin S \end{cases} \tag{4-69}$$

式中 η_k 是熱處理設備 k 的啓發式資訊，α 是其權重係數。τ_{ib} 是組批 b 安排到熱處理設備 k 的賀爾蒙，β 是其權重係數。初始狀態下賀爾蒙 $\tau_{ib} = \tau_0$，一旦螞蟻選擇了將組批 b 安排到熱處理設備 k，其上則產生賀爾蒙，其值可按下式更新：

$$\tau_{kb} = (1-\rho)\tau_{kb} + \rho\Delta\tau_{kb} \tag{4-70}$$

其中 $\Delta\tau_{kb}$ 屬於賀爾蒙增量，它與目標函數，即生產拖期有關，可透過下式計算：

$$\Delta\tau_{kb} = \begin{cases} \dfrac{Q}{TT^w}, & \text{螞蟻 } w \text{ 將第 } b \text{ 批次安排到熱處理設備 } k \\ 0 & \text{,螞蟻 } w \text{ 沒有安排第 } b \text{ 批次到熱處理設備 } k \end{cases} \tag{4-71}$$

式中 TT^w 是螞蟻 w 形成的批調度方案的加權生產拖期。

河北省某汽車製造企業的齒輪熱處理工廠，熱處理設備有 3 種，分別是 3 臺、4 臺、5 臺；組批數量為 4 批/臺或者 8 批/臺，和作業的尺寸（質量）和熱處理爐的尺寸（質量）有關係；齒輪組有 3 組。每個齒輪組的作業數為 60、80、100；齒輪組的批處理時間分別是 10 小時、14 小時、6 小時；齒輪作業 j 優先級權重 w_j 在 $[0，1]$ 之間分布。

齒輪作業 j 的交貨日期設置如下：

$$d_j = \xi R_{f_j} \tag{4-72}$$

其中，$\xi \in [1,3]$ 或者 $\xi \in [1,5]$。

針對此算例，使用 ACO 算法進行計算仿真，以驗證算法在齒輪滲碳焠火作業批調度中的應用。上述參數組合的結果將會出現 $3 \times 2 \times 3 \times 2 = 36$ 種類型的批調度問題，為了保證結果的相對穩定性，每個問題隨機組

合運算 10 次，計算其加權拖期的平均值，作為參考指標。由於算法所涉及的參數較多，因此，前期進行了大量的重複性試驗，最終確定的算法參數如下：調整因子 $s=3$，蟻群規模 $ant=50$，$q_{m_0}=0.9$，啓發式資訊權重 $\alpha=4$，賀爾蒙權重 $\beta=5$，揮發係數 $\rho=0.5$，賀爾蒙初值 $\tau_0=0$，常數 $Q=200$，疊代次數 $ite=500$。在此參數條件下，針對上述算例的計算結果與文獻[61] 所得計算結果對比如表 4-18 所示。

表 4-18　相對於 ATC-BATC 的對比實驗結果

參數		ATC-BATC	ATC-BATC-swap	ATC-GA	ATC-GA-swap	ATC-ACO
熱處理設備	3	1	0.96	1.27	0.96	0.96
	4	1	0.98	1.25	0.94	0.95
	5	1	0.96	1.23	0.93	0.95
組批數量	4	1	0.97	1.29	0.95	0.96
	8	1	0.97	1.22	0.93	0.94
齒輪組作業數	60	1	0.95	1.20	0.93	0.95
	80	1	0.98	1.28	0.95	0.95
	100	1	0.97	1.28	0.95	0.95

表 4-18 中第二列到第五列的批調度方法在文獻 [61] 中可查閱，第六列是本書設計的方法。表中標題各個方法的含義包含兩部分，即組批方法和批調度方法。允許相同齒輪組的作業在不同批次熱處理中互換的方法稱為 swap 方法。表中的資料指的是對比資料，例如第六列的 8 個值表示的是 $\dfrac{TT_{\text{ATC-ACO}}}{TT_{\text{ATC-BATC}}}$，它的含義是 ATC-ACO 方法在某種條件下的最小拖期與 ATC-BATC 方法在相同條件下的最小拖期的比值。

參考文獻

[1] 王成城，丁露．工信部智慧製造專項《數位化工廠術語及通用技術要求標準研究和試驗驗證》項目進展情況[J]．中國儀器儀表，2017（04）：30-32.

[2] 杜寶瑞，王勃，趙璐，等．智慧製造系統及其層級模型[J]．航空製造技術，2015（13）：46-50.

[3] 黃少華，郭宇，查珊珊，等．離散工廠製造物聯網及其關鍵技術研究與應用綜述[J]．電腦集成製造系統，2019，25（02）：284-302.

[4] 張映鋒，趙曦濱，孫樹棟，等．一種基於物聯技術的製造執行系統實現方法與關鍵技術[J]．電腦集成製造系統，2012，18

（12）: 2634-2642.

[5] 張映鋒, 江平宇, 黃雙喜, 等. 融合多感測技術的數位化製造設備建模方法[J]. 電腦集成製造系統, 2010, 16（12）: 2583-2588.

[6] 陳軒. 面向 MES 的離散製造工廠 SCADA 系統設計開發[D]. 南京: 南京理工大學, 2017.

[7] 胡松松. 離散製造數位化工廠基於 MES 的智慧裝備集成平臺研究與設計[D]. 重慶: 重慶大學, 2015.

[8] 閔陶, 冷晟, 王展, 等. 面向智慧製造的工廠大數據關鍵技術[J]. 航空製造技術, 2018, 61（12）.

[9] 張潔, 高亮, 秦威, 等. 大數據驅動的智慧工廠運行分析與決策方法體系[J]. 電腦集成製造系統, 2016, 22（05）: 1220-1228.

[10] 晁翠華. 智慧製造工廠生產過程即時追蹤與管理研究[D]. 南京: 南京航空航天大學, 2016.

[11] 邵新宇, 饒運清. 製造系統運行優化理論與方法[M]. 北京: 科學出版社, 2010.

[12] 王萬良, 吳啓迪. 生產調度智慧算法及其應用[M]. 北京: 科學出版社, 2007.

[13] 雷德明. 現代製造系統智慧調度技術及其應用[M]. 北京: 中國電力出版社, 2011.

[14] 王愛民. 製造執行系統（MES）實現原理與技術[M]. 北京: 北京理工大學出版社, 2014.

[15] 劉民, 吳澄. 製造過程智慧化調度算法及其應用[M]. 北京: 清華大學出版社, 2003.

[16] 王凌. 工廠調度及其遺傳算法[M]. 北京: 清華大學出版社, 2000.

[17] 雷德明, 嚴新平. 多目標智慧優化算法及其應用[M]. 北京: 科學出版社, 2009.

[18] Johnson S. Optimal two and three stage production schedules with setup times included[J]. Naval Research Logistics Quarterly, 1954, 1: 61-68.

[19] 越民義, 韓繼業. n 個零件在 m 臺機床上加工順序問題[J]. 中國科學, 1975, 5: 462-470.

[20] Gavett J W. Three heuristic rules for sequencing jobs to a single production facility[J]. Management, 1965, 11（8）: 166-176.

[21] Panwalker S S, Iskander W A. A survey of scheduling[J]. Operations Research, 1977, 25（1）: 45-61.

[22] Nowicki E, Smutnicki C. A decision support system for the resource constrained project scheduling problem[J]. European Journal of Operational Research, 1994, 79: 183-195.

[23] Foo S Y, Takefuji Y. Stochastic neural networks for solving job shop scheduling: Part 1. Problem representation[C]. IEEE International Conference on Neural Networks, San Diego, 1988, 2: 275-282.

[24] Aarts E H L, van Laarhoven P J M, Lenstra J K, et al. A computational study of local search algorithms for job shop scheduling[J]. ORSA Journal on Computing, 1994, 6（2）: 118-125.

[25] Peter J M, Emile H L, Jan K L. Job shop scheduling by simulated annealing[J]. Operations Research, 1992, 40（1）: 113-125.

[26] Brandimarte P. Routing and scheduling in a flexible job shop by tabu search. Annals of Operations Research[J], 1993, 41: 57-183.

[27] Nakano R, Yamada T. Conventional genetic algorithm for job shop problems [C]. Proceeding of the Fourth International Conference on Genetic Algorithms, San Diego, 1991: 474-479.

[28] Chu C, Portmann M C, Proth J M. A splitting-up approach to simplify job-shop scheduling problems[J]. International

Journal of Production Research, 1992, 30（4）：859-870.

［29］ 劉學英．拉格朗日鬆弛法在工廠調度中的應用研究[D]．上海：上海交通大學，2006.

［30］ Balas E. Machine scheduling via disjunctive graphs An implicit enumeration algorithm［J］. Operations Research, 1969, 17: 941-957.

［31］ Panwalker S S, Iskander W A. A survey of scheduling［J］. Operations Research, 1977, 25（1）：45-61.

［32］ Adams I, Balas E, Zawack D. The shifting bottleneck procedurc for job shop scheduling［J］. Management Science, 1988, 34: 391-401.

［33］ Palmer D. Sequencing jobs through a multi-stage process in the minimum total time-a quick method of obtaining a near optimum［J］. Operation Research Quarterly, 1965, 16: 101-107.

［34］ Pesch E, Tetzlall U A W. Constraint propagation based scheduling of job shops［J］. Informs Journal on computing, 1996, 8（2）：144-157.

［35］ Remus W. Neural net work models of managerial judgment［C］. 23rd Annual Hawaii International Conference on System Science, Honolulu. 1990: 340-344.

［36］ Fox MS, Smith S F. ISIS: A knowledge-based system for factory scheduling[J]. Expert System, 198, 41（1）：25-41.

［37］ Smith S F, Fux M S, Ow P S. Constructing and maintaining detailed production plans: Investigations into the development of knowledge-based factory scheduling systems［J］. AI Magazine, 1986, 7（4）：5-61.

［38］ Fox M S, Sadeh N. Why is scheduling difficult? A CSP perspective［C］. Proceedings of the 9th European Conference on Artificial Intelligence, Stockholm, 1990: 754-767.

［39］ Lepapc C. SOIA: A daily workshop scheduling system［J］. Expert System, 1985, 85: 95-211.

［40］ 戴濤．基於多智慧體的代產調度方法與應用[D]．武漢：武漢理工大學，2006.

［41］ Holland J H. Adaptation in Natural and Artificial Systems［M］. Ann Arbor: The University of Michigan Press. 1975.

［42］ Koza R. Genetic: Programming: On the Programming of Computers by Means of Natural Selection［M］. Cambridge: MIT Press, 1992.

［43］ Beyer H G, Schwefel H P. Evolution strategies-A comprehensive introduction［J］. Natural Computing, 2002, 1（1）：3-52.

［44］ Fogel L J, Owens A, Walsh M J. Artificial Intelligence Through Simulated Evolution [M]. New York: John Wiley and Sons, 1966.

［45］ Falkenauer E, Bouffouix S. A genetic algorithm for the job-shop［C］. Proceedings of the IEEE International Conference on Robotics and Automation, Sacremento, 1991: 1-10.

［46］ Nakano R. Conventional genetic algorithms for job shop problems［C］. Proceedings of the Fourth International Conference On Genetic Algorithms, San Matco: Morgan Kaufman, 1991: 474-479.

［47］ Yamada T, Nakano R. A genetic algorithms applicable to large-scale job-shop problems［C］. Proceedings of the Second International Workshop on parallel Problem Solving from Nature, Brussels, 1992: 281-290.

［48］ 王凌．工廠調度及其遺傳算法[M]．北京：清華大學出版社，2003.

［49］ Dorigo M, Maniezzo V, Colorni A. Ant

system: Optimization by a colony of cooperating agents [J]. IEEE Transactions on SMC, 1996, 26 (1): 8-41.

[50] Colorni A, Dorigo M, Maniezzo V. Ant colony system for job-shop scheduling [J]. Belgian Journal of Operations Research, 1994, 34 (1): 39-53.

[51] Kennedy J, Eberhart R C. Particle Swarm Optimization[C]. Proceeding of IEEE International Conference on Neutral Networks, Perth, 1995: 1942-1948.

[52] Eberhart R C, Kennedy J. A new optimizer using particle swarm theory[C]. Proceedings of Sixth International Symposium on Micro Machine and Human Science, Nagoya, 1995: 39-43.

[53] 高亮, 高海兵, 周馳. 基於粒子群優化的開放式工廠調度 [J]. 機械工程學報, 2006, 42 (2): 129-134.

[54] 彭傳勇. 高亮, 邵新宇, 等. 求解作業工廠調度問題的廣義粒子群優化算法[J]. 電腦集成製造系統, 2006, 12 (6): 911-917.

[55] Kirkpatrick S, Gelatt C D, Vecchi M P. Optimization by simulated annealing [J]. Science, 1983, 220 (4598): 671-680.

[56] Nowicki E, Smutnicki C. A fast taboo search algorithm for the job shop problem[J]. Management Science, 1996, 42 (6): 262-275.

[57] K Z Gao, P N Suganthan, Q K Pan, et al. Pareto-based grouping discrete harmony search algorithm for multi-objective flexible job shop scheduling[J]. Information Sciences, 2014, 289 (24): 76-90.

[58] Xinyu Li, Liang Gao. An effective hybrid genetic algorithm and tabu search for flexible job shop scheduling problem [J]. International Journal of Production Economics, 2016, 174: 93-110.

[59] 陳德順, 彭曉東, 易鴻宇, 等. 汽車前橋錐齒輪滲碳焠火工藝分析與研究[J]. 熱加工工藝, 2014, 43 (20): 125.

[60] 陳暉, 周細應. 汽車齒輪熱處理工藝的研究進展[J]. 材料導報, 2010, 24 (7): 93.

[61] Balasubramanian H, Mönch L, Fowler J, et al. Genetic algorithm based scheduling of parallel batch machines with incompatible job families to minimize total weighted tardiness[J]. International Journal Production Research, 2004, 42 (8): 1621.

第5章

工藝規劃與工廠
調整智慧整合

5.1 工藝規劃與工廠調度智慧整合建模

5.1.1 研究背景

工藝規劃與工廠調度集成的研究始於 1980 年代中期。Chryssolouris 和 Chan[1,2] 在 1980 年代中期第一次提出了工藝規劃與工廠調度集成的構想。R. Meenakshi[3] 等人強調了工藝規劃與調度集成在提高生產力方面具有較大的潛力。Hitoshi[4] 等人根據人機互動與不同規劃人員協同工作的原理，將工藝規劃和調度集成到流水工廠不同類型的產品生產中。Zhang[5] 第一次提出了一種分散式的集成模型，和以往的非線性或者可替換工藝規劃不同，這種模型建立在工廠可用製造資源和工廠生產即時回饋的基礎上，主要包括三個模組：工藝規劃模組、生產調度模組和決策生成模組，在一定程度上展現了分層規劃的思想。中國較早提出工藝規劃和調度集成思想的主要有西北工業大學的李言[6,7]、華中科技大學的李培根[8,9]。

Zijm[10] 針對小批量零件生產的特點，提出了一種新的工藝規劃和調度集成的方法。Brandimarte[11] 等提出了一種分層式工藝規劃與調度集成的模型，認為每個作業有多道工藝路線，每個工藝路線有多個工序組成，每個工序可由多個機床完成加工，該模型為柔性工藝規劃和工廠調度集成的研究開闢了新的途徑。Kempenaers[12] 提出的基於合作模式的工藝規劃和調度集成方法是建立在非線性工藝規劃基礎上，在考慮了製造資源約束的條件下，實現了工藝規劃和調度的即時回饋，從而實現動態工藝規劃與調度。Usher[13] 等人把動態工藝規劃的計畫任務按照功能劃分成兩個階段：靜態規劃階段和動態規劃階段，並著重討論了靜態規劃階段。Kim[14] 提出了混合整數規劃法來解決作業工廠的工藝規劃和調度問題。Saygin[15] 等人討論了在柔性製造系統中工藝規劃和調度集成的重要性，提出了一種基於離線調度的柔性工藝規劃方法，該方法為了減小最大完工時間，採用了四種策略，即機床柔性選擇、工藝規程柔性選擇、調度和重調度。Kim[16] 描述了具有多個柔性工藝規劃的多個零件的工廠調度問題，即基於柔性作業工廠的工藝規劃和調度模型，對比了預處理算法和疊代算法在解決工藝規劃和調度集成方面的仿真結果。Yang[17] 提出了一種基於零件特徵和機床負荷的多工藝路線規劃方法，根據零件幾何造型中提取的製造特徵、製造資源庫中的機床能力、工裝設備能力和工藝知識規則，設計多工藝路線，並考慮到機床的負荷情況為每條工藝路線的各個工序分配加工

時間，以交貨期拖期和提前期為目標，優化調度方案。Thomalla[18] 提出了一種優化算法來求解準時製（JIT）生產環境下，基於可選工藝路線的工廠調度問題。以作業任務加權拖期之和最小化作為優化目標，透過拉格朗日鬆弛法快速地獲得了最佳解或者接近最佳解。Wu[19] 提出了在分散式虛擬製造環境下工藝規劃與生產調度的並行集成模型，該模型在系統實現上採用多智慧體的形式並行計算，透過價值函數完成分散式環境下最佳合作企業的選擇，針對該解決方案建立了仿真，結果表明該模型和方法能夠降低產品成本，提高產品品質，縮短交貨期。Zhang[20] 提出了一個面向批量製造工廠的工藝規劃和調度集成模型，將工藝規劃和調度兩個模組透過一個智慧「代理體」建立通訊協調關係，透過兩個模組的各自優化，並透過中間的智慧「代理體」協調回饋，不斷地對較佳解進行優化。Kim[21] 透過共生式的演化算法解決工藝規劃與調度集成問題，採用局部交叉、複製、隨機共生、組合選擇和其他的遺傳算子等優化策略，並與傳統的分層式算法和其他的協同演化算法進行了比較。Moon[22] 提出多個工廠間的工藝規劃和調度集成模型，根據該資料模型，採用了一種類似於遺傳算法的演化算法求解工藝規劃和調度集成問題，仿真結果表明，針對某些算例，該算法具有較高的搜尋效率。

近些年來，隨著工藝規劃和調度集成問題研究的深入，大量基於元啟發式算法的技術應用於該問題的研究，歸納起來，主要包括以下幾種技術。

（1）遺傳算法

Morad[23] 等第一次提出採用基於 GA 解決工藝規劃和調度集成問題，透過採用對多個優化目標加權的處理方法進行多目標的工藝規劃和調度集成優化。Lee[24] 提出了基於遺傳算法的非線性工藝規劃模型，透過仿真模組，計算組合工藝規劃的各個性能評價指標，並透過遺傳算法優化這些指標，以獲得較好的調度方案，實驗結果表明該算法可以大大地減少調度時間和訂單拖期。Moon[25] 提出了一個基於多工廠供應鏈的工藝規劃與調度集成模型，為實現優化目標，調度各企業資源，以訂單拖期最小為優化目標，透過基於遺傳算法的啟發式算法解決 IPPS 問題。華中科技大學的李新宇在遺傳算法解決工藝規劃和調度集成問題上進行了卓有成效的研究，發表了多篇研究成果[26-31]。Wong[32] 將機器故障等工廠動態資訊建模到 IPPS 問題中，利用遺傳算法解決動態 IPPS 問題。

（2）蟻群算法

應用蟻群算法解決工藝規劃和調度集成問題的文獻較少，Kumar[33] 第一次試圖應用蟻群算法解決工藝規劃和調度集成問題。Leung[34] 提出了

基於 AND/OR 圖的工藝規劃和調度集成模型,以最小完工時間為優化目標,將蟻群搜尋機制和多智慧體相結合,求解工藝規劃和調度問題。Wang[35] 改進了基於 AND/OR 圖的 IPPS 問題模型,並利用蟻群算法求解 IPPS 問題。Leng[36] 建立了基於有向加權圖的柔性工藝規劃和工廠調度模型,透過動態調整賀爾蒙更新,避免蟻群算法收斂過慢和局部收斂的缺陷。Wong[37] 在之前文獻[34] 的基礎上,改進了蟻群算法,透過兩個階段的蟻群算法求解工藝規劃和調度問題,即工序選擇和工序排序兩個階段。蟻群算法由於在應用過程中需要設置大量的參數,在求解大規模的工藝規劃和調度集成問題方面有一定的局限性,例如參數設置複雜、搜尋速度慢等問題。

（3）粒子群算法

Guo[38] 改進了粒子群算法,針對工藝規劃和調度集成問題,設計了幾類粒子移動策略,既擴展了搜尋空間,又有效地避免了局部最佳。Guo[39] 在上述研究[38] 的基礎上進一步改進,針對工廠生產的即時性,設計了重規劃策略,以應對工廠生產的動態變化。Wang[40] 應用粒子群算法對工藝規劃和調度問題進行多目標優化,算法引入了一種新的基於離散搜尋空間的解的表達方案,為了改進解的品質,透過局部搜尋算法儲存局部最佳解,從而提高全局最佳解的搜尋效率。Sahraian[41] 提出了針對多個工廠間的工藝規劃和調度集成問題,提出了一種混合整數線性規劃模型。Dong[42] 針對柔性作業工廠的特點,建立了基於多目標優化和約束機製的工藝規劃和調度集成模型,為了提高搜尋效率,避免無效解的出現,提出了一種改進的分段編碼方式,為了增加算法搜尋的隨機性和多向性,提出了動態參數調整和自適應搜尋空間的改進策略,實驗結果表明該算法能夠比較有效地處理柔性作業工廠的工藝規劃和調度集成問題。應用粒子群算法求解工藝規劃和調度集成問題的研究文獻不多,最近幾年,部分研究人員較傾向於將局域搜尋算法與粒子群算法相結合求解工藝規劃和調度集成問題。Zhao[43,44] 將粒子群優化算法和模糊推理機製相結合用於解決作業工廠的工藝規劃和調度集成問題。

除了上述 3 種方法外,還有 TS、數學規劃法等方法被用於解決工藝規劃和工廠調度問題。Kis[45] 提出了基於柔性工藝的工廠調度系統,應用 TS 算法對其進行求解基於柔性工藝的工廠調度問題。Tan[46] 採用數學規劃法求解工藝規劃和調度集成問題。董朝陽[47] 採用免疫遺傳算法求解工藝設計與調度集成問題。Moreno[48] 採用基於約束滿足的混合演化算法求解規劃和調度集成問題。Ueda[49] 利用人工神經網路技術求解工藝規劃和調度集成問題。Li[50] 採用模擬退火算法求解工藝規劃和調

度集成問題。Mishra[51] 提出了一種基於混沌理論的 TS 與 SA 混合算法來求解工藝規劃和調度集成問題。

5.1.2 工藝規劃與工廠調度集成建模

工藝規劃和工廠調度在工廠製造系統中存在著眾多的共性。工藝規劃要確定定位基準、加工階段、工序順序、製造資源等內容，而在生產任務執行中涉及工廠製造資源的調度。要實現二者的集成，必須將二者共性的內容綜合考慮，才能達到二者的最佳化。基於本書第三章內容，工藝規劃是建立在零件特徵建模技術基礎上，由零件模型中的特徵作為工藝規劃的資料源，由於零件的每一個加工特徵可有多種工藝方案表達，所以每種零件存在多種工藝路線，每種工藝路線的工序數目和工序順序都存在著差異，而每種工藝路線每一道工序一般可由多個加工機床完成，從而使零件的工藝方案存在著多種表達形式，具有較高的柔性。按照這種基於零件加工特徵的工藝規劃形式，在充分考慮製造資源的利用率、生產任務的交貨期等因素的條件下能夠製定出科學合理的工廠調度方案。因此，工藝規劃和工廠調度在製造資源等方面存在的共性因素，為二者的集成提供了理論基礎。

而實際上關於工藝規劃和工廠調度集成問題（IPPS）的研究始於 1980 年代。到現在為止關於 IPPS 問題的研究主要基於三種模式：非線性式工藝規劃（NLPP）、閉環式工藝規劃（CLPP）及分散式工藝規劃（DPP）。

非線性工藝規劃（nonlinear process planning，NLPP）模型將 IPPS 問題分為前後銜接的兩個階段。第一階段進行工藝規劃，首先，假定製造工廠是平穩運行的，即進行工藝規劃時掌握了當前製造工廠的每一製造資源的運行狀態，以當前製造工廠資源的運行狀態為依據，製定每個零件所有可行的工藝路線，設定該零件工藝規劃的多種優化目標，如加工時間最短、換刀次數最少等，並根據多種優化目標為每個可選工藝路線賦予一定的優先級。第二階段進行工廠調度，賦予了一定優先級的各種工藝路線進入調度系統，由工廠調度系統根據工廠的具體資源狀況選擇最佳的工藝路線。

閉環式工藝規劃（closed process planning，CLPP）是面向工廠調度的動態工藝規劃系統，它將工廠製造資源的即時資訊回饋給工藝規劃系統，即時優化工藝路線，使工藝路線能夠根據工廠實際生產情況進行動態的修改和調整，從而提高工藝方案的柔性和可行性。工藝規劃將 ERP 系統的生產計畫編製、生產調度系統集成在一起，形成工藝路線自動調

整的閉環回路。這種帶有自動回饋功能，生產計劃、工藝規劃、生產調度集成的動態系統既可提高工藝規劃系統的即時性、指導性與可操作性，又可以提高工藝規劃系統工藝路線的利用率。

　　分散式工藝規劃（distributed process planning，DPP），區別於第一種模型，在此模型中工藝規劃和工廠調度是同步完成的，根據完成內容，此模型將工藝規劃和調度計畫分成兩個階段，即初步規劃階段和詳細規劃階段。初步規劃階段主要是分析生產任務，包括批量、生產類型、零件特徵、特徵與特徵之間的關係等資訊，根據生產類型和零件的特徵資訊確定初步的工藝路線，同時對加薪資源（如原材料、工裝設備等）進行初步的預處理；詳細規劃階段把工廠加工設備資訊和生產任務資訊進行匹配，同時生成完整的工藝路線和調度方案。

　　本章採用的研究方法是基於 NLPP 集成模型的思想。該模型的優點是生成了所有可能的工藝路線，從而擴大了工廠調度的優化空間，有利於找到最佳的工藝路線；其缺點是當 NLPP 集成模型規模較大時，將面臨組合爆炸問題，導致求解難度和時間大大增加。NLPP 模型關於 IPPS 問題的描述如下。

　　m 臺機床 $\{W_1, W_2, \cdots, W_m\}$ 完成 n 個零件作業 $\{J_1, J_2, \cdots, J_n\}$ 的加工。每個零件作業 J_i 最多可形成 p 道工序 $\{O_{i1}, O_{i2}, \cdots, O_{ip}\}$，並形成由 p 道工序按照一定規則構成的 q 道可選工藝路線 $\{L_{i1}, L_{i2}, \cdots, L_{iq}\}$。根據確定的 q 道可選工藝路線 $\{L_{i1}, L_{i2}, \cdots, L_{iq}\}$ 作為已知條件，輸入到調度系統中，作為調度系統的資料源，依據柔性工廠調度系統調度策略，確定每個零件作業的工藝路線，並輸出最佳調度方案。在此模型中採用的是作業工廠調度，因此，在第 4 章中關於柔性作業工廠調度問題中的假設描述，在此依然需要。

　　IPPS 問題最終的優化目標主要是基於工廠製造資源和生產效率，因此，IPPS 問題的評價指標同 FJSP 問題，主要包括四大指標：基於加工任務完工時間、基於交貨期、基於機床負荷、基於成本。

　　本章研究基於 NLPP 集成模型的 IPPS 優化問題，因此，優化策略主要分為兩個階段。

　　第一階段：根據不同的優化目標，分別確定不同零件作業的多條工藝路線，即定位基準、加工階段、工序順序、工序數量、工裝設備、切削用量等要素。

　　第二階段：根據第一階段確定的每個零件作業的多條工藝路線，進行工廠資源調度，確定製造資源。

　　基於 NLPP 集成模型的 IPPS 優化策略如圖 5-1 所示。

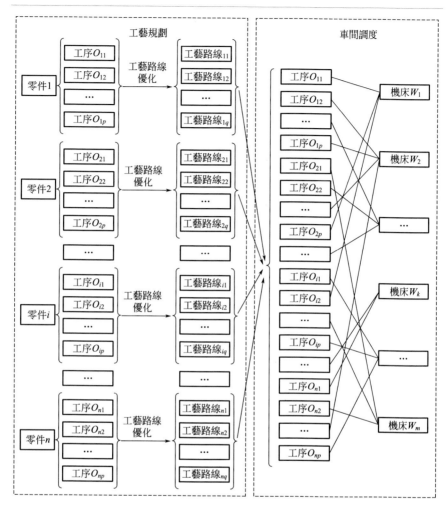

圖 5-1 IPPS 的優化策略

　　關於 IPPS 問題的表述方法有很多種，本章採用的 IPPS 表述方法是基於 AND/OR 圖的表達方法（見圖 5-2）。

　　圖 5-2 中表示的是兩個零件的可選工藝路線。圖中主要包括節點、有向弧、AND/OR 關係三大要素。節點表示的零件的工序，有向弧表示的是工序之間的先後次序，AND/OR 表示某道工序或者某些工序之間的關係。圖中零件 1 包含了 11 道工序。第一道工序為 O_{11}，第二道工序有兩種選擇，即或者為 O_{12}，或者為 O_{14}，因為此處存在 OR 關係，選擇 O_{12} 就不能同時選擇 O_{14}，二者代表著兩條不同工藝路線，如果選擇工序 O_{11}，則下一道工序為 O_{12}，工序 O_{11} 和 O_{12} 之間的有向弧代表著工序 O_{11} 必須安排在工序

O_{12} 之前。$O_{11} \rightarrow O_{12} \rightarrow O_{13} \rightarrow O_{19} \rightarrow O_{110}$ 代表著零件 1 的可選工藝路線 OL_{11}。如果選擇 O_{14}，選擇下一道工序時存在 AND 關係，意味著 O_{15}、O_{16}、O_{17}、O_{18} 都要選，同理工序之間的有向弧代表著工序之間的優先關係，形成兩條可選工藝路線 OL_{12} 和 OL_{13}，OL_{12} 即 $O_{11} \rightarrow O_{14} \rightarrow O_{15} \rightarrow O_{16} \rightarrow O_{17} \rightarrow O_{18} \rightarrow O_{111}$，$OL_{13}$ 即 $O_{11} \rightarrow O_{14} \rightarrow O_{17} \rightarrow O_{18} \rightarrow O_{15} \rightarrow O_{16} \rightarrow O_{111}$。因此，從上述分析可知，零件 1 由 11 道工序構成了 3 條可選工藝路線 OL_{11}、OL_{12}、OL_{13}。零件 2 包含 13 道工序，包含一個 AND 關係、兩個 OR 關係，構成 6 道可選工藝路線。圖 5-2 所示 IPPS 問題的工藝路線如表 5-1 所示。

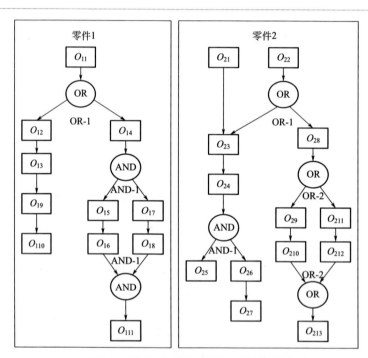

圖 5-2 零件 1 和零件 2 的 AND/OR 圖

表 5-1 示例 IPPS 問題的工藝路線

零件	工藝路線代碼	工藝路線名稱	工藝路線內容
零件 1	1	OL_{11}	$O_{11} \rightarrow O_{12} \rightarrow O_{13} \rightarrow O_{19} \rightarrow O_{110}$
	2	OL_{12}	$O_{11} \rightarrow O_{14} \rightarrow O_{15} \rightarrow O_{16} \rightarrow O_{17} \rightarrow O_{18} \rightarrow O_{111}$
	3	OL_{13}	$O_{11} \rightarrow O_{14} \rightarrow O_{17} \rightarrow O_{18} \rightarrow O_{15} \rightarrow O_{16} \rightarrow O_{111}$
零件 2	1	OL_{21}	$O_{21} \rightarrow O_{23} \rightarrow O_{24} \rightarrow O_{25} \rightarrow O_{26} \rightarrow O_{27}$
	2	OL_{22}	$O_{21} \rightarrow O_{23} \rightarrow O_{24} \rightarrow O_{26} \rightarrow O_{27} \rightarrow O_{25}$
	3	OL_{23}	$O_{22} \rightarrow O_{23} \rightarrow O_{24} \rightarrow O_{25} \rightarrow O_{26} \rightarrow O_{27}$

續表

零件	工藝路線代碼	工藝路線名稱	工藝路線內容
	4	OL_{24}	$O_{22} \rightarrow O_{23} \rightarrow O_{24} \rightarrow O_{26} \rightarrow O_{27} \rightarrow O_{25}$
零件2	5	OL_{25}	$O_{22} \rightarrow O_{28} \rightarrow O_{29} \rightarrow O_{210} \rightarrow O_{213}$
	6	OL_{26}	$O_{22} \rightarrow O_{28} \rightarrow O_{211} \rightarrow O_{212} \rightarrow O_{213}$

由於在實際生產中，對於零件而言，除了工藝路線是「柔性」外，完成某道工序的機床也是「柔性」的。因此，需要在 AND/OR 圖增加每道工序的備選機床及該工序在相應機床的加工時間。對圖 5-2 所示兩個零件的 AND/OR 圖進行改進，改進後的 AND/OR 圖見圖 5-3。

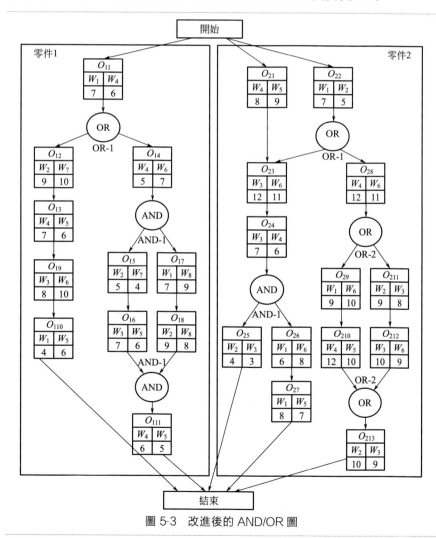

圖 5-3 改進後的 AND/OR 圖

因為 IPPS 問題歸根到底是一類工藝路線不確定的多零件的柔性作業工廠的調度問題，因此，IPPS 問題的性能指標與 FJSP 問題是基本類似的。其性能指標包括基於所有零件完成時間的指標、基於交貨期的指標、基於成本的指標和基於機床負荷的指標，各指標的具體定義參考第 4 章內容。

5.2 利用遺傳算法求解工藝規劃與工廠調度整合問題

5.2.1 遺傳算法的優化策略

（1）基因編碼

根據改進的 AND/OR 圖，可看出，IPPS 問題實際上是柔性工藝規劃問題和柔性作業工廠調度問題的集合。根據工藝規劃和工廠調度集成問題的 NLPP 解決方案，整個求解過程分為兩個階段。因此，利用遺傳算法求解 IPPS 問題時，其基因編碼規則參考 NLPP 解決 IPPS 問題的兩個階段。

用 NLPP 求解 IPPS 時，首先確定各零件的工藝路線，然後確定用來完成各零件工藝路線的各工序及機床資源的分配。在此基礎上，染色體由三部分構成，分別是工藝路線基因部分、工序基因部分和機床基因部分，其中工序基因部分和機床基因部分參考柔性作業工廠調度方案的染色體編碼方案，而工藝路線基因部分另行設計。由於三部分資訊組成了染色體，所以，基因編碼規則存在很多方案。由於 IPPS 問題最終不僅要形成各零件的工藝路線，而且要形成最終的調度方案，因此，參考 FJSP 問題的工序基因部分和機床基因部分的編碼方案，形成以工序為基本資訊的染色體編碼方案，針對圖 5-3 的 IPPS 問題的染色體 A 如表 5-2。

表 5-2　染色體 A

代碼	代表工序	O_{11}	O_{21}	O_{14}	O_{17}	O_{23}	O_{24}	O_{18}	O_{26}	O_{15}	O_{27}	O_{25}	O_{16}	O_{111}
OL	工藝路線基因	3	2											
OP	工序基因	1	2	1	1	2	1	2	1	2	1	2	1	1
M	機床基因	1	4	6	8	6	3	2	1	2	5	2	3	5

工藝路線基因部分表示 IPPS 問題中所有零件的工藝路線代號，其碼位數為 IPPS 問題中所涉及的零件數，各個碼位的取值為各零件的工藝路

線代號。在本例中,工藝路線基因部分包含兩個碼位,分別代表零件 1 和零件 2 的工藝路線代號,根據表 5-1,第 1 碼位備選碼為 {1,2,3},第 2 碼位備選碼為 {1,2,3,4,5,6}。在本例中工藝路線基因部分的第 1 碼位的「3」代表零件 1 的第 3 條工藝路線,第 2 碼位的「2」代表零件 2 的第 2 條工藝路線。

工序基因部分包含的碼位數為該 IPPS 問題所有零件的所選工藝路線包含的所有工序數。對於染色體 A 來說,因為零件 1 的第 3 條工藝路線包含 7 道工序,零件 2 的第 2 條工藝路線包含 6 道工序。所以,染色體 A 的工序基因部分包含 13 個碼位,各個碼位的取值為該零件的編號,即零件 1 的 7 道工序全部取 1,零件 2 的 6 道工序全部取 2,而整個染色體的工序基因由 7 個「1」和 6 個「2」組成。依次表示零件 1 的第 3 條工藝路線所包含的所有工序。

機床基因部分則為工序基因部分所代表工序的機床代碼。如工序基因部分的第 1 碼位取 3,代表的零件 1 的第 3 條工藝路線中的工序 O_{11},其機床基因部分該碼位取「1」,根據圖 5-3 發現,該工序可以由兩臺機床加工,分別為 W_1 和 W_4,其加工時間分別為 7s 和 6s。同理,工序基因部分的第 11 碼位為「2」,代表的是工序 O_{25},其機床碼位為「2」,表示的是該工序的加工機床是 W_2。

(2) 種群初始化

因為染色體由 3 部分基因組成,因此,針對這 3 部分基因編碼規則,分別進行初始化,初始化的流程如下。

① 首先,根據 IPPS 問題,生成各零件所有工藝路線的代碼表 T_l,工序代碼表 T_o、機床代碼表 T_m。

② 根據 IPPS 問題的 AND/OR 圖及工序代碼表,更新各工序的工序代碼表 T_o。

③ 根據工藝路線代碼表,按照零件順序,隨機生成一個 1 到 n (各零件工藝路線數為 n)的隨機數,形成工藝路線基因部分。

④ 根據第③步所選工藝路線,及工序代碼表 T_{ov},隨機生成工序基因部分。

⑤ 根據第④步生成的工序基因部分和機床代碼表 T_m,隨機生成機床基因部分。

其中,工序代碼表 T_m 和工藝路線代碼表 T_l 分別如表 5-3 和表 5-4 所示,而在疊代過程中形成工藝路線代碼表需要記錄動態訪問工序,如表 5-5 所示。

表 5-3　工序代碼表 T_m

資料類型	變數	描述
Int	Op_id	工序編號
Int[]	M_id[]	該工序的候選機床
Dec[]	M_t[]	該工序候選機床的加工時間
Int()	Op_id[]	可訪問工序
Int()	Op_tp[]	訪問類型，取值為 -1、0、1，分別代表 OR／直接／AND

表 5-4　工藝路線代碼表 T_l

資料類型	變數	描述
Int	Pt_id	零件編號
Int	Ol_id	工藝路線編號
Int[]	Op_id	構成該條工藝路線的所有工序

表 5-5　訪問工序代碼表

資料類型	變數	描述
Int	Op_id	工序編號
Int	M_id	機床編號
Dec	M_t	加工時間
Int()	Op_id_next	訪問工序

（3）複製

與求解 CAPP 和 FJSP 問題類似，對於複製操作，本章採用錦標賽選擇方法，每次從種群中選擇一定數量的個體進行適應度值的比較，將適應度值較高的個體插入到交叉池中，為了避免陷入局部最佳，對於菁英染色體（種群中適應度最高的染色體）中適應度值相同或者接近的染色體設置複製機率，一般為 10%～20%，使下一代種群既保留了菁英染色體，又避免了陷入局部最佳。

（4）交叉

為了能夠較為簡明清楚地說明交叉和變異操作，依然以圖 5-3 中由兩個零件構成的 IPPS 問題為例進行說明，構建染色體 B 如表 5-6 所示。

表 5-6　染色體 B

代碼	代表工序	O_{11}	O_{21}	O_{14}	O_{15}	O_{16}	O_{17}	O_{18}	O_{23}	O_{24}	O_{26}	O_{27}	O_{111}	O_{25}
OL	工藝路線基因	3	2											
OP	工序基因	1	2	1	1	1	1	1	2	2	2	2	1	2
M	機床基因	4	5	4	2	3	8	8	6	4	1	5	5	3

由於本章對於 IPPS 問題的基因編碼方案採用的是三段式，即工藝路線基因部分、工序基因部分和機床基因部分，因此，交叉操作針對三個

部分分別設計交叉算法。

1）工藝路線基因部分

該部分的交叉較為特殊，本章採用的是以工序為基本資訊的染色體編碼方案，因此，為了能夠實現工序和機床的交叉操作，必須保證選擇的兩個染色體方案具有相同的工序和機床碼位。在此前提下，用以進行交叉操作的兩個染色體，其工藝路線基因部分各碼位則不能隨意確定。因此工藝路線基因部分的交叉操作流程如下：

步驟1：判斷 IPPS 問題中零件的個數 N，如果 $N<3$，則不執行工藝路線基因部分的交叉操作，否則，執行下一步。

步驟2：隨機選擇用以進行交叉操作的染色體A，確定該染色體包含的各零件工藝路線編號，並檢查工藝路線各工序的變數 Op_tp[] 是否存在等於1的情況，如果不存在，則以一定的機率選擇的染色體B必須具有和染色體A相同工序數量的工藝路線基因部分。如果存在等於1的情況，則執行下一步。

步驟3：以一定的機率選擇和染色體A具有相同的 AND 選項的其他染色體B。

2）工序基因部分

步驟1：隨機產生兩個交叉位置點 p、q。

步驟2：在其中一個染色體A的工序順序基因部分取出兩個交叉點 p、q 之間的基因，交叉點外的基因保持不變。

步驟3：在另一個父代染色體B的工序順序基因部分找第一個染色體A工序順序基因部分交叉點外缺少的基因。按照B原來的排列順序插入到A兩個交叉點之間的位置，形成一個新的染色體C的工序順序基因部分。

步驟4：將父代染色體A中相應工序所選擇機床填入到子代染色體C交叉點之間的相應工序位置處。

以表 5-5 的染色體A、表 5-6 的染色體B為例，說明雙點交叉算法的流程，取染色體A的交叉點為4和8兩個基因位，經過交叉運算，形成新的子代染色體C，算法執行過程如圖 5-4 所示，染色體C如表 5-7 所示。

表 5-7　兩點交叉後的染色體C

代碼	代表工序	O_{11}	O_{21}	O_{14}	O_{17}	O_{18}	O_{23}	O_{24}	O_{26}	O_{15}	O_{27}	O_{25}	O_{16}	O_{111}
OL	工藝路線基因	3	2											
OP	工序基因	1	2	1	1	1	2	2	2	1	2	2	1	1
M	機床基因	1	4	6	8	2	6	3	1	2	5	2	3	5

染色體 A	代碼	代表工序	O_{11}	O_{21}	O_{14}	O_{17}	O_{23}	O_{24}	O_{18}	O_{26}	O_{15}	O_{27}	O_{25}	O_{16}	O_{111}
	OL	工藝路線基因	3	2											
	OP	工序基因	1	2	1	1	2	2	1	2	1	2	2	1	1
	M	機床基因	1	4	6	8	6	3	2	1	2	5	2	3	5

染色體 C	代碼	代表工序	O_{11}	O_{21}	O_{14}	O_{17}	O_{18}	O_{23}	O_{24}	O_{26}	O_{15}	O_{27}	O_{25}	O_{16}	O_{111}
	OL	工藝路線基因	3	2											
	OP	工序基因	1	2	1	1	1	2	2	2	1	2	2	1	1
	M	機床基因	1	4	6	8	2	6	3	1	2	5	2	3	5

染色體 B	代碼	代表工序	O_{11}	O_{21}	O_{14}	O_{15}	O_{16}	O_{17}	O_{18}	O_{23}	O_{24}	O_{26}	O_{27}	O_{111}	O_{25}
	OL	工藝路線基因	3	2											
	OP	工序基因	1	2	1	1	1	1	1	2	2	2	2	1	2
	M	機床基因	4	5	4	2	3	8	8	6	4	1	5	5	3

圖 5-4　工序基因部分兩點交叉算法

　　類似的操作，以染色體 B 為基礎，按照上述交叉流程，可以生成染色體 D，如表 5-8 所示。

表 5-8　染色體 D

代碼	代表工序	O_{11}	O_{21}	O_{14}	O_{17}	O_{23}	O_{18}	O_{15}	O_{16}	O_{24}	O_{26}	O_{27}	O_{111}	O_{25}
OL	工藝路線基因	3	2											
OP	工序基因	1	2	1	1	2	1	1	1	2	2	2	1	2
M	機床基因	4	5	4	8	6	2	2	3	4	1	5	5	3

3）機床基因部分

　　由於受到工序允許加工機床的限製，採用兩點交叉，可能會導致機床基因部分的交叉操作失敗。因此，機床基因部分採用均勻交叉操作。交叉算法流程如下：

　　步驟 1：選擇上述工序基因部分執行了交叉操作生成的染色體 C 和 D。

　　步驟 2：隨機產生兩個交叉點 p、q，代表準備進行交叉操作的工藝路線編號。

　　步驟 3：保持染色體 C 工序基因部分不變，將染色體 C 中工藝路線 p 和 q 所有工序選擇的機床和染色體 D 中工藝路線 p 和 q 所有工序選擇的機床相互交叉，替換相應工序的機床基因部分。

　　以表 5-7 的染色體 C、表 5-8 的染色體 D 為例，進行交叉運算。對於

本例來說，因為只存在兩個零件，所以交叉位置只有 3 和 2，即將染色體 C 經過交叉運算形成新的子代染色體，算法執行過程如圖 5-5 所示，獲得 染色體 E 如表 5-9 所示。同理，將染色體 D 進行交叉運算，形成新的染 色體 F 如表 5-10 所示。

	代碼	代表工序	O_{11}	O_{21}	O_{14}	O_{17}	O_{18}	O_{23}	O_{24}	O_{26}	O_{15}	O_{27}	O_{25}	O_{16}	O_{111}
染色體 C	OL	工藝路線基因	3	2											
	OP	工序基因	1	2	1	1	1	2	2	2	1	2	2	1	1
	M	機床基因	1	4	6	8	2	6	3	1	2	5	2	3	5

	代碼	代表工序	O_{11}	O_{21}	O_{14}	O_{17}	O_{18}	O_{23}	O_{24}	O_{26}	O_{15}	O_{27}	O_{25}	O_{16}	O_{111}
染色體 E	OL	工藝路線基因	3	2											
	OP	工序基因	3	2	3	3	3	2	2	2	3	2	2	3	3
	M	機床基因	4	5	4	8	2	6	4	1	2	5	3	3	5

	代碼	代表工序	O_{11}	O_{21}	O_{14}	O_{17}	O_{23}	O_{18}	O_{15}	O_{16}	O_{24}	O_{26}	O_{27}	O_{111}	O_{25}
染色體 D	OL	工藝路線基因	3	2											
	OP	工序基因	1	2	1		2		1		2	1	1		2
	M	機床基因	4	5	4	8	2	2	3	4	1	5	5	3	

圖 5-5　機床基因部分均勻交叉算法

表 5-9　染色體 E

代碼	代表工序	O_{11}	O_{21}	O_{14}	O_{17}	O_{18}	O_{23}	O_{24}	O_{26}	O_{15}	O_{27}	O_{25}	O_{16}	O_{111}
OL	工藝路線基因	3	2											
OP	工序基因	1	2	1	1	1	2	2	2	1	2	2	1	1
M	機床基因	4	5	4	8	2	6	4	1	2	5	3	3	5

表 5-10　染色體 F

代碼	代表工序	O_{11}	O_{21}	O_{14}	O_{17}	O_{23}	O_{18}	O_{15}	O_{16}	O_{24}	O_{26}	O_{27}	O_{111}	O_{25}
OL	工藝路線基因	3	2											
OP	工序基因	1	2	1	1	2	1	1	1	2	2	1	1	2
M	機床基因	1	4	6	8	6	2	2	3	3	1	5	5	2

（5）變異

同樣，因為 IPPS 染色體部分包含了工藝路線基因部分、工序基因部 分和機床基因部分。變異操作也針對三部分分別設計變異操作算法。

1）工藝路線基因部分

步驟1：判斷 IPPS 問題中零件的個數 N，如果 $N<2$，則不執行工藝路線基因部分的交叉操作，否則，執行下一步。

步驟2：一定的機率選擇用以進行變異操作的染色體 A，隨機選擇兩個用以進行變異操作的變異點 p、q，表示發生變異的零件編號。

步驟3：保證染色體 A 中不發生變異的零件工序基因不變，將發生變異的零件新工藝路線包含的工序，按照原來的工序基因空位補充到染色體 A 中，空位不夠，按照順序排列到染色體的最末位置。

步驟4：保證染色體 A 中不發生變異的零件其機床基因不變，發生變異的零件當其工序已補充到染色體 A 的基因空位時，將隨機確定機床編號。

以表 5-2 中的染色體 A 為例，說明變異操作。染色體 A 只有兩個零件，所以 p、q 分別為 1、2。假定工藝路線基因部分第 1 碼位和第 2 碼位分別變異為 2、4，變異後的染色體 G 如表 5-11 所示。

表 5-11　染色體 G

代碼	代表工序	O_{11}	O_{22}	O_{14}	O_{15}	O_{23}	O_{24}	O_{16}	O_{26}	O_{17}	O_{27}	O_{25}	O_{18}	O_{111}
OL	工藝路線基因	2	4											
OP	工序基因	1	2	1	1	2	2	1	2	1	2	2	1	1
M	機床基因	1	2	6	7	6	4	3	1	1	5	2	2	4

2）工序基因部分

步驟1：對種群中所有染色體以事先設定的變異機率確定進行變異操作的染色體 A。

步驟2：隨機產生兩個變異位置點 p、q，將 p、q 兩個位置點的基因互換。

步驟3：檢查互換位置的工序基因部分是否滿足要求，即後一道工序只能在前一道工序加工結束進行，如果不滿足要求，返回步驟2。

步驟4：將互換的 p、q 兩個位置點工序的所屬機床互換。

因此，針對表 5-2 中的染色體 A，取變異點為 3 和 8，經檢驗，如果將 3 和 8 兩點的工序基因進行交換，即工序 O_{14} 與工序 O_{26} 位置交換，那麼會導致工序 O_{17} 和工序 O_{18} 安排在工序 O_{14} 之前，且工序 O_{26} 安排在工序 O_{23} 和工序 O_{24} 之前，顯然這不符合實際的工序約束條件。因此，取變異點 11 和 13，經過變異運算獲得的染色體 H 如表 5-12 所示。

表 5-12　變異後生成的染色體 H

代碼	代表工序	O_{11}	O_{21}	O_{14}	O_{17}	O_{23}	O_{24}	O_{18}	O_{26}	O_{15}	O_{27}	O_{111}	O_{16}	O_{25}
OL	工藝路線基因	3	2											
OP	工序基因	1	2	1	1	2	2	1	2	1	2	2	1	1
M	機床基因	1	4	6	8	6	3	2	1	2	5	5	3	3

3）機床基因部分

步驟 1：隨機選擇上述工序基因部分執行了變異操作生成的染色體 H 和 G。

步驟 2：隨機產生兩個變異點 p、q，代表準備進行變異操作的機床編號。

步驟 3：保持工序基因部分不變，變異點 p、q 所屬工序的機床更換為該工序的其他機床編號。

因此，針對表 5-12 中的染色體 H，取變異點為 3 和 8，將工序 O_{14} 與工序 O_{26} 的所屬機床，分別由機床 6 和機床 1 變更為機床 4 和機床 6，變異以後的染色體 I 如表 5-13 所示。

表 5-13　變異後生成的染色體 I

代碼	代表工序	O_{11}	O_{21}	O_{14}	O_{17}	O_{23}	O_{24}	O_{18}	O_{26}	O_{15}	O_{27}	O_{111}	O_{16}	O_{25}
OL	工藝路線基因	3	2											
OP	工序基因	1	2	1	1	2	2	1	2	1	2	2	1	1
M	機床基因	1	4	4	8	6	3	2	6	2	5	5	3	3

（6）適應度函數

適應度函數要保證優化目標最好的工藝路線集合具有最大的適應度值。因此，根據優化目標不同，適應度函數則不同。例如，如果以完工時間最小為優化目標，無論是以最大完工時間最小化，還是以總完工時間最小化，其適應度函數可取完工時間的倒數，保證完工時間最小的工藝路線集合具有最大的適應度值。如果優化目標為最大生產效率，則適應度函數可直接用生產力作為優化目標。

綜上，利用遺傳算法求解 IPPS 問題的流程如下。

步驟 1：遺傳算法初始化，包括種群規模，最大疊代次數、交叉點、變異點等。

步驟 2：為每個零件進行初始種群初始化，形成工藝路線代碼表、工序代碼表、機床代碼表。

步驟 3：從每個零件工藝路線的初始化種群中，按照一定的比例，隨機組合、初始化，形成 IPPS 問題的初始種群。

步驟 4：利用遺傳算法進行 IPPS 問題求解。

步驟 4.1：計算初始種群中，每個染色體的適應度值。

步驟 4.2：判斷遺傳算法是否達到系統設定的最大疊代次數，如果達到則轉到步驟 5，如果沒有，則繼續執行。

步驟 4.3：執行複製、交叉、變異操作，産生新一代種群。

步驟 4.4：疊代次數增加 1 次，繼續執行步驟 4.1。

步驟 5：更新最佳染色體，獲得求解方案。

5.2.2　典型案例及分析

韓國的 Kim 教授，在 2003 年發表在 *Computers & Operations Research* 上的一篇論文「A symbiotic evolutionary algorithm for the integration of process planning and job shop scheduling」中發布了一套較為完整的 IPPS 問題典型案例[21]。該案例由 18 個零件組成了 24 個標準的 IPPS 測試問題。關於該問題的具體細節可參閱文獻，其 24 個問題見表 5-14。

表 5-14　24 個標準 IPPS 測試問題[21]

問題	零件數	工序數	零件編號
1	6	79	1→2→3→10→11→12
2	6	100	4→5→6→13→14→15
3	6	121	7→8→9→16→17→18
4	6	95	1→4→7→10→13→16
5	6	96	2→5→8→11→14→17
6	6	109	3→6→9→12→15→18
7	6	99	1→4→8→12→15→17
8	6	96	2→6→7→10→14→18
9	6	105	3→5→9→11→13→16
10	9	132	1→2→3→5→6→10→11→12→15
11	9	168	4→7→8→9→13→14→16→17→18
12	9	146	1→4→5→7→8→10→13→14→16
13	9	154	2→3→6→9→11→12→15→17→18
14	9	151	1→2→4→7→8→12→15→17→18
15	9	149	3→5→6→9→10→11→13→14→16
16	12	179	1→2→3→4→5→6→10→11→12→13→14→15
17	12	221	4→5→6→7→8→9→13→14→15→16→17→18
18	12	191	1→2→4→5→7→8→10→11→13→14→16→17
19	12	205	2→3→5→6→8→9→11→12→14→15→17→18
20	12	195	1→2→4→6→7→8→10→12→14→15→17→18
21	12	201	2→3→5→6→7→9→10→11→13→14→16→18
22	15	256	2→3→4→5→6→8→9→10→11→12→13→14→16→17→18
23	15	256	1→4→5→6→7→8→9→11→12→13→14→15→16→17→18
24	18	300	1→2→3→4→5→6→7→8→9→10→11→12→13→14→15→16→17→18

利用遺傳算法求解上述調度標準測試問題的運行結果見圖 5-6 與圖 5-7。

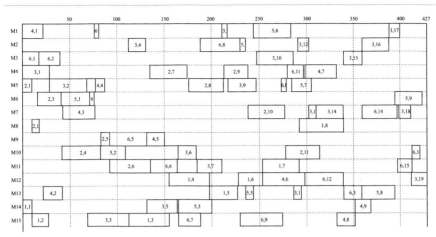

圖 5-6　標準測試問題 1 調度甘特圖[31]

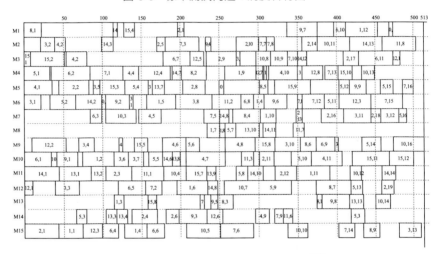

圖 5-7　標準測試問題 22 調度甘特圖[30]

5.3　利用蟻群算法求解工藝規劃與工廠調度整合問題

5.3.1　蟻群算法的優化策略

　　應用蟻群算法解決組合優化問題，一般建立在基於 AND/OR 圖的基礎上。圖 5-3 中的 AND/OR 圖表示了零件 1 和零件 2 的 IPPS 問題，但是該

圖中的兩個子圖零件 1 和零件 2 的工藝路線都是相互獨立的，在解決 IPPS 組合優化問題時，面臨著 1 個問題，即各個零件的可選工藝路線是相互獨立的，螞蟻在一次疊代過程中無法遍歷每個零件可選工藝路線的每道工序，當蟻群中的螞蟻從初始節點出發時，雖然最終能夠到達結束節點，但是由於零件之間工序的獨立性，可能導致算法無法遍歷全部零件可選工藝路線的工序，最終蟻群算法無法正常工作，不能完成路徑尋優。

因此，基於圖 5-3 的 IPPS 表達方法，難以應用蟻群算法進行 IPPS 的組合優化，需要對圖 5-3 的 IPPS 表達方法進行進一步改進。在原有的節點集、AND/OR 關係、有向弧集三大要素的基礎上增加無向弧集。有向弧表示不同工序間的優先級關係，主要展現在同一零件的同一道工藝路線內部工序之間，螞蟻在這些具有優先關係的節點之間遍歷時，必須遵循他們之間的優先級關係，而無向弧指的是在不同零件的任意工序之間增加的沒有方向的弧段，該弧段能夠確保螞蟻能夠遍歷所有零件的任意一條可選工藝路線的所有工序，由於工序之間沒有明確的優先關係，在該弧段上行走的螞蟻不必遵守優先級關係，螞蟻在無向弧連接的節點之間可以無阻礙地通行，從而保證蟻群算法正常工作。因此，針對圖 5-3，改進的零件 AND/OR 圖如圖 5-8 所示。

圖 5-8 中每道工序增加了可選機床及工作時間，如零件 1 的工序 O_{11} 可由兩臺機床 W_1、W_4 完成加工，其加工時間分別是 7s 和 6s。零件 2 的工序 O_{21} 可由兩臺機床 W_4、W_5 完成加工，其加工時間分別是 8s 和 9s。增加了不同零件之間的無向弧，原則上某個零件的每道工序和另外其他零件的所有工序之間都增加無向弧，例如，圖 5-8 中零件 2 的工序 O_{21} 和零件 1 的 11 道工序建立無向弧，能夠保證螞蟻按照一定的機率遍歷整個 IPPS 的 AND/OR 圖，為了避免圖 5-8 過於零亂，圖中僅僅表示了工序 O_{21} 與其他工序間的無向弧。

基於上述改進的 IPPS 表達方法，蟻群算法在解決 IPPS 問題時，主要面臨兩個問題：①選擇下一道的工序，即 AND/OR 圖中的節點；②選擇通往下一道工序（節點）的路徑。因此，基於改進 AND/OR 圖的蟻群算法在解決 IPPS 問題時分為兩個階段：

① 工序選擇階段　處在當前節點（工序）的螞蟻 k，根據一定的機率，選擇下一道工序，此時節點的特性是選擇的主要依據，當螞蟻 k 第一次疊代時，一般根據工序在相應機床的加工時間作為主要的選擇依據，在後續的螞蟻疊代中，根據加工時間和蟻群在以前疊代中殘留在節點的賀爾蒙進行節點（工序）的選擇，蟻群中的其他螞蟻按照同樣原理進行疊代。

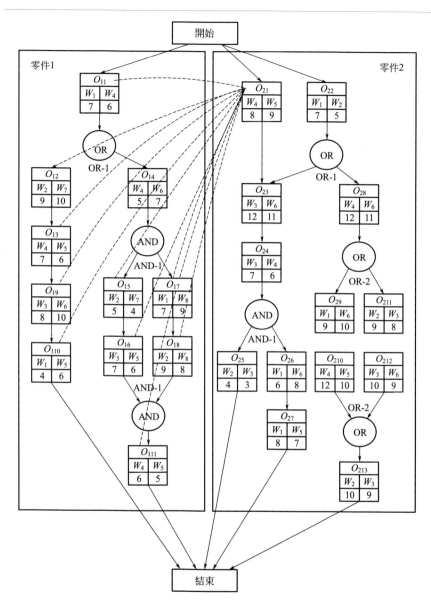

圖 5-8　改進的兩個零件的 AND/OR 圖

　　② 路徑選擇階段　當蟻群確定了零件的可選工藝路線後，螞蟻 k 和蟻群其他螞蟻在後續疊代中，只訪問工序選擇階段確定了的工序。此時節點和有向弧／無向弧的特性是選擇的依據，即螞蟻在此階段疊代時，根據節點的加工時間和蟻群在以前疊代中殘留在弧段的賀爾蒙進行路徑（有向弧和無向弧）的選擇。

　　針對圖 5-8，蟻群中的某隻螞蟻從開始節點，選擇第一道工序時，此時螞蟻有三種選擇，即 O_{11}、O_{21}、O_{22}，其中，每道工序可由兩臺機床完成加工。假設螞蟻當前處於工序 O_{23} 所代表的某個節點時，選擇下一道工序時有 12 種選擇，包括零件 2 當前工藝路線的下一道工序 O_{24}（透過有向弧進行），也包括零件 1 的 11 道工序（透過無向弧進行），螞蟻可按照一定的機率從 12 個工序所屬的 24 個節點中選擇某個節點。當螞蟻按照一定的方式選擇完節點後，能夠形成一個合理的節點集，該節點集包含了 AND/OR 圖中所有零件的某道可行工藝路線。譬如圖 5-8 中，該 AND/OR 圖中包含了兩個零件，假設經過第一階段蟻群所有螞蟻的疊代，形成了零件 1 和零件 2 的工藝路線分別是 OL_{11} 和 OL_{21}，那麼節點集則包括了 OL_{11} 和 OL_{21} 的所有工序及其加工機床和時間。在路徑選擇階段，螞蟻只需要遍歷節點集中所包含的所有節點，對於不屬於節點集中的其他節點則不需考慮，按照一定的機率，選擇螞蟻途徑的有向弧和無向弧，規劃合理的路徑，形成滿足一定性能評價指標的調度方案。

5.3.2　兩段式的蟻群算法求解 IPPS 問題

　　蟻群算法在工序選擇和路徑選擇兩個階段完成的工作不同，因此，其算法執行流程不同。節點選擇、賀爾蒙更新等策略也略有差異，應用本書提出的兩段式的標準蟻群算法解決 IPPS 問題具體的算法流程如下。

　　① 初始化，設置最大重複次數 $MaxRpt$，蟻群規模 m，賀爾蒙量 τ_0 初值等參數。

　　② 將所有螞蟻置於初始節點，置重複次數 $NumRpt = 0$。

　　③ 所有螞蟻選擇下一個節點。

　　④ 判斷所選節點是否為結束節點，如果否，轉到③，如果是，轉到⑤。

　　⑤ 更新節點賀爾蒙量，形成螞蟻 k 節點訪問列表 S_k，並判斷生成疊代節點訪問列表 S_{ib}。

　　⑥ 判斷連續兩次疊代最佳節點列表是否相同，如果是，$NumRpt++$，如果否，$NumRpt = 0$。

　　⑦ 判斷是否達到最大重複次數 $MaxRpt$，如果否，轉到第③步，如果是，輸出 S_{gb}，並轉到第⑧步。

　　⑧ 將所有螞蟻置於初始節點，$NumRpt = 0$。

　　⑨ 所有螞蟻從第 7 步形成的列表 S_{gb} 中選擇下一個節點。

⑩ 判斷所選節點是否為結束節點，如果否，轉到第⑨步，如果是，轉到⑫步。

⑪ 更新弧段賀爾蒙量，形成螞蟻 k 弧段訪問列表 X_k，並判斷生成疊代弧段訪問列表 X_{ib}。

⑫ 判斷是否達到最大疊代次數 $MaxRpt$，如果否，$NumRpt++$，轉到第⑨步，如果是，輸出 X_{gb}，算法結束。

（1）工序選擇階段

1）初始化

設置如下參數：蟻群規模 m；最大重複次數 $MaxRpt$（maximum repeation）；初始賀爾蒙量 τ_0；賀爾蒙揮發係數 ρ；能見度影響係數 E；賀爾蒙增量係數 Q；賀爾蒙權重係數 α；能見度權重係數 β；訪問列表 aces$[k]$ 置空；蟻群一次疊代最佳節點列表 S_{ib}；蟻群最終最佳節點列表 S_{gb}。

2）疊代

蟻群中的所有螞蟻置於開始節點，置疊代次數 $NumIte=0$，螞蟻 k 開始按照一定的機率選擇下一個節點。標準的蟻群算法中，當螞蟻置於開始節點時，AND/OR 圖中的所有節點都有可能成為螞蟻訪問的下一個節點，但是由於工藝路線中工序之間的優先級關係，所以，螞蟻在選擇下一個節點時，需要嚴格遵守此約束關係。並且，由於選中了某個節點，也就確定了該道工序，相應的工藝路線也就確定了，那麼該零件的其他工藝路線中的工序節點將被排除到下一個節點列表之外。因此，有必要構建螞蟻當前所處節點的下一個節點訪問列表。例如，圖 5-8 中，當螞蟻處於開始節點時，其可訪問列表為 O_{11}、O_{21}、O_{22} 三道工序的 6 個節點，螞蟻按照一定的節點選擇規則選擇下一個節點，當螞蟻選擇了工序 O_{21} 的 W_1 節點時，此時零件 2 的可選工藝路線由 6 條變成了 2 條，即 OL_{21} 和 OL_{22}，理論上其下一步可訪問工序為零件 1 的 11 道工序和零件 2 的工序 O_{23}，其節點列表為 12 個工序的 24 個節點。但是由於零件 1 工序之間的先後次序，其下一步可訪問工序只有零件 1 的工序 O_{11} 和零件 2 的工序 O_{23}，其節點訪問列表為工序 O_{11} 和 O_{23} 的 4 個節點，當螞蟻選擇了工序 O_{11} 的 W_2 節點，工序 O_{14} 的 W_3 節點時，零件 1 的可選工藝路線由 3 條變為 2 條，即 OL_{12} 和 OL_{13}，螞蟻下一步的訪問工序為 O_{15}、O_{17} 和 O_{23}，可訪問節點列表為 O_{15}、O_{17} 和 O_{23} 的 6 個節點。依此類推，當螞蟻確定了當前訪問節點後，其可訪問節點列表即可確定。從以上分析可知，確定螞蟻當前訪問列表 aces$[k]$ 主要考慮以下幾點。

① 相同零件的可替換工藝路線　即如果確定了某零件的某一道或某

幾道工序，該零件的工藝路線基本確定，而該零件的可替換工藝路線的其他工序則不能進入當前節點的訪問列表。

② 不同零件工序之間的工藝約束　不同零件工序之間的無向弧可令螞蟻在不同零件的工序之間自由尋優，但是由於零件工藝路線的工序之間存在先後次序，所以構建當前節點的訪問列表時，需考慮工序間的先後次序。

在此階段的目的是為了形成螞蟻的訪問節點列表，因此，AND/OR圖中節點是螞蟻尋優過程中賀爾蒙的攜帶者。當前節點的螞蟻選擇根據一定的機率訪問下一節點，該選擇機率的大小主要取決於兩方面，一是下一訪問節點的能見度 η_{uv}，二是螞蟻在疊代過程中遺留在節點的賀爾蒙 τ_{uv}。該選擇機率如式(5-1) 所示。

$$p_{uv}^k = \begin{cases} \dfrac{\tau_{uv}^\alpha \eta_{uv}^\beta}{\sum_{s \in \text{aces}[k]} \left[\tau_{uv}^\alpha \eta_{uv}^\beta \right]} & v \in \text{aces}[k] \\ 0 & v \notin \text{aces}[k] \end{cases} \tag{5-1}$$

式(5-1) 中，u 為源節點，v 為目標節點，η_{uv} 為從源節點 u 看目標節點 v 的能見度，τ_{uv} 為螞蟻 k 從源節點 u 到節點 v 遺留在節點 v 的賀爾蒙，α 為能見度的權重係數，β 為賀爾蒙的權重係數，$\text{aces}[k]$ 為螞蟻 k 在節點 u 的節點訪問列表。當各個螞蟻進行初始疊代時，其訪問機率大小取決於能見度大小，與賀爾蒙無關，此時 $\alpha = 1$，$\beta = 0$。

當蟻群第一次疊代時，下一節點的能見度主要取決於節點工序在相應機床的加工時間。通常情況下，節點工序加工時間越短，螞蟻選擇該節點的機率越大。因此，節點 v 的能見度如式(5-2) 所示。

$$\eta_{uv} = \frac{E}{T_{ijk}} \tag{5-2}$$

式(5-2) 中，T_{ijk} 為工序 O_{ij} 在機床 W_k 的加工時間；E 為能見度影響係數，為正值、常數，其取值大小取決於 T_{ijk}。從式(5-2) 可看出，節點 v 的能見度與 T_{ijk} 成反比，T_{ijk} 越小，螞蟻選擇該節點的機率越高。

螞蟻在每次疊代過程中，在其訪問節點中都會堆積賀爾蒙，該賀爾蒙隨著時間歷程會逐漸消退。最終堆積在各個節點的賀爾蒙將引導螞蟻選擇相應的節點。堆積在各個節點的賀爾蒙主要由兩部分構成：本次疊代前各個節點的賀爾蒙量和本次疊代後螞蟻在各個節點堆積的賀爾蒙量。各個節點的賀爾蒙 τ_{uv} 如式(5-3) 所示。

$$\tau_{uv(\text{new})} = (1 - \rho) \tau_{uv(\text{old})} + \Delta \tau_k \tag{5-3}$$

式(5-3) 中，$\tau_{uv(\text{new})}$ 為螞蟻 k 疊代後堆積在節點 v 上的賀爾蒙，ρ

為賀爾蒙揮發係數，$\tau_{uv(\text{old})}$ 為螞蟻 k 疊代前節點 v 上的賀爾蒙，$\Delta\tau_k$ 為螞蟻 k 本次疊代結束後，節點 v 的賀爾蒙增量。其中，該增量大小與螞蟻 k 完成本次節點疊代後的時間歷程有關。因此，節點 v 的賀爾蒙增量 $\Delta\tau_k$ 如式(5-4) 所示。

$$\Delta\tau_k = \frac{Q}{C_k} \tag{5-4}$$

式(5-4) 中，Q 為賀爾蒙增量係數，為正值、常數，其取值與 C_k 有關。C_k 為螞蟻 k 完成本次疊代後的時間歷程，其取值可由式(5-5) 計算。

$$C_k = \sum_{i=1}^{n}\sum_{j=1}^{p} T_{ijk} X_{ijk} \tag{5-5}$$

式(5-5) 中　T_{ijk}——作業任務 J_i 的工序 O_{ij} 在機床 W_k 上的加工時間；

X_{ijk}——調整係數，$X_{ijk} = \begin{cases} 1，當選擇節點工序 O_{ij} 時； \\ 0，當沒有選擇節點工序 O_{ij} 時。 \end{cases}$

當蟻群中的所有螞蟻完成一次疊代後，AND/OR 圖中相應的訪問節點則堆積了一定的賀爾蒙。當螞蟻第一次疊代時，各節點設定賀爾蒙初值 τ_0，該值大小與需要綜合考慮多種因素。當蟻群中的螞蟻經過多次疊代後，最終在 AND/OR 圖中形成一條相對固定的較佳路徑，該路徑為所有作業任務選擇了唯一一條可行工藝路線，因此，該路徑包含了上述選擇的每一條工藝路線的所有節點，該節點列表 S_{gb} 即為工序選擇階段的輸出結果，也是第二階段調度方案形成階段的輸入結果。

以圖 5-8 所示改進的 AND/OR 圖表示的 IPPS 問題為例，驗證算法的有效性。設定初始參數如下：$m = 8$，$MaxRpt = 5$，$\tau_0 = 1.0$，$\rho = 0.65$，$E = 20$，$Q = 100$，$\alpha = 2.0$，$\beta = 1.0$。經過上述算法後，確定了各個節點工序，形成了節點列表 S_{gb}，原 AND/OR 則轉變為圖 5-9 所示的 AND/OR 圖。

（2）路徑選擇階段

當第一階段工序選擇階段完成節點列表 S_{gb} 的構建，第二階段則根據 S_{gb} 列表完成各工序排序。

1）初始化

設置參數如下：蟻群規模 m；最大重複次數 $MaxRpt$；初始賀爾蒙量 τ_0；賀爾蒙揮發係數 ρ；能見度影響係數 E；賀爾蒙增量係數 Q；賀爾蒙權重係數 α；能見度權重係數 β；局部收斂判斷指標 $StdRpt$；訪問列表 aces$[k]$ 置空；蟻群一次疊代最佳弧段列表 X_{ib}；蟻群最終最佳弧段列表 X_{gb}。

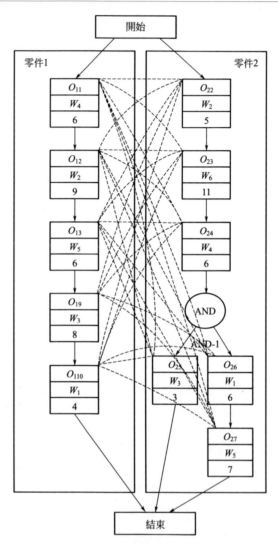

圖 5-9　工序選擇後的 AND/OR 圖

2）疊代

　　本階段蟻群只需要訪問第一階段所形成節點列表中的節點即可，與第一階段相同，在本階段為了提高螞蟻的訪問速度，也需要對每隻螞蟻構建其當前節點的可訪問節點列表 aces[k]。區別於第一階段，本階段目的是形成弧段訪問列表，最終的結果是調度方案，因此，AND/OR 圖中的有向弧和無向弧是賀爾蒙的攜帶者，而不是節點。當前某一節點的螞蟻，按照一定的機率選擇下一節點。該選擇機率主要取決於弧段的賀爾

蒙量，而與節點集的能見度關係不大。因此，該選擇機率如式(5-6)所示。

$$p_{uv}^k = \begin{cases} \dfrac{\tau_{uv}^{\alpha}\eta_{uv}^{\beta}}{\sum_{s \in \mathrm{aces}[k]}\left[\tau_{uv}^{\alpha}\eta_{uv}^{\beta}\right]} & v \in \mathrm{aces}[k] \\ 0 & v \notin \mathrm{aces}[k] \end{cases} \tag{5-6}$$

式(5-6)與式(5-1)相同，但是在執行過程中略有區別，主要展現在蟻群的第一次疊代。在本階段，蟻群中所有螞蟻的第一次疊代能見度權重係數 β 設置為 1，而賀爾蒙權重係數 α 設置為 0，即第一次疊代時，所有螞蟻的路徑選擇依據節點的能見度，同時設置各弧段賀爾蒙初始值 τ_0。

式(5-6)中節點 v 能見度如式(5-2)所示，節點 u 到節點 v 之間弧段的賀爾蒙如式(5-3)所示，其中式(5-3)中賀爾蒙增量 $\Delta\tau_k$ 如式(5-7)所示。

$$\Delta\tau_k = \frac{Q}{C_k} \tag{5-7}$$

其中 Q 為賀爾蒙增量係數，為正值、常數，其取值與 C_k 有關。C_k 為螞蟻 k 完成本次疊代後形成調度方案的最大完工時間，顯然 C_k 越小，調度方案越佳。

確定 C_k 的關鍵是確定每道工序的開工時間，而確定每道工序的開工時間，需要考慮兩個時間節點，即當前任務上一道工序的完工時間和本道工序所選擇機床的最後一道工序的完工時間。因此，工序 O_{ij} 在機床 W_k 上的開工時間 ST_{ij}，可用式(5-8)表示：

$$ST_{ij} = \max(ST_{ij-1} + t_{ij-1}, C_k) \tag{5-8}$$

式(5-8)中，ST_{ij} 為作業任務 J_i 的 O_{ij} 工序的開工時間；其中，$ST_{i0} = 0$，$t_{i0} = 0$。

C_k：最大完工時間，可用式(5-9)表示。

$$C_k = ST_{ij-1} + t_{ij-1k}X_{ij-1k} \tag{5-9}$$

式(5-9)中，X_{ijk} 為調整係數，$X_{ij-1k} = \begin{cases} 1，當工序 O_{ij-1} 在機床 W_k 加工時； \\ 0，當工序 O_{ij-1} 不在機床 W_k 加工時。 \end{cases}$

在圖 5-9 所示的 AND/OR 圖中，應用上述第二階段蟻群算法，進行路徑尋優。設定初始參數如下：$m=8$，$MaxRpt=5$，$\tau_0=1.0$，$\rho=0.65$，$E=10$，$Q=100$，$\alpha=2.0$，$\beta=1.0$。獲得的最佳路徑 X_{gb} 如圖 5-10 所示，最佳調度方案為 $O_{22} \rightarrow O_{11} \rightarrow O_{23} \rightarrow O_{12} \rightarrow O_{13} \rightarrow O_{24} \rightarrow O_{19} \rightarrow O_{26} \rightarrow O_{27} \rightarrow O_{110} \rightarrow O_{25}$，輸出調度方案甘特圖如圖 5-11 所示。

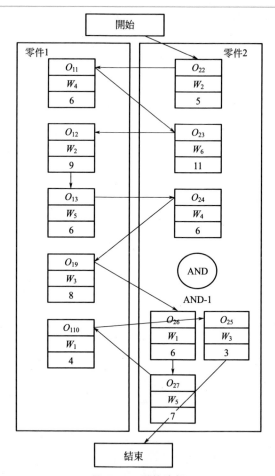

圖 5-10 最佳路徑

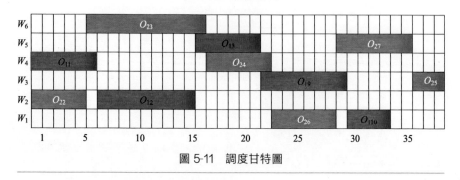

圖 5-11 調度甘特圖

5.3.3 改進的蟻群算法訪問策略

在應用標準蟻群算法解決路徑尋優問題時，經常遇到兩種極端情況，

即收斂過慢和局部收斂情況。收斂過慢導致算法搜尋最佳方案的時間變長，而所謂的局部收斂，通常指的是當連續幾代蟻群搜尋的最佳路徑完全相同，並且明顯該解不是最佳解時，則蟻群算法陷入了局部收斂。對於本例中，如果連續幾代蟻群輸出的節點列表 S_{ib} 或弧段列表 X_{ib} 相同，一般認為蟻群算法陷入了局部收斂，局部收斂的後果會導致蟻群最終輸出的節點集 S_{lb} 或弧段列表 X_{lb} 並不是最佳的結果，甚至相去甚遠，因此，有必要對算法在執行過程中出現的收斂過慢和局部收斂問題進行研究，並予以糾正。從蟻群算法在工序選擇階段的疊代過程可分析出，影響算法陷入收斂過慢和局部收斂的因素包括兩個，即工序節點的能見度和工序節點或弧段上的賀爾蒙，因此，解決局部收斂問題，主要從影響能見度和賀爾蒙的各個因素入手，進行分析並採取相應措施，而大量的試驗表明，蟻群算法的收斂過慢是由結果相對較佳的節點或弧段賀爾蒙堆積較慢導致的。局部收斂問題則相反，大部分情況是由於賀爾蒙的非正常快速堆積導致的，因此，提高較佳節點或弧段的賀爾蒙量，能夠加速蟻群算法的收斂，而避免賀爾蒙的快速堆積，是令蟻群算法跳出局部收斂的關鍵。為了判斷是否存在局部收斂，設置局部收斂判斷指標 $StdRpt$。在蟻群算法執行過程中，當連續 $NumRpt$ 代蟻群輸出相同的節點列表 S_{ib} 或弧段列表 X_{ib} 時，則系統判斷存在局部收斂，系統啓動自適應動態訪問策略。自適應動態訪問策略主要包括以下幾個方面。

（1）能見度影響係數 E

當 S_{lb} 或 X_{lb} 的重複次數 $NumRpt$ 大於局部收斂判斷指標 $StdRpt$ 時，則算法陷入局部收斂，導致局部收斂的原因是由於某些節點或弧段的賀爾蒙非正常的快速增加，因此，在訪問機率 p_{uv}^k 中增加節點能見度影響，而降低節點賀爾蒙影響。使能見度影響係數 E 隨重複次數 $NumRpt$ 的增加而增大，自適應能見度影響係數 E 如式(5-10) 所示：

$$E=\begin{cases} E_0 & NumRpt \leqslant StdRpt \\ E_0 \dfrac{NumRpt}{StdRpt} & NumRpt > StdRpt \end{cases} \qquad (5\text{-}10)$$

式(5-10) 中，E_0 是能見度影響係數 E 的初值；$NumRpt$ 是重複次數；$StdRpt$ 是局部收斂的指標次數，與求解問題的規模有關。

（2）賀爾蒙揮發係數 ρ

與上述相似，由於某些節點或弧段的賀爾蒙非正常地快速增加，導致了局部收斂，透過加快其賀爾蒙的揮發速度，降低節點或弧段的賀爾蒙量，即，令賀爾蒙揮發係數 ρ 隨 $NumRpt$ 的增大而增大，如式(5-11) 所示：

$$\rho = \begin{cases} \rho_0 & NumRpt \leqslant StdRpt \\ 1 - \dfrac{1-\rho_0}{NumRpt - StdRpt} & NumRpt > StdRpt \end{cases} \tag{5-11}$$

式(5-11) 中，ρ_0 為賀爾蒙揮發係數的初值。

(3) 賀爾蒙增量係數 Q

同樣的道理，當蟻群算法陷入局部收斂時，也可透過減少賀爾蒙的增量 $\Delta\tau$ 控制相應節點或弧段上堆積的賀爾蒙，如式(5-12) 所示：

$$Q = \begin{cases} Q_0 & NumRpt \leqslant StdRpt \\ -Q_0 \, \dfrac{NumRpt}{StdRpt} & NumRpt > StdRpt \end{cases} \tag{5-12}$$

式(5-12) 中，Q_0 為賀爾蒙增量係數 Q 的初值。

(4) 賀爾蒙更新策略

經過上述的改進，使蟻群算法能夠及時地從局部收斂的狀態中跳出，從而能夠避免非預期的結果，但是根本的問題是避免局部收斂的出現，也就是避免某些節點或弧段賀爾蒙的快速堆積，因此，需要對賀爾蒙的更新策略進行調整。式(5-3)～式(5-5) 是標準的蟻群算法賀爾蒙更新策略，如上述所述，該種策略能夠引導蟻群進行路徑尋優，但是會出現收斂過慢和局部收斂兩種極端情況。因此，需要對賀爾蒙更新策略進行調整，改進的賀爾蒙更新策略採用全局更新和局部更新兩種手段。

賀爾蒙全局更新採用式(5-3)～式(5-5) 所示的公式進行更新，當每個螞蟻 k 完成從開始節點到終止節點的路徑尋優後，對路徑中的每個節點或者弧段進行如式(5-3)～式(5-5) 的賀爾蒙更新。

大量的實驗資料證明，僅僅採用全局更新，易使蟻群算法收斂過慢，因此，結合局部更新策略，對節點或弧段上的資訊進行再次更新，該局部更新策略針對的是一次疊代最佳的節點列表或者弧段列表，稱之為局部更新策略 1，如式(5-13) 所示：

$$\tau^{ib}_{uv(\text{new})} = \tau^{ib}_{uv(\text{old})} + \Delta\tau^{ib} \tag{5-13}$$

式(5-13) 中，$\tau^{ib}_{uv(\text{new})}$ 為更新前節點或者弧段上累積的賀爾蒙；$\tau^{ib}_{uv(\text{old})}$ 為更新後節點或者弧段上累積的賀爾蒙；$\Delta\tau^{ib}$ 為一次疊代最佳節點列表 S_{ib} 或一次疊代最佳弧段列表 X_{ib} 在各節點或弧段的賀爾蒙增量，其值如式(5-14) 所示：

$$\Delta\tau^{ib} = \frac{Q}{C^{ib}} \tag{5-14}$$

當連續 $NumRpt$ 代蟻群輸出相同的節點列表或弧段列表，超過了局部

收斂判斷指標 $StdRpt$ 時，則表明算法陷入了局部收斂，則需要採用局部更新策略，此時局部更新策略的更新對象則是發生了局部最佳的節點列表或弧段列表，稱之為局部更新策略2，此時，節點能見度如式(5-15) 所示：

$$\eta_{uv}^{\mathrm{lb}} = \frac{E^{\mathrm{lb}}}{T_{ijk}} \tag{5-15}$$

式(5-15) 中，能見度係數 E^{lb} 如式(5-16) 所示：

$$E^{\mathrm{lb}} = E_0 \frac{NumRpt}{StdRpt} \tag{5-16}$$

式(5-16) 中，E_0 是能見度影響係數 E 的初值；$NumRpt$ 是重複次數；$StdRpt$ 是局部收斂的指標次數，與求解問題的規模有關。

各個節點的賀爾蒙 τ_{uv}^{lb} 如式(5-17) 所示：

$$\tau_{uv(\mathrm{new})}^{\mathrm{lb}} = (1 - \rho^{\mathrm{lb}}) \tau_{uv(\mathrm{old})}^{\mathrm{lb}} + \Delta \tau^{\mathrm{lb}} \tag{5-17}$$

式(5-17) 中，ρ^{lb} 為賀爾蒙揮發係數；$\Delta \tau^{\mathrm{lb}}$ 為蟻群單次疊代結束後，節點或弧段的賀爾蒙增量。ρ^{lb} 如式(5-18) 所示，$\Delta \tau^{\mathrm{lb}}$ 如式(5-19) 所示。

$$\rho^{\mathrm{lb}} = 1 - \frac{1 - \rho_0}{NumRpt - StdRpt} \tag{5-18}$$

式(5-18) 中，ρ_0 為賀爾蒙揮發係數的初值。

$$\Delta \tau^{\mathrm{lb}} = \frac{Q^{\mathrm{lb}}}{C^{\mathrm{lb}}} \tag{5-19}$$

式(5-19) 中，C^{lb} 如式(5-5)、式(5-9) 所示；Q^{lb} 如式(5-20) 所示：

$$Q = -Q_0 \frac{NumRpt}{StdRpt} \tag{5-20}$$

式(5-20) 中，Q_0 為賀爾蒙增量係數 Q 的初值。

應用上述策略，進行節點或者弧段賀爾蒙更新，既能夠解決算法收斂過慢，又能夠解決局部收斂的問題。在算法執行初期採用全局更新和第一種局部更新策略，引導螞蟻在較佳的路徑上完成賀爾蒙的快速堆積，從而加速蟻群算法的收斂過程。經過蟻群的多次疊代後，由於某些原因，個別的節點或路徑上出現賀爾蒙的非正常快速堆積，連續多代蟻群收斂於同一解，該解不是預期的最佳解，表明蟻群算法陷入了局部收斂，此時則需要採用第二種局部更新策略，只更新局部最佳解的節點或路徑上的賀爾蒙。透過加大賀爾蒙的揮發係數，加快局部最佳解節點或路徑上賀爾蒙的揮發速度。將賀爾蒙增量係數設置為負值，降低局部最佳節點或路徑上的賀爾蒙量，從而將局部最佳節點或者路徑上的賀爾蒙量降低為正常值，從而使蟻群算法跳出局部收斂。

經上述改進後的蟻群算法解決 IPPS 問題的流程如下。

① 初始化，設置最大疊代次數 $MaxIte$，局部收斂判斷指標 $StdRpt$，蟻群規模 m，賀爾蒙量 τ_0 初值等參數。

② 將所有螞蟻置於初始節點，置重複次數 $NumRpt=0$。

③ 疊代：

a. 所有螞蟻選擇下一個節點；

b. 判斷所選節點是否為結束節點，如果否，轉到 a. ；如果是，轉到 c. ；

c. 用全局更新策略來更新節點賀爾蒙量，形成螞蟻 k 節點訪問列表 S_k；

d. 判斷是否為本次疊代最佳節點列表，如果是，則運用局部更新策略 1 更新本次疊代最佳節點列表賀爾蒙，生成本次疊代節點訪問列表 S_{ib}。

④ 生成局部疊代最佳節點列表 S_{lb}，並判斷其與本次疊代節點訪問列表 S_{ib} 是否相同，如果是，$NumRpt++$；如果否，$NumRpt=0$。

⑤ 判斷重複次數 $NumRpt$ 是否超過局部收斂判斷指標 $StdRpt$，如果是，則運用局部更新策略 2 更新局部最佳節點列表的賀爾蒙。

⑥ 判斷是否達到最大疊代次數 $MaxIte$，如果否，轉到第③步；如果是，輸出 S_{gb}，轉到第⑦步。

⑦ 將所有螞蟻置於初始節點，$NumIte=0$，$NumRpt=0$。

⑧ 疊代：

a. 所有螞蟻從第⑥步形成的列表 S_{gb} 中選擇下一個節點；

b. 判斷所選節點是否為結束節點，如果否，轉到 a. ；如果是，轉到 c. ；

c. 用全局更新策略來更新弧段賀爾蒙量，形成螞蟻 k 弧段訪問列表 X_k；

d. 判斷是否為本次疊代最佳弧段列表，如果是，則運用局部更新策略 1 更新本次疊代最佳弧段列表賀爾蒙，生成本次疊代弧段訪問列表 X_{ib}。

⑨ 生成局部疊代最佳弧段列表 X_{lb}，並判斷其與本次疊代弧段訪問列表 X_{ib} 是否相同，如果是，$NumRpt++$，如果否，$NumRpt=0$。

⑩ 判斷重複次數 $NumRpt$ 是否超過局部收斂判斷指標 $StdRpt$，如果是，則運用局部更新策略 2 更新局部最佳節點列表的賀爾蒙。

⑪ 判斷是否達到最大疊代次數 $MaxIte$，如果否，轉到第⑧步；如果是，輸出 X_{gb}，算法結束。

上述算法流程圖如圖 5-12、圖 5-13 所示。

第二階段調度方案形成階段的流程圖如圖 5-13 所示，在此階段進行搜尋時，只需在第一階段的輸出結果 S_{gb} 進行搜尋即可。

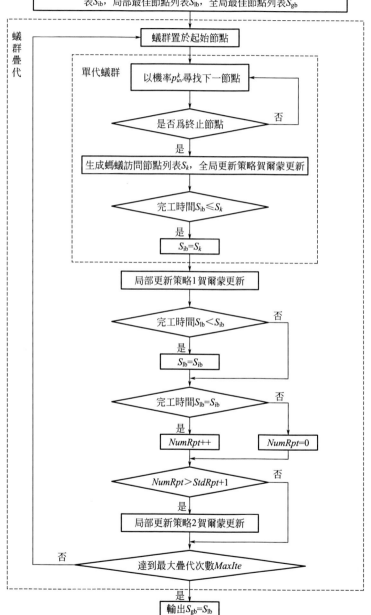

圖 5-12　改進的第一階段流程圖

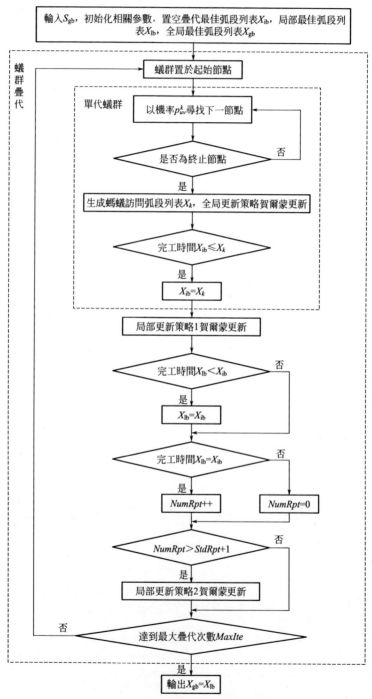

圖 5-13　改進的第二階段流程圖

5.3.4 典型案例及分析

此處依然使用 5.2.2 節韓國的 Kim 教授的 IPPS 問題標準案例。得出的甘特圖見圖 5-14、圖 5-15。

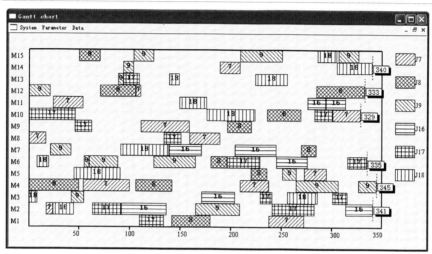

圖 5-14 標準測試問題 3 的調度甘特圖[35]

圖 5-15 標準測試問題 24 的調度甘特圖[37]

參考文獻

[1] Chryssolouris G, Chan S, Cobb W. Decision making on the factory floor: an integrated approach to process planning and scheduling[J]. Robotics and Computer-Inte-

grated Manufacturing, 1984, 1（3-4）: 315-319.

[2] Chryssolouris G, Chan S. An integrated approach to process planning and scheduling[J]. Annals of the CIRP, 1985, 34（1）: 413-417.

[3] R. Meenakshi Sundaram, Fu Sh Sh. Process planning and scheduling-a method of integration for productivity improvement [J]. Computers and Industrial Engineering, 1988, 15: 296-301.

[4] Tsubone H, Anzai M, Sugawara M, et al. Interactive production planning and scheduling system for a flow-type manufacturing process[J]. International Journal of Production Economics, 1991, 22（1）: 43-51.

[5] Zhang H C. IPPM-a prototype to integrated process planning and job shop scheduling functions[J]. Annals of the CIRP, 1993, 42（1）: 513-518.

[6] 李言，彭炎午，張曉沖. 工藝計劃和生產計劃調度集成的研究[J]. 中國機械工程，1994, 5（6）: 44-45.

[7] 李言，徐躍飛，張曉坤，等. 工藝設計與調度集成資料庫的概念模式[J]. 機械科學與技術，1995, 2: 63-86.

[8] 鄧超，李培根，羅濱. 工廠作業計劃與工藝設計集成研究[J]. 華中理工大學學報，1997, 25（3）: 16-17.

[9] 鄧超，李培根，蔡力鋼，等. 基於多工藝方案的工廠作業計劃方法研究[J]. 華中理工大學學報，97, 25（3）: 14-15.

[10] Zijm WHM, Kals HJJ. Integration of process planning and shop floor scheduling in small batch part manufacturing[J]. CIRP Annals-Manufacturing Technology, 995, 44（1）: 429-432.

[11] Brandimarte P, Calderini M. A hierarchical bicriterion approach to integrated process plan selection and job shop scheduling[J]. International Journal of Production Research, 1995, 33: 161-181.

[12] Kempenaers Jan, Pinte Jos, Detand Jan, et al. Collaborative process planning and scheduling system[J]. Advances in engineering software, 1996, 25（1）: 3-8.

[13] Usher J M, Fernandes K J. Dynamic Process Planning-The Static Phase[J]. Journal of Materials Processing Technology, 1996, 61: 53-58.

[14] Kim Kun-Hyung, Egbelu Pius J. Mathematical model for job shop scheduling with multiple process plan consideration per job[J]. Production Planning and Control, 1998, 9（3）: 250-259.

[15] Saygin Can, Kilic S. E. Integrating flexible process plans with scheduling in flexible manufacturing systems[J]. International Journal of Advanced Manufacturing Technology, 1999, 15（4）: 268-280.

[16] Kim KH, Egbelu PJ. Scheduling in a production environment with multiple process plans per job[J]. International Journal of Production Research, 1999, 37: 2725-2753.

[17] Yang Y N, Parsaei H R, Leep H R. A Prototype of a Feature-based Multiple-Alternative Process Planning System with Scheduling Verification[J]. Computers and Industrial Engineering, 2001, 39: 109-124.

[18] Thomalla C. Job Shop Scheduling with Alternative Process Plans[J]. International Journal of Production Economics, 2001, 74: 125-134.

[19] Wu S H, Fuh J Y H, Nee A Y C. Concurrent Process Planning and Schedu-

ling in Distributed Virtual Manufacturing [J]. IIE Transactions, 2002, 34: 77-89.

[20] Zhang Y F, Saravanan A N, Fuh J Y H. Integration of process planning and scheduling by exploring the flexibility of process planning [J]. 2003, 41 (3): 611-628.

[21] Kim Y, Park K, Ko J. A Symbiotic Evolutionary Algorithm for the Integration of Process Planning and Job Shop Scheduling[J]. Computers and Operations Research, 2003, 30: 1151-1171.

[22] Moon C, Seo Y. Evolutionary Algorithm for Advanced Process Planning and Scheduling in a Multi-plant[J]. Computers and Industrial Engineering, 2005, 48: 311-325.

[23] Morad Norhashimah, Zalzala Ams. Genetic algorithms in integrated process planning and scheduling [J]. Journal of Intelligent Manufacturing, 1999, 10 (2): 169-179.

[24] Lee H, Kim S. Integration of Process Planning and Scheduling Using Simulation Based Genetic Algorithms[J]. International Journal of Advanced Manufacturing Technology, 2001, 18: 586-590.

[25] Moon C, Kim J, Hur S. Integrated Process Planning and Scheduling with Minimizing Total Tardiness in Multi-Plants Supply Chain [J]. Computers and Industrial Engineering, 2002, 43: 331-349.

[26] Shao X Y, Li X Y, Gao L, et al. Integration of process planning and scheduling-a modified genetic algorithm-based approach [J]. Computers and Operations Research, 2009, 36 (6): 2082-2096.

[27] Li X Y, Zhang Ch Y, Gao L, et al. An agent-based approach for integrated

process planning and scheduling [J]. Expert Systems with Applications, 2010, 37 (2): 1256-1264.

[28] Li X Y, Gao L, Shao X Y, et al. Mathematical modeling and evolutionary algorithm-based approach for integrated process planning and scheduling [J]. Computers and Operations Research, 2010, 37 (4): 656-667.

[29] Li X Y, Shao X Y, Gao L, et al. An effective hybrid algorithm for integration of process planning and scheduling[J]. International Journal of Production Economics, 2010, 126: 289-298.

[30] Li Xinyu, Gao Liang, Shao Xinyu. An active learning genetic algorithm for integrated process planning and scheduling [J]. Expert Systems with Applications, 2012, 39 (8): 6683-6691.

[31] Hao Xia, Li Xinyu, Gao Liang. A hybrid genetic algorithm with variable neighborhood search for dynamic integrated process planning and scheduling [J]. Computer & Computer Industrial Engineering, 2016, 102 (1): 99-112.

[32] Zhang L P, Wong T N. An object-coding genetic algorithm for integrated process planning and scheduling [J]. European Journal of Operation Research, 2015, 244: 434-444.

[33] Kumar R, Tiwari M K, R Shankar. Scheduling of flexible manufacturing systems: an antcolony optimization approach[J]. Proceedings of the Institution of Mechanical Engineers, Part B: Journal of Engineering Manufacture, 2003, 217, 10: 1443-1453.

[34] Leung C W, Wong T N, Mak K L, et al. Integrated process planning and scheduling by an agent-based ant colony optimi-

zation[J]. Computers and Industrial Engineering, 2010, 59（1）: 166-180.

[35] Wang J F, Fang X L, Zhang C W, et al. A graph-based Ant Colony Optimization Approach for Integrated Process Planning and Scheduling, 2014, 22: 748-753.

[36] Leng S h, Wei X B, Zhang W Y. Improved aco schduling algorithm based on flexible process[J]. Transactions of Nanjing University of Aeronautics and Astronautics, 2006, 23（2）: 154-159.

[37] Wong T N, Zhang Sch, Wang G, et al. Integrated process planning and scheduling—multi-agent system with two-stage ant colony optimisation algorithm[J]. International Journal of Production Research, 2012, 50（21）: 6188-6201.

[38] Guo Y W, Li W D, Mileham A R, et al. Applications of particle swarm optimization in integrated process planning and scheduling[J]. Robotics and Computer Integrated Manufacturing, 2009, 25: 280-288.

[39] Guo Y W, Li W D, Mileham A R, et al. Optimisation of integrated process planning and scheduling using a particle swarm optimisation approach[J]. International Journal of Production Research, 2009, 47（4）: 3775-3796.

[40] Wang Y F, Zhang Y F, Fuh J Y H. A PSO based multi-objective optimization approach to the integration of process planning and scheduling[C]. In: Proceeding of 8th IEEE International Conference on Control and Automation, China, 2010. 214-219.

[41] Sahraian R, Haghighi A K, Ghasemi E. A multi-objective optimization model to the integrating flexible process planning and scheduling based on modified particle swarm optimization algorithm （MPSO）[J], World Academy of Science, Engineering and Technology, 2011, 79. 85-692.

[42] Dong Q Y, Lu J Sh, Gui Y K. Integrated optimization of production planning and scheduling for flexible job-shop[J]. International Review on Computers and Software, 2012, 7（3）: 1273-1282.

[43] Yang Y H, Zhao F Q, Hong Y, et al. Integration of process planning and production scheduling with particle swarm optimization （PSO） algorithm and fuzzy inference systems[C]. In: Proceedings of SPIE-The International Society for Optical Engineering, China, 2005, 421.

[44] Zhao, F Q, Zhu A H, Yu D M, et al. A hybrid Particle Swarm Optimization （PSO） algorithm schemes for integrated process planning and production scheduling[C]. In: Proceedings of the World Congress on Intelligent Control and Automation （WCICA）. China, 2006, 6772-6776.

[45] Kis T. Job shop scheduling with processing alternatives[J]. European Journal of Operational Research, 2003, 151: 307-332.

[46] Tan W, Khoshnevis B. A linearized polynomial mixed integer programming model for the integration of process planning and scheduling[J]. Journal of Intelligent Manufacturing, 2004, 15: 593-605.

[47] 董朝陽, 孫樹棟. 基於免疫遺傳算法的工藝設計與調度集成[J], 電腦集成製造系統, 2006, 12（11）: 1807-1813.

[48] Moreno M D R, Oddi A, Borrajo D, et al. IPSS: A Hybrid Approach to Plan-

ning and Scheduling Integration [J]. IEEE Transactions on Knowledge and Data Engineering, 2006, 18（12）: 1681-1695.

[49] Ueda K, Fuji N, Inoue R. An Emergent Synthesis Approach to simultaneous process planning and scheduling [J]. Annals of the CIRP, 2007, 56（1）: 463-466.

[50] Li W D, McMahon C. A simulated annealing-based optimization approach for integrated process planning and scheduling [J]. International Journal of Computer Integrated Manufacturing, 2007, 20（1）: 80-95.

[51] Mishra N, Choudhary A K, Tiwari M K. Modeling the planning and scheduling across the outsourcing supply chain: a Chaos-based fast tabu-SA approach[J]. International Journal of Production Research, 2008, 46（13）: 3683-3715.

第6章

智慧製造系統
案例分析

6.1 汽車行業典型零部件智慧工廠案例

汽車行業在典型零部件的製造過程中大量應用了智慧製造技術，主要包括製造執行系統（MES）、自動導引車（AGV）、資料採集與監視控制系統（SCADA）以及安燈（Andon）系統的使用。企業透過智慧工廠的建設，可以有效提升工廠的視覺化程度，打破「工廠黑箱」，提升生產效率。

6.1.1 MES系統

（1）汽車製造企業的裝配MES共性需求

在汽車製造企業實施MES，需解決以下共性需求。

① 針對準時製（JIT）生產和混流裝配的要求，透過高級計畫排程，製定優化的總裝上線順序，以此拉動物料準備，並生成塗、焊、衝等工廠的生產計畫。

② 實現生產過程即時資料的採集和生產現場的透明化管控，包括在製品位置、緩衝區資訊、品質狀態、關鍵重要零件檔案等。

③ 實現物流過程的精益化管理，針對不同的物料類型，採用不同的物流配送方式，透過RFID、條碼等手段實現物流過程追蹤，確保物料準時、正確地送達生產現場，並對庫存進行有效的管理。

④ 實現生產現場無紙化和視覺化，透過工作流下發生產指令，透過資料採集手段自動獲取生產進度，透過物聯網技術實現品質檔案資訊的收集，透過物料看板防止漏裝、錯裝，透過電子化看板展示生產進度和績效資訊。

（2）陝西重型汽車有限公司MES的應用實施內容

陝西重型汽車有限公司（以下簡稱：陝重汽）是在國際上有著重大影響的汽車廠商，是中國企業500強之一，公司產品範圍覆蓋重型軍用越野車、重型卡車、大中型客車、中輕型卡車、重型車橋、康明斯引擎及汽車零部件等，現已達到年產重型卡車10萬輛、中型卡車2萬輛、大客車1500輛及中型車橋35萬根的能力。

2012年1月起，華中科技大學和陝重汽合作實施MES。2013年8月，MES系統透過驗收並上線應用於公司的車身廠、車架廠、特種車事業部、總裝廠和下屬通匯物流公司。

陝重汽產品型號多、結構複雜、零部件和材料產品繁多，工藝過程複雜，涉及的生產環節多，製造難度大，各環節配套要求高，且現場由於客戶需求等各種因素造成更改頻繁，產品的裝配過程等環節採用人工管理的模式，相對於生產製造部門及生產業務部門的電子化管理來說依然是暗箱，隨著工廠生產管理資訊化建設的推進，這種製造現場手工管理模式與整個企業高效的主生產計畫之間的矛盾越來越突出。

生產管理圍繞的核心都是生產計畫的管理及生產計畫的執行，同時輔助相應的品質檢驗、物料管控等業務流程，因此，結合陝重汽的實際情況以及陝重汽的生產特點，以計劃、監控、物料為主線，結合整車關鍵件品質資料採集功能將工廠內外的主體業務貫穿起來。

陝重汽 MES 系統流程主要包括 8 個功能範圍：

① 生產計劃與控制（民品、軍品、試製、配件、專項改製等類）；

② 總裝上線序列；

③ 品質監控（關鍵件與 VIN 匹配）；

④ 資料採集（車身廠、車架廠和總裝廠）；

⑤ 在製品追蹤；

⑥ 緩衝區庫存管理（車架緩衝區和駕駛室緩衝區）；

⑦ 物料管理（物料接收和物料需求發布）；

⑧ 統計與報表。

陝重汽 MES 應用實施的內容如下。

① 生產計劃與控制　採用高級計劃排程技術，形成了整車裝配到車身、車架等子公司及零部件的協同計劃排產模式，對無法自產的零部件自動生成對應的外協計畫，實現了跨系統、多層級計畫級聯調整。具體功能包括訂單管理、生產計畫編製、上線順序排序、上線計畫發布、外協計畫、計畫調整、計畫看板等。

② 物流管控和在製品追蹤　根據總裝上線順序和 BOM 發布物料需求。實現了物料配送和物料追蹤管理。透過對車架、車身廠緩衝區、第三方物流公司倉庫的即時管控，實現了以整車裝配拉動物流執行過程。支持整車裝配過程中對車身、車架庫位的自動監控，實現了車身、車架的按需接收和出庫。透過 RFID、條碼等手段實現總裝線上在製品進度的追蹤。

③ 即時資料採集與監控　包括即時資訊採集與處理平臺構建、緩衝區即時資訊採集等。並透過移動終端對各種主要零部件品質資料進行採集，對現場品質異常資料進行即時回饋與視覺化提醒，以完整的電子品質檔案替代原有的紙本檔案，生產狀況透過視覺化看板的形式進行展示。

實現對生產過程的視覺化監控以及關鍵件追溯。

多級計劃流程見圖 6-1。

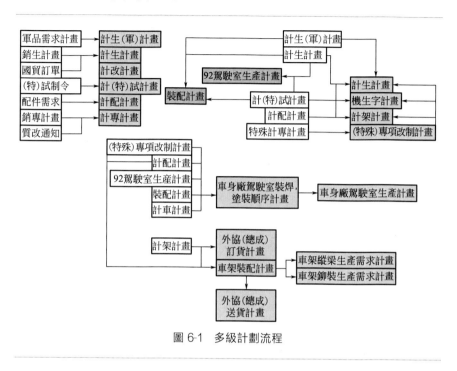

圖 6-1　多級計劃流程

(3) 江淮汽車乘用車三廠 MES 應用實施內容

安徽江淮汽車股份有限公司（簡稱「江淮汽車」），是一家集商用車、乘用車及動力總研發、製造、銷售和服務於一體的綜合型汽車廠商，是中國企業 500 強之一。公司具有年產 63 萬輛整車、50 萬臺引擎及相關核心零部件的生產能力，實現了連續 22 年以來平均成長速度達 40％的超快發展。

華中科技大學自 2012 年 1 月起為江淮汽車乘用車三廠定製開發並實施了跨平臺、跨部門的製造執行系統（MES），於 2013 年 6 月透過上線驗收，目前已成功應用於焊接、塗裝、總裝等生產線。透過使用感測器、RFID 和智慧設備來自動處理生產過程中的相關資訊，運用精益化管理的思想進行流程的優化，形成了一套基於物聯網技術的 MES 系統，實現了對從訂單下達到產品完成整個生產過程的優化管理。透過在工廠現場實現低級規劃和生產線優化，提高了生產力，降低了成本，並滿足了企業變化的需求。

江淮汽車乘用車三廠 MES 應用實施的內容如下。

　　① 計劃模組　根據優先級、工作中心能力、設備能力、均衡生產等方面對工序級、設備級的作業計畫進行調度。基於有限能力的調度並透過考慮生產中的交錯、重疊和並行操作來準確地計算工序的開工時間、完工時間、準備時間、排隊時間以及移動時間（見圖 6-2）。

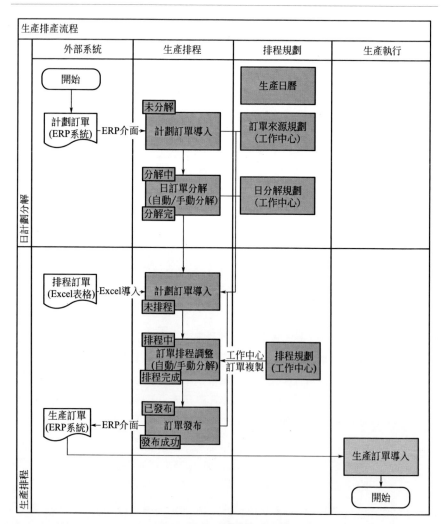

圖 6-2　生產計劃排程流圖

　　② 精益物流執行模組　運用 JIT 理論，建立起覆蓋裝配生產、倉儲、物流配送的全方位生產運作體系，搭建供應商平臺，降低了在製品庫存，減少了生產週期；同時與 Andon、AGV 系統集成，實現智慧化揀貨、配送和 AGV 小車自動送料。物流配送模式與流程如圖 6-3 所示。

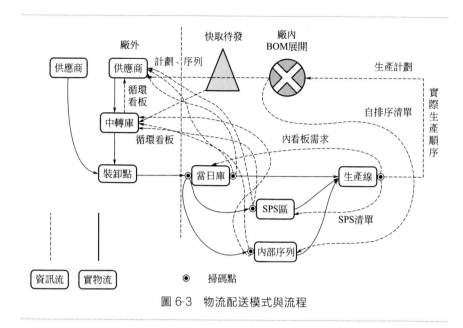

圖 6-3　物流配送模式與流程

　　③ 品質管理模組　基於全面品質管理，採用 PDCA 動態循環理論，研發了品質資料採集終端，實現了車輛生產過程中缺陷資料的快速採集、直方圖與關聯圖視覺化分析、多角度報表統計等功能；透過條碼掃描、掃碼槍導入導出等多種類多場景的方式達到了安全件防錯追溯的效果。品質資料匯入流程如圖 6-4 所示。

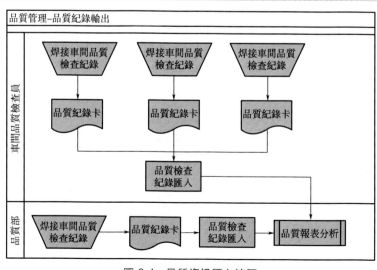

圖 6-4　品質資訊匯入流程

（4）汽車製造企業裝配 MES 應用效果分析

透過 MES 應用，在計畫管控、物流管控、品質管控等方面都產生了顯著的應用效果。兩家汽車製造企業的 MES 應用效果見表 6-1。

表 6-1　汽車製造企業 MES 應用效果

MES 模組	陝重汽	江淮汽車
計畫排程	透過高級計畫排程形成了整車裝配到車身、車架等子公司及零部件協同計畫排產模式，無法自產的零部件自動生成對應的外協計畫，裝配計畫編製時間由 12 小時縮短至 2 小時；實現了跨系統、多層級計畫級聯調整，計畫調整時間由 12 小時縮短為 2 秒；排產中考慮庫存約束因素，使得工廠庫存降低 10％以上	透過 MES 計畫管理的調度，作業計畫可執行性顯著提升，裝配執行過程與裝配計畫偏離度降低 36％，裝配線整體運行效率提高 10％以上
物流優化	透過對車架、車身廠緩衝區以及第三方物流公司倉庫的即時監控，實現了以整車裝配拉動物流執行過程；支持整車裝配過程中對車身、車架庫位的自動指導，實現了車身、車架的按需接收和出庫；實施前操作工需花費 10 多分鐘來尋找車架，實施後上述時間基本減少為 0，駕駛室出庫時間也由 6 分鐘縮短為現在的 5 分鐘，裝配線整體運行效率提高 20％；緩衝區庫存原來的 12 小時更新一次變為即時更新，減少了駕駛室緩衝區臺帳維護人員 2 人；透過工廠資源狀況即時監控，取代了原來的人工統計方式，實現了車身及駕駛室的自動齊套保障，齊套保障時間由 2 小時縮短為 10 秒並減少了車身及車架保障人員各 2 人	應用 MES 精益物流執行模組後，總裝線生產節拍從 76 秒提升至 60 秒；總裝工廠年物料資金占用降低 35.4％，物料配送準時率提高 34％，配套零部件的庫存降低 9.6％，在製品資金占用降低 22.5％；本項成果可為公司每年產生超過 2000 萬的經濟效益
資料採集和質量管控	透過移動終端對各種主要零部件品質資料進行採集，並對現場品質異常資料進行即時回饋與視覺化提醒；以完整的電子品質檔案替代原有的紙本檔案，即時提供整車品質資訊及零部件裝配資訊，降低關鍵零部件追溯時間 80％以上；透過移動終端對裝配過程資訊進行採集，減少了工廠品質資訊匯入人員 2 人	透過品質匯入終端，質檢效率大幅提升，錯檢、漏檢率降低 20％，檢測人員工時減少 20％，建立了完整的電子品質檔案，裝配品質問題追溯時間縮短 25％以上

6.1.2　AGV 小車

汽車行業是 AGV 應用率較高的行業。目前，世界汽車行業對 AGV 的需求仍占主流地位（約 57％）。在中國，AGV 最早應用於汽車行業是在 1992 年。隨著目前汽車工業的蓬勃發展，為了提高自動化水準，同時實現少人化、低成本的目標，近年來，已有許多汽車製造廠應用了 AGV 技術，如東風日產、上汽通用、上汽大眾、東風汽車、武漢神龍及北汽福田等企業。武漢通暢汽車電子照明有限公司（以下簡稱：武漢通暢）於 2015 年底建成並正式投產，主要為上汽通用和武漢神龍兩大汽車廠商配套供應汽車燈具。武漢通暢智慧工廠的建設是以 MES 系統為主線，藉助 AGV、SCADA、Andon 等設備或技術，實現智慧化生產。武漢通暢

公司應用 AGV 小車實現了從零部件和自製件到裝配成品，從生產工廠到成品倉庫的自動運輸，並透過自動化立體倉庫和倉庫管理系統，實現了自動存取成品，不僅減少了物流人員的分配，還提升了工作效率。

當有班組需要物料時，裝配線上的物料員就會報單給立體倉庫，配送系統會根據班組提供的資訊，迅速找到放置該物料的容器，並向 AGV 發出取貨指令。AGV 小車在接到取貨指令後，自動行駛至立體倉庫取貨。取完貨後，AGV 小車透過布置在地面的 RFID 標籤進行導引，從而在廠區內實現 AGV 小車的自動運動。

AGV 小車的工作流程包括：

① 利用探感物聯分配符合要求的 AGV 專用 RFID 設備和節點識別專用 RFID 標籤、工廠地面上的 RFID 標籤。

② 規劃好 AGV 的移動路線，製定 RFID 標籤安裝節點，形成節點位置與 RFID 標籤 ID 的一一對應。

③ 為 AGV 安裝專用的 RFID 設備，實現對 RFID 標籤 ID 號的識別。

④ AGV 根據設定好的規則，對行進路線上的關鍵節點進行識別，並自動引導準確移動。

⑤ AGV 停車後，生產線兩側的機械或人工可對臺車上的配件進行組裝加工。

⑥ 當該流程加工完成後，AGV 自動牽引臺車進入下一個流程進行加工，以此類推。

⑦ 當 AGV 牽引臺車運行完生產線上的所有加工流程後，小車將會牽引已經加工完成的成品，運回到成品卸載區。

⑧ AGV 完整地完成任務後，繼續前往配件裝載區進行裝載，或者到充電區進行充電，或者更換電池。

採用 AGV，具有以下優勢：

① 工作效率高　相比於需要人工駕駛的堆高機和拖車，AGV 小車無須人工駕駛，是自動化物料搬運設備，可在一兩分鐘內完成電池更換，或者自動充電，實現近乎 24 小時的滿負荷作業，具有人工作業無法比擬的優勢。

② 成本費用較低　近年來隨著 AGV 技術的發展與成熟，AGV 的購置費用已降低到與堆高機比較接近的水準，而人工成本卻在不斷上漲。兩者相比較，少人化、無人化的工業轉型升級優勢日益明顯。

③ 節省管理精力　堆高機或拖車司機作為一線操作人員，通常勞動強度大、收入不高，員工的情緒波動較大，離職率也比較高，給企業管理帶來較大的難度。而 AGV 可有效規避管理上的風險，特別是近年來頻

現的用工荒現象。

④ 可靠性高　相對於堆高機及拖車行駛路徑和速度的未知性，AGV 的導引路徑和速度是非常明確的，且定位停車精準。因此，大大提高了物料搬運的準確性；同時，AGV 還可做到對物料的追蹤監控，可靠性得到極大提高。

⑤ 避免產品損壞　AGV 可大大減少堆高機工技術上的失誤或者野蠻操作對產品本身及包裝箱的損傷風險。

⑥ 較好的柔性和系統拓展性　AGV 控制系統可允許最大限度地更改路徑規劃，具有較好的靈活性。同時，AGV 系統已成為工藝流程中的一部分，可作為眾多工藝連接的紐帶，因此，具有較高的可擴展性。

⑦ 成熟的控制系統管製　AGV 系統可控制規劃小車運行路線，分配小車任務，對小車運行路線進行交通管理。在減輕對員工的管理負擔的同時，又對場內生產環境進行管理，避免堆高機以及員工進行工作時缺乏規劃，導致交通堵塞、物料堆放雜亂等現象。

⑧ 安全性高　AGV 小車通常採用了光電防護聲光預警、訊號燈、聲光報警等多級硬體與軟體的安全措施，從而保證小車運行過程中自身、現場人員及各類設備的安全。

6.1.3　SCADA 系統

SCADA 系統主要包括三部分：主站端、通訊系統和遠端終端單元。企業透過應用 SCADA 系統，實現對設備、人員以及生產線相關資料的即時採集與監控，進行相應的資料分析，發現問題並及時改善，不斷對生產線進行優化。

SCADA 的主站一般採用先進的電腦，有著良好的圖形支持，現在採用 PC 和 Windows 操作系統居多。一個主站可能的分站數量從幾十到幾百、幾千個不等。主站系統一般包括：①通訊前置系統，主要負責解析各種不同的規約，完成通訊介面資料處理，資料轉發。包括前置電腦、序列埠池或者 MODEM 池、機架、防雷措施和網路介面。②即時資料庫系統，主要包括運行即時資料庫的伺服器。③工程師工作站，負責系統的組態、畫面製作和系統的各種維護。④生產調度工作站是監控系統的主要使用者，可顯示畫面，畫面瀏覽，實現各種報警等。⑤各種監控工作站，主要用於特別龐大，幾個人已經無法監控的情況，這時會根據需要，設立各種監控工作站，每個工作站有人員工作。⑥歷史資料庫伺服器，是 SCADA 系統保存歷史資料的伺服器。⑦網站伺服器，可以透過

使用者瀏覽器軟體訪問相關資料。⑧上層應用工作站，主要用於即時資料和歷史資料的探勘工作。作為 SCADA 主站系統，大的系統可能有幾十個上百個工作站、多個伺服器。為了保證系統的可靠性，採用雙前置系統，多伺服器系統，兩個網路。但是對於簡單的 SCADA 主站系統可能就只有一臺電腦，運行一套軟體。

SCADA 的通訊系統非常複雜，包括有線、無線以及網路通訊三類方式。有線通訊方式包括：音頻電纜、架空明線、載波電纜、同軸電纜、光纖和電力載波等。有線傳輸大體分為基帶傳輸和調製傳輸，基帶傳輸在介質上傳輸的是數字訊號，可能也要經過訊號變化。調製傳輸是需要經過模擬數字變換的傳輸。很多介質既可以作為基帶傳輸也可以作為調製傳輸。無線通訊方式主要包括：電臺、微波、衛星、光線和聲波等。網路通訊方式是透過架構在電腦網路的方式進行通訊，比如幀中繼、ATM 和 IP 網，可能是有線的也可能是無線的，甚至多次跨越無線和有線，例如透過 GPRS 網路或者 CDMA 傳輸 SCADA 系統資料。

遠端終端單元的品種也很多，大的系統由很多機櫃組成，小的系統可能就是一個小盒子。遠端終端單元由通訊處理單元、開關量採集單元，脈衝量採集單元、模擬量採集單元、模擬量輸出單元、開關量輸出單元和脈衝量輸出單元等構成。遠端終端單元除了完成本身的資料採集工作和協議處理之外，還要完成各種智慧電子設備（intelligent electronic device，IED）的介面和協議轉換工作。其通訊處理單元的能力越來越強大，而相應的採集工作卻在逐漸地弱化，由各種 IED 設備代替了。

在車燈框架注塑工廠，每個注塑機臺旁邊的架子上都放了若干個類似於電腦主機的設備，這些設備利用各種管線與注塑機連接在一起，上面有很多指示燈在閃爍。當注塑機工作，機臺裏面的水路和油路也在發生各種改變，透過 SCADA 系統，將採集到的注塑機生產過程的溫度、壓力以及流量等各種資料收集起來，透過線路傳輸到客戶端的人機互動介面進行監控。當參數發生異常的時候，相應的工程技術人員到現場進行及時處理。在某時段如果發現產品品質問題，還可以透過資料紀錄對問題進行追溯。該 SCADA 系統還可以遠端操控注塑機臺。

6.1.4　Andon 系統

Andon 系統是實現準時製（JIT）生產的一個核心管理工具，可以對生產線問題快速響應，採集生產職位、設備、品質、物料資訊，即時記錄生產管理過程中產生的基礎資料，實現生產線上的即時無線呼叫、無

線調度和視覺化管理。Andon 系統採用現場總線技術，主要包括現場終端軟體、電子看板、網頁管理端和資訊接收端四個主要的功能模組，如圖 6-5 所示。

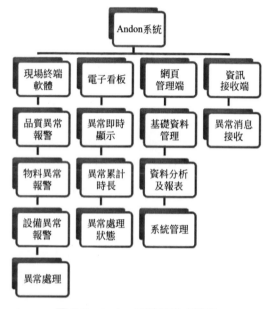

圖 6-5　Andon 系統的構成模組

　　現場終端軟體包括品質異常報警、物料異常報警、設備異常報警和異常處理。生產出現品質問題時，提前預警通知品質管理人員分析品質問題；工序缺料時，提前預警通知上一工序提供物料，如物料堆積較多時，通知下一工序過來取料；若生產線出現錯料、產品測試、設備故障等異常，將即時通報相關人員。

　　電子看板包括異常即時顯示、異常累積時長、異常處理狀態。目前開發了按鈕、觸控螢幕、拉線、無線遙控等多種成熟的 Andon 裝置，能夠透過電子看板即時顯示所出現的異常、異常的累積時長以及異常處理的狀態，針對長時間沒有處理的異常，發出預警，敦促相關人員盡快解決。

　　網頁管理端包括基礎資料管理、資料分析及報表和系統管理。資料可透過各工序的 PC 端匯入，或透過手動條碼掃描、紅外線等方式收集並顯示；生產過程各類運行資料可以透過智慧算法進行分析，並進行歸類；系統管理用於對整個 Andon 系統的帳戶、安全、資料等資訊進行管理。

　　資訊接收端用於接收異常資訊，透過追蹤異常處理過程，督促相關人員及時處理。

在汽車行業，Andon 系統已成為進行綜合性資訊管理和控制系統的行業標準，能夠有效提高產品產量和品質，在其他行業的應用也越來越廣泛。在生產現場可以看到，Andon 系統的指示燈分為紅、黃、藍、綠四種顏色，當工位或生產線處在不同的生產狀態時（如正常生產、品質異常以及設備維修等），燈會顯示不同的顏色，同時在異常狀態時也會發出報警聲。透過這套 Andon 系統可為工廠帶來如下好處：

① 當工位或生產線上有異常狀況（如品質、設備、物料等問題）產生時，即時發出報警資訊，附近的技術工作人員接收到資訊後，會趕到現場及時處理故障情況。

② 推動管理層和支持部門透過「巡視」發現生產線上的問題並採取行動。

③ 系統採集資料，識別問題發生最多的地方，供技術人員分析並進行改善。

④ 系統追蹤異常狀況的發生到問題解決的整個進度，促使問題解決流程的實施。

⑤ 傳遞各工位或生產線的即時狀態資訊，建立透明化的生產現場。

6.2　航空引擎典型零部件智慧製造工廠案例

航空引擎被譽為工業之花，它是現代工業皇冠上最璀璨的明珠，現已成為衡量一個國家科技水準、工業基礎和綜合國力的重要標誌。零部件製造工廠作為整個企業的效益源泉，是保證零部件高效、均衡和平穩生產的基礎環節。為此，本節將以某航空引擎集團有限公司（以下簡稱：某航發公司）機匣優良製造中心成功實施智慧製造、數位化生產線的實踐進行案例講解。

6.2.1　航空引擎產品及其生產特點

航空引擎是為航空器提供動力、推進航空器前進的動力裝置，其直接影響和決定著飛機的性能、安全、壽命、可靠性和經濟性等。作為一種高度複雜的精密動力機械裝置，航空引擎有數以萬計的零部件集成在一個尺寸和品質都受到嚴格限製的機體內，並在高溫、高壓、高速、高載荷等條件下進行著高可靠性的長期工作；另外，航空引擎還需要滿足性能、適用性和環境等多方面的特殊要求。

目前，航空引擎的製造特點表現為：

① 為在激烈的市場競爭中保持競爭優勢，需要加快航空引擎的新型號研製速度，因此，航空引擎製造必須適應多品種、小批量的生產特點。相對於大規模生產方式而言，航空引擎生產企業運作管理的複雜度、困難度顯著增加。

② 航空引擎產品的零部件數量多、配套關係複雜，為了產品保質保量按期交付，對部件和產品配套的齊套性要求極高。

③ 航空引擎整機生產涉及多單位、多部門的協同工作，而且各個零部件承製單位之間的合作關係緊密，上游生產單位零部件能否及時交付對下游生產單位影響較大。

④ 航空引擎零部件類別多，包含如軸類、複雜殼體類、機匣、渦輪盤和葉片等，它們的生產過程涉及鍛/鑄等毛料生產、粗加工、熱處理、精加工、表面處理、理化處理、噴丸和無損探傷等多個生產環節，由此導致零部件加工週期長，且涉及多個工廠的合作生產，因此，零部件成品的按期交付依賴於對大量中間工序加工進度的有效控制。

⑤ 航空引擎零部件生產涉及大量的專用工裝、專用刀具和專用量具，對這類專用工具的加工進度管控，是保障零部件按期生產及交付的前提和基礎。

⑥ 航空引擎類零部件原材料大多採用高溫合金、合金鋼和鈦合金等貴重金屬，因此，引擎生產企業的原材料、在製品庫存占用資金普遍較大。提升生產單位在製品流速，科學控制生產單位投料，對於減少企業的原材料庫存、在製品資金積壓具有十分重大的現實意義。

6.2.2　機匣產品及其工藝特點分析

沿航空引擎軸向來看，機匣可以分為前後兩端。前端與壓氣機其他部件連接，裝配各種尺寸較大的靜力渦輪葉片；後端是複雜的法蘭盤結構，除了複雜的孔隙之外，還有沿環周分布的氣孔。

機匣類零件材料多為高溫合金（GH4169、GH188、GH536 等）、鈦合金（T60、TC40 等）等難加工材料，並且多為薄壁環形件，呈懸臂結構及對開結構。組合方法多數採用焊接，少數採用裝配。另外，機匣類零件普遍精孔較多，尤其是在安裝邊、法蘭等裝配精度較高的部位。此類零件加工難點主要展現在以下方面。

① 零件的變形控制　機加工、焊接等工藝方法都會對零件造成不同程度的變形。因此，應採用設計合理的工裝夾具，合理安排加工順序，

以及在精加工之前安排專門的平基準工序等辦法進行零件變形控制。

② 精密尺寸的測量難度　公差要求在 0.1mm 以內的直徑尺寸、尖點尺寸、特徵點尺寸都屬於難測量尺寸，位置度、同軸度等幾何公差只能採用三座標測量儀進行測量，在加工過程中只能採用專用測量工具進行測量。

③ 多組孔之間孔位置度的保證　由於每一個機匣類零件都有多組精孔和大量孔組，並且各組孔相互之間存在複雜的角向關係，使其加工中的裝夾、找正等任何加工因素都會導致孔位置度的偏差。為最大限度地消除各種影響孔位置度的因素，在加工中必須盡量採用五座標加工中心來實現零件孔組的一次裝夾、一次找正、一次測量。

④ 異種合金焊接難度　當一個組件由兩種不同材料的零件焊接組成時，就對焊接工藝提出了巨大考驗。必須根據零件裝配時的受力情況，選擇合理的徑向和端面定位位置，並確定合理的焊接參數和焊接方法。

6.2.3　機匣工廠的管理現狀及存在問題

工廠是整個企業的效益源泉，而工藝設計和現場生產是一個工廠的兩大主要業務。近年來，隨著集團公司科研生產任務的日益成長，機匣工廠原有的技術準備和現場生產管理暴露出以下諸多問題。

（1）技術準備階段存在的主要問題

① 在工藝設計方面：a. 由於上游設計院所沒有提供二維以及三維的電子圖紙，在進行工藝模型建立時，需要重新輸入零件設計資訊，導致生產準備期較長；b. 在進行工藝編製的時候，對利用工藝設計軟體已經形成的典型工藝缺乏有效管理，對累積的工藝知識沒有可行方法進行重用；c. 工廠的加工設備、工藝裝備、典型工藝等工藝資源資訊缺乏有效管理；d. 產品結構工藝性審查、工藝方案設計、工藝設計路線或工廠分工明細表、專用裝備設計、工藝規程設計、編製材料定額及工藝的校對審核、批準等活動的資訊傳遞品質與效率很低；e. 工裝的申請及管理過程沒有對工裝任務派製單利用資訊化軟體進行發放及管理，導致工裝申請滯後，延誤生產週期，並會出現重複向工具廠發放派製單的情況。

② 在工裝設計方面：通用工裝設計以二維為主，三維設計技術還未全面推廣應用。產品的工藝、工裝屬於串行設計模式，待工藝完成審簽後才開始工裝設計，生產準備週期 3～6 個月，時間較長。

③ 在數控程序編製方面：數控程序編製週期較長，品質亟待提高。沒有實現 CAD、CAM、CAPP 軟體的有效集成；數控代碼的管理混亂；

數控加工仿真技術僅在科研課題、關鍵件加工中驗證應用，還未正式納入到工藝設計流程。

④ 在技術資料管理方面：技術資料管理資訊不詳盡，缺乏預警機製。查找、追溯都受到限製，存在資料丟失、泄密隱患。

（2）製造執行階段存在的主要問題

① 計劃管理缺乏準確的經驗資料支持，致使計畫的可執行性較低。生產調度不能把握全局，隨意性強，均衡性差。

② 計劃管理缺乏一定的柔性，當生產過程中出現意外情況時，計畫不能很快響應。

③ 由於計劃管理均衡性差，使得物料管理被動、混亂。

④ 工具管理相對粗放，沒有把工具的領用、消耗、檢定與計劃之間的關係進行精細化管理，用高庫存來保證生產消耗，工具庫存占用資金龐大。

⑤ 生產現場品質資料的採集主要以手工採集為主，資訊採集的隨意性較強。品質控制以事後檢驗作為主要手段，事前預防與事中控制的力度較小。

⑥ 由於生產狀態監控缺乏科學有效的手段，不能對主軸轉速、生產準備、開工時間、完工時間等標準進行精確的追蹤記錄，影響計劃派工的準確性。

⑦ 生產成本缺乏控制。以按期交付為生產目標，為了按期交付往往不計成本地進行生產，造成設備負荷不均衡，加班加點，生產成本高。

⑧ 工廠上各部門的資訊都是局部的、分散的，很難顯現問題源頭，對於決策層而言，已經初步出現了「資料豐富，資訊貧乏」的局面。

針對機匣工廠存在的上述問題，某航發公司提出從生產組織方式和資訊化支撐技術兩方面進行變革。在生產組織方式改進方面，將優良製造中心這種新型工廠組織方式引進來；在資訊化支撐技術方面，實施以資訊化、數位化為特徵的智慧製造工程。

6.2.4　機匣 COE 生產組織方式及運作流程

優良製造中心（center of excellence，COE）是一種全新的工廠生產組織方式，它將企業中的多產品、多機種生產線，按照零部件對象進行劃分，並與企業技術、生產、工藝、品質等部門協調發展，形成企業內相對獨立又不孤立存在的製造單元。COE 對該單元產品的全生命週期負責，具有工藝設計、採購、製造、檢測和交付所需的全部功能。

（1）機匣 COE 內部組織結構

　　某航發公司機匣 COE 始建於 2007 年。機匣中心現有職工近 300 人，廠房面積一萬多平方米，擁有各類機械加工、精密測量、焊接及特種加工設備 70 多臺（套），90％以上設備為精密數控設備，具有較高的加工複雜航空引擎機匣和零部件的能力。

　　機匣 COE 的組織機構如圖 6-6 所示。整個 COE 包含生產科、技術科、質檢科和綜合科，另外根據「專業化、小流水」的產線劃分原則，依據機匣整體結構，將傳統的生產工段劃分為 7 條專業化柔性製造單元，每個製造單元負責機匣產品中的某類零部件，各單元在完成各自加工零部件任務後，再裝配成機匣成品，並交付總裝工廠進行航空引擎整機裝配。

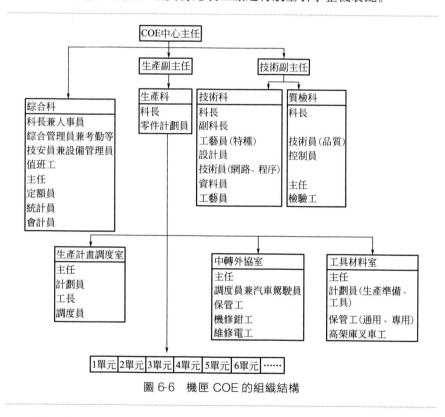

圖 6-6　機匣 COE 的組織結構

（2）機匣 COE 內外部業務邏輯關係

　　圖 6-7 描述了機匣 COE 內部各科室之間的業務劃分，以及 COE 中心與某航發公司其他相關職能部門和工廠的業務關係。從圖中可以看出：整個 COE 中心類似於一個獨立、專業化的小型工廠，涵蓋計畫調度、工藝設計、品質檢驗、製造單元、物料/工具供應和財務管理等多個業務功能。

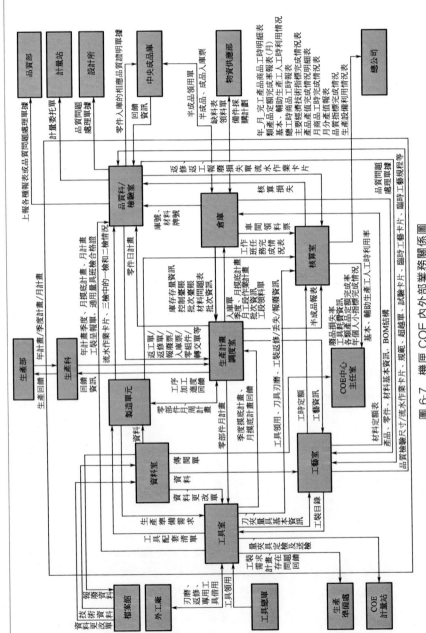

圖 6-7 機匣 COE 內外部業務關係圖

在整個 COE 日常運行過程中，其中的生產計劃調度室處於核心和龍頭地位，它負責接收上級生產部門下發的物料需求計畫（material requirement planning，MRP）訂單任務，安排 COE 內部的月、週、日作業計劃與調度，以此來推動整個 COE 內部的毛料、工具、設備、技術資料等部門的生產準備，同時也是製定、安排和協調各製造單元生產任務、班產派工、加工進度和問題處理的核心和樞紐。

6.2.5 機匣 COE 實施智慧製造的主要內容

某航發公司機匣 COE 在實施智慧製造工程時，以數位化、資訊化為主攻方向，以工藝設計、製造執行為兩輪驅動，以數位化生產線為落腳點，以期實現生產運行過程的「物料流、資訊流、控制流、資金流」的一體化集成管理，並能夠滿足不同產品類型、不同製造階段的需求，具有快速動態響應和柔性製造的特點。

某航發公司機匣 COE 在具體實施智慧製造工程時以技術準備、生產過程仿真、製造執行三個階段為主要抓手（圖 6-8）。零部件製造前端包括工藝設計、工裝設計、NC 編程、切削仿真等主要階段，透過技術準備應用系統的支撐，實現技術準備階段的數位化和並行化；在技術準備完成後到正式投入現場生產前，透過生產線過程仿真、加工路線仿真與優化等數位化手段，改進和優化技術準備階段的工藝設計方法；在零部件製造執行階段，透過合理的計劃排產和物料工裝準備等手段，實現人、機、料、法等製造資源的優化分配和高效利用，並在製造執行過程中對生產品質過程進行嚴格控制、對設備運行狀態和生產進度進行即時監控。以下具體對技術準備、生產過程仿真、製造執行三個階段的主要實施內容進行詳細說明。

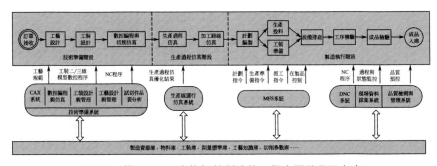

圖 6-8　機匣 COE 實施智慧製造的三個主要階段及內容

（1）技術準備階段的主要實施內容

　　作為零部件生產製造的前端環節，機匣 COE 的技術準備階段實施內容如圖 6-9 所示。主要包括：數位化工藝設計、數位化工裝設計、數控編程與仿真和試切件品質分析四個子系統。各系統透過基於產品資料管理（PDM）的 CAD/CAM/CAPP/CAFD 工具集成、資訊共享完成產品上線生產前的技術準備工作。

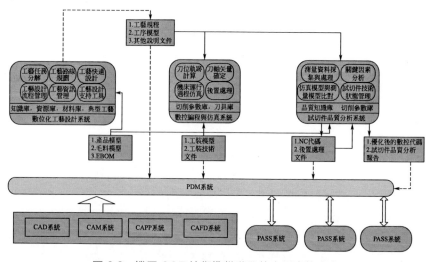

圖 6-9　機匣 COE 技術準備階段的主要實施內容

　　數位化工藝設計系統作為機匣 COE 技術準備系統的重要部分，主要完成工藝規程的設計、工藝審批流程和任務管理、工藝資源管理、系統管理並作為工藝設計支持工具；數位化工裝設計系統承擔零部件加工所需要的工藝裝備（刀具、夾具、量具、模具、各種輔助工具等）的設計、工裝設計過程的管理等功能，同時構建工裝模板庫、工裝設計知識庫等資源庫。

　　透過對 CAD/CAM 軟體系統的功能整合，利用工藝主模型，進行刀位軌跡計算、刀軸矢量獲取，實現高效複雜零件多軸數控編程；在此基礎上，進行數控程序仿真以驗證數控代碼的有效性和正確性，並利用切削參數庫進行參數優化；透過 PDM 系統實現數控程序技術狀態管理，並構建 PDM 系統與 DNC 系統集成介面，實現數控程序管理與發送。

　　試切件品質分析系統在零件正式上線生產前透過試切對關鍵工序的工藝進行事前分析，根據試切品質分析，進行工藝方法（包括工步順

序、裝卡方法等）、數控程序以及製造資源的評價、修正，保證零件正式上線生產過程的穩定運行。同時，進行試切件技術狀態管理，以降低試切成本，提高生產效率。

（2）生產過程仿真階段的主要實施內容

生產過程仿真是在數位化條件下根據給定的生產工藝，對從毛料到成品的產品生產過程進行仿真、檢驗、分析和優化的技術，它是保證產品、零部件按時保質完成的關鍵環節之一。透過生產過程仿真技術的應用，有助於改變目前生產流水線缺乏數位化檢驗工具、生產現場沒有數位化描述、新工藝實施風險大、物流路徑控制缺乏有效手段等現狀；透過生產過程仿真，可以事先充分暴露生產中的問題，並及時分析問題、優化工藝、消除瓶頸，以提高流水線的生產效率，降低生產成本，規避風險。同時，生產線的生產能力也可以透過仿真手段進行評估，從而為領導層的決策提供數位化的模型支持。某航發公司機匣 COE 生產過程仿真階段的主要實施內容如圖 6-10 所示，具體解釋如下。

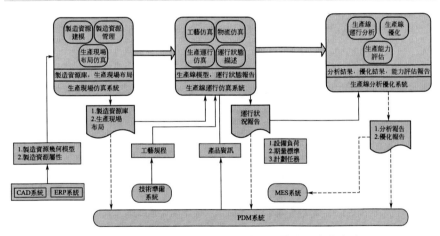

圖 6-10　機匣 COE 生產過程仿真階段的主要實施內容

生產過程仿真透過與技術準備系統和 MES 系統的資料共享，對生產過程進行仿真。主要透過生產現場仿真和生產線運行仿真，對生產線的運行狀態進行分析和優化、對工藝規範和生產線進行驗證，從而保證工藝規範的可行性。

採用 CAD 軟體建立製造資源的幾何模型，並建立幾何模型和相關屬性的關聯，同時在 PDM 平臺中構建製造資源庫，對製造資源進行管理。透過對生產現場布局的仿真，建立一個數位化的虛擬運行環境。

　　根據技術準備系統和 MES 系統提供的工藝規範、製造資源及其狀態、計劃任務和期量標準等，規劃生產物流，對生產過程進行仿真，驗證工藝方案的可行性，並給出反映生產運行狀態的各種統計資料和結果。

　　生產線分析優化流程是根據生產線運行仿真結果對生產過程進行分析優化，消除瓶頸，平衡生產節拍，合理安排工序，縮短周轉和生產時間，提高生產效率，並對優化流水線的生產能力做出評價，為公司領導層提供決策支持。

（3）製造執行階段的主要實施內容

　　在製造執行階段，機匣 COE 主要實施了製造執行系統（MES）、現場資料採集與品質管理系統，如圖 6-11 所示。其中製造執行系統以計劃拉動庫房物料、工具室工裝工具、資料室軟體資料和生產現場設備等製造資源生產準備為主線，採用工廠月分計畫、週計畫和工序日計畫的三級作業計畫控制模式，指導生產現場作業調度。

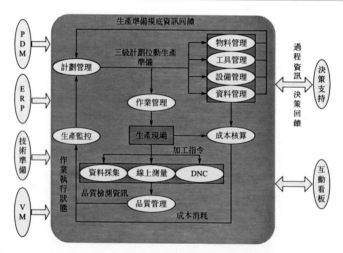

圖 6-11　機匣 COE 製造執行階段的主要實施內容

　　採用條碼掃描技術、線上智慧測量設備，透過集成分散式數控（DNC）系統進行現場生產過程動態資訊的資料採集；發揮成本核算品質管理和生產監控系統的控制功能，確保工廠製造資源消耗、不合格率控制和生產過程問題處理，由事後控制轉化為事前預防，從而提高工廠有效產出；透過對決策支持系統統計分析具有重要指導意義的工廠期量標準，對現場加工過程問題進行主動預警提示，透過互動看板功能打通領

導層與生產一線之間的資料傳輸通道，使工廠管理人員能在第一時間獲悉現場生產問題，提高決策效率。

6.2.6　機匣 COE 實施智慧製造的技術支撐體系

某航發公司機匣 COE 實施智慧製造工程，主要透過硬體設備、標準規範、管理製度、企業文化、應用系統和數位化工具等重要內容的建設和完善，為機匣產品生產提供強而有力的技術支撐，同時也為在航空引擎的葉片、盤軸、盤環類等關鍵件推廣實施智慧製造工程奠定了堅實基礎。機匣 COE 實施智慧製造的技術支撐體系如圖 6-12 所示，具體說明如下。

① 硬體支撐層　以數控機床、柔性製造單元、自動化立體倉庫、資料採集、線上測量、視覺化顯示、基礎網路為建設內容，最終形成數位化、網路化、視覺化的數位化生產線硬體支援平臺。

② 標準規範層　以工廠的規範、製度和文化建設為主，從編碼體系、工藝規範、檢驗規範、管理規範、製度規範和工廠文化等方面進行綜合建設，從製度和機製上保證數位化生產線的規範營運。

③ 資料庫層　以零部件製造所需的製造資源工藝參數、期量標準為重點，從加工裝備、原材料、備品備件、刀具工裝、切削參數、期量標準等方面構建支撐資料庫，以支援和保障數位化生產線應用系統的正常運行。

④ 應用系統層　以資訊化工具為手段，構建涵蓋零部件生產的技術準備、運行模擬仿真、製造過程管理、品質檢驗和現場資料採集與過程監控等的完整資訊化支援工具，為數位化生產線物流、控制流和資訊流的高效、順暢、有序流動提供工具支持。

⑤ 功能層　透過相關的應用系統，在技術準備階段以工藝優化為突破口，提供包括工藝/工裝數位化設計、NC 編程與仿真、試切件品質分析、生產線運行仿真和分析等功能，在製造執行階段以過程優化為突破口，提供包括計劃排產、生產準備、作業調度、在製品管理、成本管理、檢測與品質控制、現場資料採集、設備狀態監控、輔助決策支持等功能，以期實現零部件製造的工藝優化和過程管理精益化。

⑥ 應用平臺層　構建集成異地協同、數位化設計、數位化工藝、數位化仿真模擬、數位化過程管理、數位化品質控制和資料採集與過程監控為一體的數位化協同支援平臺。

⑦ 製造單元層　透過機匣 COE 整個智慧製造工程的建設與實施，為航空引擎機匣產品及其相關零部件的均衡生產、高效產出、低成本營運提供使能技術支援。

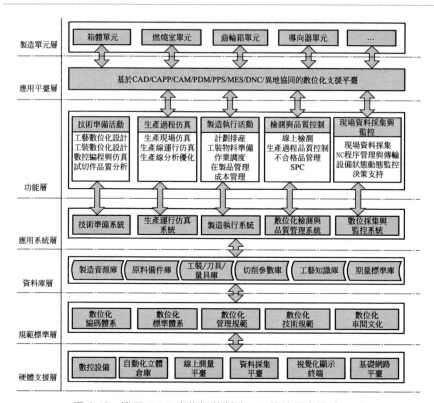

圖 6-12　機匣 COE 實施智慧製造工程的技術支撐體系圖

6.2.7　機匣 MES 軟體的設計及實施

　　智慧製造是一項複雜龐大的系統工程，除了研發並行化、裝備智慧化之外，零部件生產過程中的智慧化管控是智慧製造工程落地的一個重要切入點，而智慧化生產管控的主體是製造執行系統（MES）。

　　美國製造執行系統協會對 MES 的定義：MES 能透過資訊傳遞對從訂單下達到產品完成的整個生產過程進行優化管理。當工廠發生即時事件時，MES 能對此及時做出反應、報告，並用當前的準確資料對它們進行指導和處理。這種狀態變化的迅速響應使 MES 能夠減少企業內部沒有附加值的活動，有效地指導工廠的生產運作過程，從而使其既能提高工廠的及時交貨能力，改善物流的流通性能，又能提高生產報酬率。MES還透過雙向的直接通訊在企業內部和整個產品供應鏈中提供有關產品行為的關鍵任務資訊。

　　2010 年，以西北工業大學開發的 Workshop Manager 22.0 製造執行系統軟體為基礎，在結合某航發公司機匣 COE 的組織機構、管理現狀、業務流程、工藝特點等綜合分析的基礎上，研製並成功實施了機匣 MES 軟體。在機匣 MES 軟體設計與實施過程中，遵循以計畫為核心、以流程為驅動、以績效為根本的生產線整體運行管控理念，並採用月/週/日三級作業計畫拉動工具、材料、設備、人員和技術資料的並行化準備，實現了整個工廠的「人、機、料、法、環」高效協同運作。

　　(1) 月/週/日三級工序作業計畫調度驅動下的機匣 MES 運作流程

　　圖 6-13 所示為一個完整的月/週/日三級工序作業計畫驅動的機匣 MES 軟體運作流程。從圖中可以看出：機匣 MES 包含從接收上級生產部門的 MRPI 計畫任務開始，直至機匣成品檢驗入庫的完整資訊化解決方案。其中，計劃調度主線作為整個 COE 運作的龍頭和驅動，依次採用工廠級工序月作業計畫、製造單元級工序週作業計畫、班組級工序日作業計畫三級控制方式，對機匣訂單任務進行了逐級分解和逐步細化。

　　① 面向工廠層的工序月作業計畫　由機匣 COE 中心計畫員具體負責編製和優化，其計畫任務來源於粗粒度的機匣成品訂單任務。計畫員根據 COE 內部庫存帳目、在製品加工進度、投料情況等，對該訂單任務進行調整和修訂，然後進行組合件 BOM 分解、零件按工藝路線分解、作業計畫編製，經過多次預平衡、預模擬和預評估，最終形成指導整個機匣 COE 的月分正式生產計畫任務，並將此計畫結果下發至機匣 COE 內部的相關科室和各製造單元，以根據計畫數量和時間節點進行毛料、備件、技術資料和外協等的生產準備。

　　② 面向製造單元級的工序週作業計畫。各製造單元在接收到中心計畫員下發的月分生產計畫任務，並完成實際領料作業後，根據其製造單元內部的在製品進度、加工能力、工具臺帳等，再結合計畫任務中的交付時間節點要求，進行本製造單元內部的工序週作業計畫編製。依據該週作業計畫結果中的零件生產數量和時間節點要求，工具室事先準備，並主動配送零部件加工所需的刀具、夾具、模具和測具等。

　　③ 面向班組的工序日作業計畫。班組是機匣 COE 內部的最底層單位，同時也是加工任務的具體承擔者，班組管理、生產派工更貼近生產現場且時效性更強。因此，各班組在接收到單元計畫員下發的工序週作業計畫任務後，結合班組內的人員出勤情況、工序加工進度等因素，編製以日甚至以班次為計算單位的工序日作業計畫，形成班組作業任務甘特圖，從而進行班組內的生產派工、工序加工等日常作業活動。

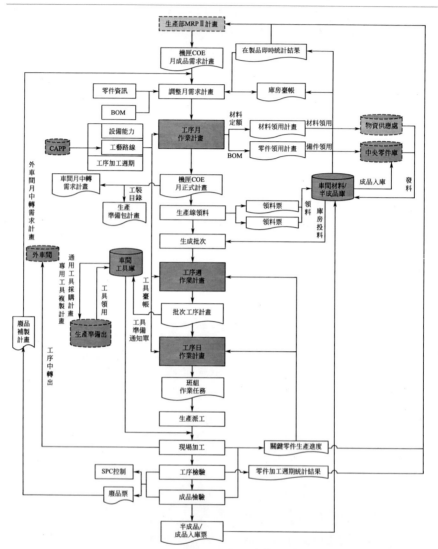

圖 6-13 月/週/日三級工序作業計畫調度驅動下的機匣 MES 運作流程

（2）機匣 MES 軟體的系統功能及外部資訊集成

機匣 MES 軟體採用 B/S（Browser/Server）運行架構，基於微軟公司的 .NET 平臺。上述三級計畫調度以 Visual Studio Oracle Database 作為後臺資料庫，以工具室、品質室、資料室和驅動為主線，其管理範圍覆蓋 COE 主任室、計調室、材料室以及製造單元等所有部門和業務。該軟體為機匣 COE 提供從訂單任務接收到成品交付的 COE 全生產過程的資訊化解決方案。

機匣 MES 主要由計畫管理、作業調度、生產監控、庫存管理、品質管理、工具管理、設備管理、成本管理、資料管理、決策支持、互動看板、工人入口、基礎資料管理和系統管理共 14 個子系統組成（圖 6-14）。

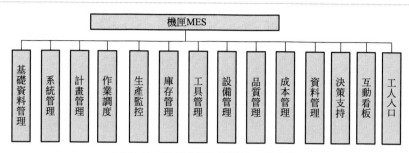

圖 6-14　機匣 MES 軟體的系統功能

整個系統以零件號為索引，實現了零件任務接收、計畫下達、投料控制、工裝準備、工序加工、在製品流轉、成品入庫和統計分析等生產過程的一條龍管理，同時提供與某航發公司的 ERP、PDM 以及生產準備、物資供應、中央成品庫等部門的資訊集成介面（圖 6-15）。

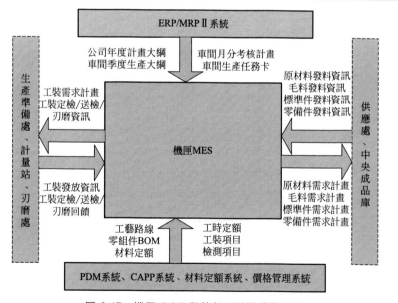

圖 6-15　機匣 COE 與外部系統的資訊集成

（3）機匣 MES 的三級計劃拉動生產準備模式

在整個機匣 MES 軟體內部，三級不同對象、不同粒度和不同時期的計

劃調度是整個機匣 MES 的主線和核心。圖 6-16 展示了月/週/日三級工序作業計畫的層級劃分、時間週期和拉動對象。透過這三級計畫調度來拉動機匣 COE 內部的毛料、備件、刀具、夾具、量具、模具、設備、人員、技術資料等並行化、合理化生產準備。在月工序作業計畫編製時，機匣 COE 中心計畫員根據公司層下發的 MRP Ⅱ 任務中的計畫數量和交付節點要求，再結合 COE 中心的在製品和半成品數量，依據工藝路線和工序加工週期，經過粗粒度的工序作業計劃編製，形成指導整個機匣 COE 的月分工序作業計畫稿。據該月分工序作業計畫稿，毛料庫負責當月生產任務所需的零備件、毛料等的備料；工具室負責當月生產任務所需的刀具、夾具等的準備；外協室負責當月外協工序和任務的事先協調和準備。各製造單元負責編製本單元內的周工序作業計劃，並依據工藝技術文件，編製並準備下週零部件加工所需的工具清單；同時，材料室也依據該計劃任務，準備下週加工所需的零部件和毛料。各製造單元內部包含若干個生產班組，班組調度員根據本週的計畫任務，再結合工藝路線、設備能力、工人出勤等因素，製定出日工序作業計畫，並由此形成派工單來指導每天生產。

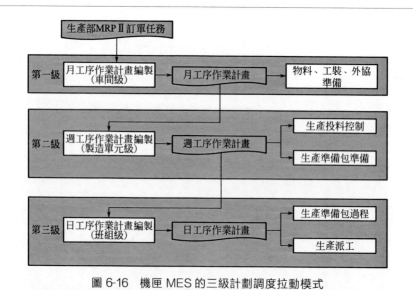

圖 6-16　機匣 MES 的三級計劃調度拉動模式

（4）機匣 MES 的工序作業計劃編製方法

在機匣 MES 軟體中，月/周/日的三級工序作業計劃是核心和指揮棒。工序作業計劃（scheduling，也稱為作業調度）是 MRP Ⅱ 計劃分解和細化到具體工序的執行計畫。它是根據零部件工藝路線、工序週期，

並按照在製品進展情況和實際生產能力進行編製的，該計畫具體規定了各個工序開工和完工的時間與數量。

實際上，工序作業計畫是實現公司、機匣中心最為關鍵、最為具體的末端環節。其每天、每週任務完成的好壞不僅影響著機匣 COE 月分工序作業計畫任務的完成，也直接關係著 MRP Ⅱ 系統各個件號計畫的順利執行。因此，只有工段和製造單元任務完成得好，才能確保公司產品按時交付。由於工廠現場生產的動態性、隨機性和複雜性，因此工序作業計畫的合理編製是一件非常複雜的事情，同時也是 MES 軟體最難、也最能發揮作用的環節。

目前，中國學術界解決工序作業計劃（或調度）問題主要採用數學規劃、智慧優化和排序規則三大類方法。數學規劃方法雖然在理論上能保證獲得最佳解，但對問題建模要求高，僅適用於小規模問題；智慧優化方法依據作業調度問題特性來設計特徵模型和鄰域結構，透過疊代搜尋和智慧優化等手段來獲得滿意解；排序規則是依據某一指標對待加工工序集進行優先級排序，可以快速獲得可行解，但解的優化性較差。

機匣 COE 屬於典型的多品種、小批量生產類型，其生產任務多、產品型號多、工藝路線長、加工週期長、現場例外情況頻發，數學規劃和智慧優化這兩種方法不大適用，因此選擇了簡單實用的排序規則方法。另外，航空引擎生產涉及多工廠合作，它對各個零部件承製工廠的交付節點要求很嚴。因此，在機匣 MES 軟體的三級工序作業計劃編製時，採用了一種基於工序時差的排序規則方法；這三級作業計畫的區別是時間粒度不同、計畫粗細程度存在差異，但其內核都採用了基於工序時差的排序方法。下面以日工序作業計畫編製為例進行說明。

隨著生產進程前移的變化，一個零件不可能永遠是優先級，它的每道工序也不可能永遠是優先級。因此，在這裏所指的優先級是特指某個零件的某道工序，優先級是在不斷變化和轉移的。計算和判定的依據就是工序時差，即依據工序時差值的大小來對所有等待加工的工序進行優先級排序，然後依據該優先級先後順序安排加工。

某零組件工序時差＝零組件完工交貨期－當前日期－零組件待加工工序週期之和，即工序時差＝剩餘時間－剩餘工作量。

另外，在編製日工序作業計畫時，還需要考慮以下諸多因素。

① 工廠月分作業計畫書（即 MRP Ⅱ 計畫任務書）。

② 工藝路線。

③ 工序加工週期。

④ 設備能力。

⑤ 工裝、材料、設備等的準備情況。

⑥ 在製品數量和日加工進度。

⑦ 單臺設備排產。

⑧ 設備加班情況。

⑨ 採用人機互動方法解決現場突發情況。

圖 6-17 展示了機匣 MES 軟體在編製日工序作業計畫時的處理邏輯。

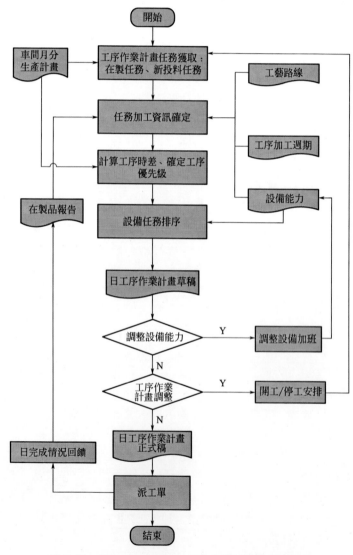

圖 6-17　機匣 MES 編製日工序作業計畫的處理邏輯

（5）機匣 MES 軟體的實施應用效果

機匣 MES 自 2010 年正式上線以來，以上述三級工序作業計畫拉動生產準備並行化為主線，管理範圍涵蓋機匣 COE 所有科室和單元，而且將資訊流延伸至生產現場的設備端，由此將一線的操作工人和加工設備納入到整個 COE 的資訊化框架內，從而實現了全科室、全單位、全人員的資訊化覆蓋。同時，機匣 MES 與某航發公司的 PDM、ERP 兩大資訊平臺實現了無縫集成。以下展示部分實際應用效果。

① 機匣 MES 的主要實施模組　機匣 MES 以計畫調度、生產準備、品質檢驗和配套監控四個核心業務為實施應用重點，計畫調度主要以三級工序作業計畫為主核心；生產準備以毛料庫、備件庫、工具庫為實施重點；品質檢驗以工序檢驗、不合格品管理和員工品質檔案為重點；配套監控以在製品加工進度、配套缺件、缺件進度追蹤等為實施重點。

② 機匣 MES 的實際應用場景　設備端的工人入口、觸控螢幕資料採集、條形碼掃描是 MES 的應用亮點。工人入口貫通了整個大型企業資訊流的最末端，將一線操作工人和加工設備納入整個資訊化管理體系中；透過獎懲製度、工時綁定等多種有效手段，激發了一線員工的積極性。另外，再結合條形碼、觸控螢幕等資料採集終端，在最根本、最基礎的環節保證了生產過程資料採集的及時性和準確性，從而保證了各級計劃編製和資訊統計的正確性。

③ 生產過程動態監控　根據機匣 MES 軟體的月/週/日三級工序作業計畫與調度任務安排，以及來源於加工設備端的採集資料，可以動態掌控機匣 COE 內的各類計畫任務完成情況，從而為新計畫編製、遺留問題協調處理等提供決策資料支持。

6.3　企業 WIS 案例

6.3.1　背景

WIS（workshop information system，工廠資訊系統）是一套工廠數位化製造營運系統，為企業提供生產運行、維護運行、品質運行和庫存運行等通用生產管理模組，同時可提供面向製造企業工廠執行層的生產資訊化管理系統。實施 WIS 系統作為中國某模具公司（以下簡稱：企業）提高工廠生產管理水準、改善產品品質最有效的方法，以基礎資源資料為依據，

遵循生產過程管理及控制的思想和要求，結合企業資訊化發展規劃，以先進的資訊集成及過程集成軟體技術為支援，實現設備資料採集、生產任務管理、工廠計畫管理、現場作業管理和生產設備管理，並透過生產看板對生產的綜合運行情況進行展示與監控，實現工廠透明化管理。

6.3.2　企業 WIS 總體規劃

（1）總體規劃

根據企業的實際需求，並結合企業現狀和未來發展趨勢，企業適宜應用 WIS 系統的混合雲端模式，即採用 WIS 的雲端部署和本地部署兩地模式。混合雲端 WIS 需要開通企業的 iSESOL 雲端 WIS 帳戶，成為雲端 WIS 的一個租戶並應用工廠管理服務；混合雲端模式將設備日常運行、生產業務的匯總資料及 app 服務部署在雲端，方便設備監控和管理，並減少投資，同時將訂單資料、生產計畫、倉儲資料、生產過程明細資料、質檢資料、工藝程序等安全敏感高的資料部署在本地（企業）應用。

iSESOL WIS 混合雲端模式一方面是應用部署在雲端設備上的 WIS 系統，可享受方便管理、利於監控、實施快速、維護便利、節省開支的益處，同時在另一方面，可透過應用部署在本地的服務，更好地保障安全性要求高的資料安全。採用這種模式，對於實施來說，要求高、實施週期較長，並需要購買伺服器和儲存設備，存在一定的投入和維護成本。

企業混合雲端模式的總體規劃如圖 6-18 所示。

圖 6-18　混合雲端模式規劃圖

　　從總體上看，混合雲端模式下的 WIS 系統分成兩個部分，一是部署在本地的 WIS 系統，二是部署在雲端的 WIS 系統。具體如下。

　　① WIS 本地系統　企業透過 WIS 本地系統完成工廠生產的基礎資訊分配和維護，實現設備管理、訂單管理、生產排程、倉儲管理、生產管理、品質管理、工藝管理、質檢管理及生產看板等功能，將安全性較高的敏感資料（如工藝資料、NC 程序等）放置在本地進行管理。

　　② WIS 雲端系統　企業透過部署在雲端 WIS，並透過 APP 完成對設備的即時監控、銷售訂單進度追蹤以及查看生產異常報警等管理功能。

　　WIS 本地系統與 WIS 雲端服務在物理上隔離。

（2）功能架構

　　WIS 提供包括製造資料基礎建模、生產任務管理、計劃排產、NC 程序管理、品質管理、生產管理、設備管理、現場管理、生產看板、設備資料集成、與本地資訊系統介面等管理模組，可為生產企業打造一個智慧、高效的製造協同管理平臺。

　　企業 WIS 在混合雲端模式下的功能架構如圖 6-19 所示。

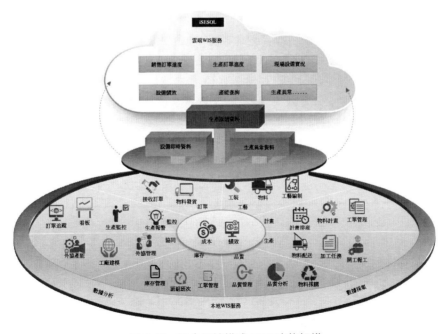

圖 6-19　混合雲端模式 WIS 功能架構

6.3.3 工廠資料採集方案

為滿足企業統一資訊系統架構的要求，需實現工廠資訊的自動化傳輸與採集。集成 NC 設備介面，可以即時採集設備運行參數與設備狀態，自動採集生產設備的生產報薪資訊，獲取設備即時運行的狀況。所有運行狀態訊號的設備以方便的方式直觀顯示。設備資料自動採集功能的實現，使管理者可即時掌握生產進度、監控設備運行情況。

WIS 系統在實施過程中，需要與工廠現場設備進行有效的集成才能更好地發揮作用，對現行設備的調查研究主要關注設備資料的部署情況、採集模式、是否提供服務介面、與現行系統的對接方式等內容。

（1）有網口的 NC 加工設備資料採集

針對企業現有 CNC 設備，設備類型如加工中心、數控車床、車削中心、數控鑽床、精雕、銑床、等離子等，CNC 系統如 Fanuc、Mazak、i5、北京精雕、臺灣新代、北京 KND 等，有網口的 NC 加工設備資料採集內容及方式如下。

1）採集內容
① 設備狀態（運行、停機、故障、待機）；
② 設備運行參數；
③ 生產資料（工單的報薪資料）。
2）採集協議
① 對於 FANUC 設備，採用 Focas2 協議採集；
② 對於瀋陽機床 i5 設備，採用 iPort 協議採集；
③ 其他設備採用 OPC UA 協議採集。
3）採集方式
① 設備狀態及設備運行參數自動採集，並透過 iSESOL Box 進行採集；
② 生產資料人工採集，並透過 WIS 工作站進行採集。
4）採集頻率
① 設備資料即時採集；
② 生產資料按派工單採集；
③ 生產異常資料手工即時採集。

（2）無網口的 NC 設備資料採集

針對企業無網口的 NC 設備，資料採集內容及方式如下。

1）接入協議
採用工業乙太網 ModBus 協議進行接入設備，並採集設備資料。

2）採集內容

採集機床的開關機狀態、設備運行狀態（運行、停機）和故障狀態。並根據採集的資料進行匯總分析，監控機床的利用率、空閒率以及機床績效的資訊。

3）採集卡

採用數字量採集卡與 NC 加工設備的三色燈訊號連接，採集機床狀態。在企業工廠可採用的數字量採集卡為 2～4 路數字量輸入（DI）和網口輸出（DO）採集控制設備介面。採用標準的 Modbus TCP 通訊協議，可以透過 TCP/IP 網路遠端採集模擬量資料。

（3）檢測設備資料採集

針對企業規劃的檢測設備，採集內容及方式如下：

1）採集內容

① 派工單與檢測工件；

② 檢測結果資料。

2）採集協議　藍牙。

3）採集方式

① 透過資料採集介面，直接自動將檢測結果採集並導入到 WIS 中；

② 生產資料人工採集。

4）採集頻率　檢測資料即時採集。

WIS 採用 WIS 工作站（觸控螢幕一體機）人工採集生產過程資料，WIS 工作站分配在各個加工中心上。生產過程資料採集的內容及方式如下。

（1）加薪資料採集

① 派工單與加工設備關聯資訊；

② 報薪資訊（加工時間、加工中心、派工單、工序、操作員、派工單進度、物料編碼、實作工時、合格數、不合格數、工廢數量、料廢數量）；

③ 物料接收（物料編碼、物料描述、接收數量、單位、接收時間、接收人），包括生產物料的接收和工裝接收；

④ 換產資訊（換產設備、換產開始時間、換產完成時間）。

（2）報警資料採集

① 缺料報警（工位、物料、數量、時間、操作員）；

② 工裝工具報警（工位、工裝工具、數量、時間、操作員）；

③ 設備故障報警（工位、設備、故障說明、時間、操作員）；

④ 設備點檢（設備、點檢人、本次點檢時間段、本次點檢結果）；

⑤ 設備維修（設備、維修人、本次維修時間段）；

⑥ 設備保養（設備、本次保養時間段、保養人）。

（3）生產異常資訊採集

WIS 可實現生產報警，建立生產異常情況的預警模型，包括預警級別、報警接收人、報警方式等，並結合生產資料觸發預警。預警功能包括：

① 生產任務延期報警；

② 生產訂單延期報警；

③ 銷售訂單延期報警。

注：如有些異常不能建立預警模型，可透過 WIS 客戶端進行人工觸發報警。

觸發報警後，完成報警資訊追蹤管理，包括報警資訊處理、報警資訊消除等。

6.3.4 WIS 系統建設方案

企業可利用雲端架設的 WIS 伺服器和廠區內 WIS 伺服器，在局域網內（如工廠辦公室內的控制終端電腦），透過打開網頁並輸入指定網址，進入顯示以下內容及模組功能。

（1）銷售部門

銷售部門可透過 WIS 系統完成對銷售訂單的管理，以及對銷售訂單執行情況的追蹤，更好地掌握生產進度，為使用者提供更為準確合理的生產資訊（見圖 6-20）。

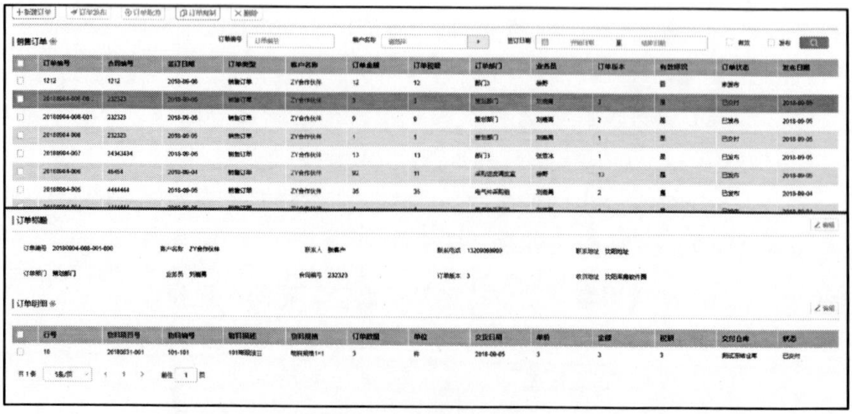

圖 6-20　銷售訂單管理

銷售訂單發布並進入訂單的生產後，銷售人員可即時查詢該銷售訂單的生產進度。如圖 6-21 所示。

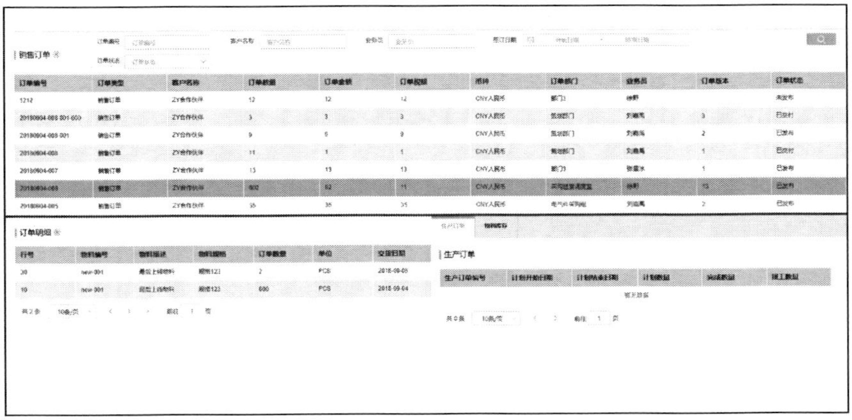

圖 6-21　銷售訂單進度

銷售訂單進度包括：生產訂單編號、計畫開始日期、計畫結束日期、計畫數量、完成數量、報工數量等。

（2）設備管理部門

設備管理部門透過 WIS 系統完成工廠內所有設備的日常管理和即時監控，最大程度上保障設備正常運行，對 NC 加工設備建立設備臺帳，實現 NC 加工設備的日常點檢管理、精度點檢管理、保養管理和維修管理功能，實現點檢、保養任務提醒（見圖 6-22）。

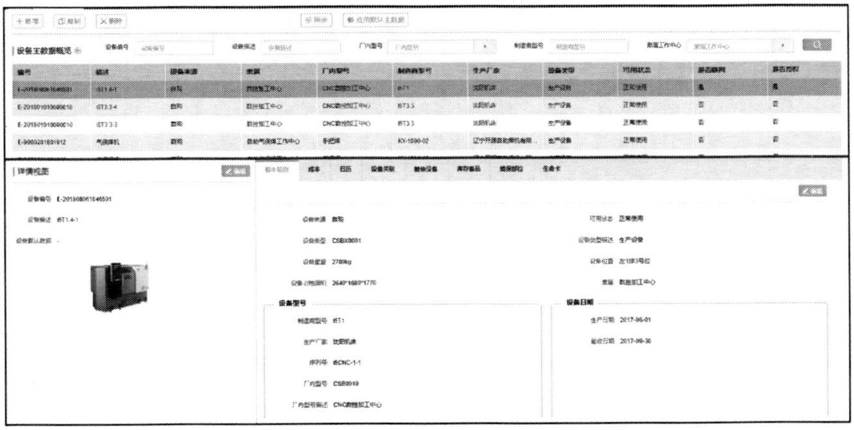

圖 6-22　設備資料概覽

設備狀態監控顯示工廠全部聯網監控設備列表（見圖 6-23）。對工廠設備的狀態和運行參數進行即時監控（見圖 6-24）。顯示的資訊包括：

① 設備各類狀態（運行、空閒、急停、故障、停機和未聯機）；

② 設備資訊包括：設備序列號、設備編號、設備描述、設備型號、操作人員、開機時長等資訊。

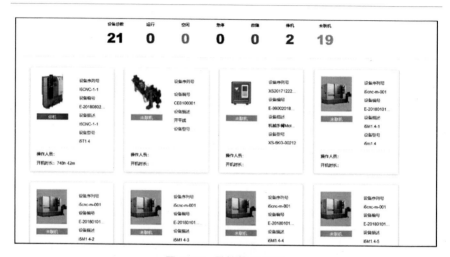

圖 6-23　監控設備列表

圖 6-24　設備即時監控

(3) 倉儲管理

倉儲管理負責企業生產過程中物料在庫房的所有出入庫操作，包括毛坯、產成品的出庫、入庫和凍結，以及物料在庫房存放狀態的查詢和

庫存報告。倉儲管理實現工廠物料的全面管理，並透過一些使用者靈活
定義及系統預設功能，實現物料倉儲業務管理（見圖 6-25）。

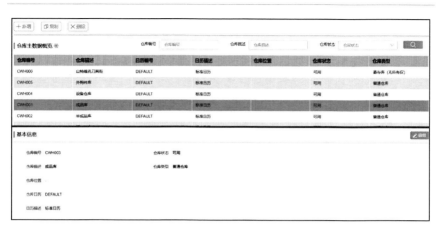

圖 6-25　倉儲管理

（4）工藝管理

企業的工藝設計部門可在 WIS 工藝管理模組中維護物料清單、物料
的標準工藝、工藝流程和 NC 程序（見圖 6-26）。對於物料、工藝和 NC
程序，採用使用者自定義的樹狀目錄進行組織和管理，這樣操作起來更
加清晰直觀。其中，工藝設計的資料包括工序資訊、以及排產所需的上
下序關係、工序的工時、批量以及作業指導書文件等。

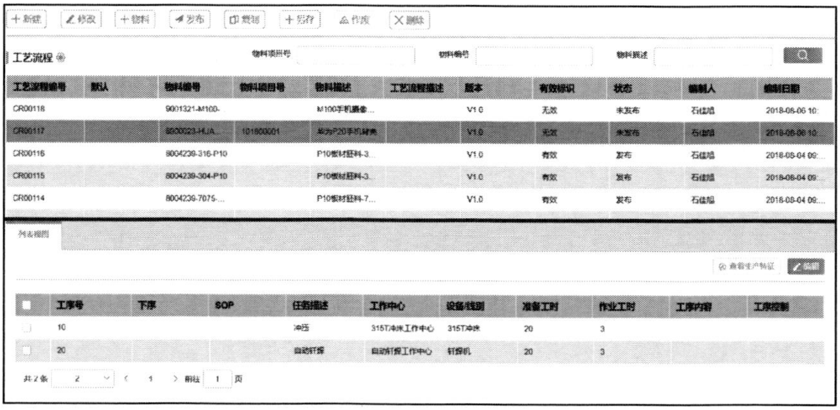

圖 6-26　工藝管理

　　WIS 支持對 NC 程序目錄的自定義管理功能（見圖 6-27）。使用者可根據使用要求對物料相關的 NC 程序進行目錄式管理。NC 程序發布後，可下發至綁定的設備。

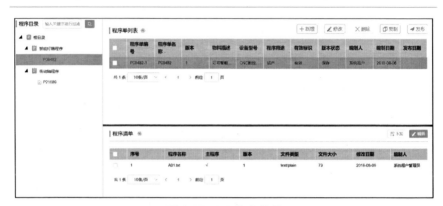

圖 6-27　NC 程序管理

（5）生產管理部門

　　企業的生產管理部門根據銷售訂單製訂生產計畫，安排生產，透過藉助 WIS 系統，進行電腦輔助排程，更加合理地安排生產，並進行生產調度（見圖 6-28）。

圖 6-28　生產任務管理

　　生產派工用於班組長對生產任務的安排工作，實現了對生產任務的實際生產管理，確定生產設備和生產人員以及生產工藝的過程。WIS 系統支持對生產任務手工派工的操作（見圖 6-29）。

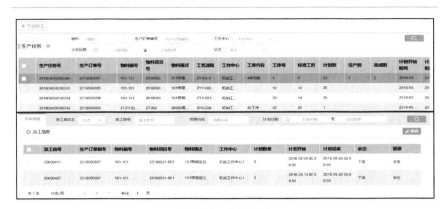

圖 6-29　生產派工

(6) 生產工作站

生產工作站是管理過程中在生產工廠部署並應用的子系統（見圖 6-30），生產工作站系統面對生產操作工及質檢等一線操作人員，透過簡單易用的頁面，幫助操作工完成物料接收、生產的開工與報工、報警、查看工藝圖紙等常用操作。

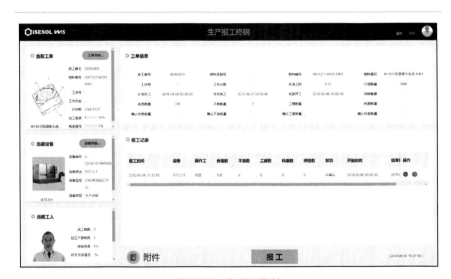

圖 6-30　生產工作站

(7) 質檢

針對企業的現狀，採用無線方式的智慧化質檢設備進行產品線上測量，並將測量結果即時傳送到 WIS。具體流程見圖 6-31。

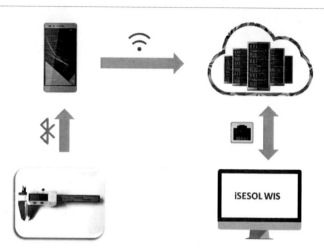

圖 6-31　智慧化線上質檢流程 1

手機 app（應用）完成的功能包括：

① 透過 WIS 應用獲取質檢任務；

② 使用與 app 相同的帳號進行登入，可查詢到對應量具提交的測量值。

如圖 6-32 所示，具體流程如下：

① 手機 app 登入 WIS 系統（選擇質檢任務）及手機 app 連接量具；

② 使用量具測量工件；

③ 量具提交測量值；

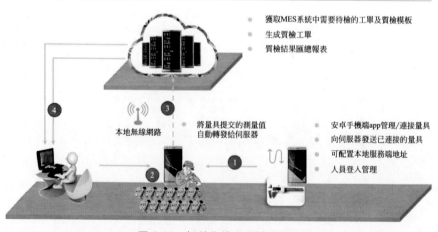

圖 6-32　智慧化線上質檢流程 2

④ WIS 頁面顯示量具發送的測量值，並將其與已選質檢項自動提交為項目測量結果。

質檢資訊如圖 6-33 所示。

圖 6-33　質檢資訊

透過智慧化線上質檢方案，能夠實現的功能包括：

① 透過 WIS 獲取質檢任務；

② 支持大批量零件按批質檢；

③ 支持手動創建待檢樣本；

④ 零件質檢狀態提醒（合格/不合格/待檢）；

⑤ 量具使用追蹤（量具號/透過手動輸入）；

⑥ 即時獲取已連接量具的測量資料。

(8) 管理層

以生產統計為基礎，定義企業生產相關的關鍵績效指標（KPI），實現企業的生產過程資訊查詢與統計，並以圖表及看板形式進行展現（見圖 6-34）。即時監控整個工廠的生產過程，包括設備運行狀況、生產過程品質、物料缺料情況、工具工裝資訊以及生產進度等。總體了解整個生產工廠的生產線的生產情況、生產進度以及生產中發生的不良原因等。

在工廠大螢幕或辦公區域上，顯示工廠布局看板（見圖 6-35），布局看板顯示工廠設備布局圖，即時查看設備狀態及生產相關資訊。

圖 6-34　工廠總體看板

圖 6-35　工廠布局看板

6.3.5　建設後使用效果

① 銷售部門透過 iSESOL WIS 系統，創建銷售訂單，WIS 根據訂單生成生產任務。可即時查詢生產產品加工種類、庫存數量等。

② 生產管理部門實現企業生產相關設備的資訊採集及生產過程要素的採集。

③ 倉庫要實現企業倉庫資訊化管理，包括原材料、產品等物料出入庫操作，即時掌握物料庫存情況。

④ 生產管理部門利用電腦排產算法，實現工序級自動排產功能，最大程度上減輕生產管理部門和工廠的排產工作量，提高工作效率。

⑤ 優化各生產部門派工以及作業管理，促進快速響應、合理利用生產資源。實現簡便、實用的看板系統，瀏覽設備加工狀態、生產任務進度等資訊。

⑥ 設備管理部門實現現有工廠設備管理功能，實現設備日常點檢管理、設備精度點檢管理及設備維護保養計畫的資訊化。

⑦ 質檢檢測部門實現藍牙智慧化線上檢測設備的檢測資料自動化，減輕質檢人員工作量。

⑧ 滿足企業管理層對於訂單生產的透明化管理，即時掌握企業生產現狀，並透過生產資料能及時發現存在的問題。

6.4 基於大數據的生產系統預測性維護與機床體檢相關案例

基於 iSESOL 的機床體檢透過雲端向機床端下發體檢指令，使機床運行特定程序同時採集資料，資料由本地採集後，經由資料採集器傳輸至雲端或直接傳輸至雲端，由雲端將採集到的資料進行分析存檔，並形成「體檢報告」，使用者透過查看機床「體檢報告」對機床性能進行判斷並作出維護決策（見圖 6-36）。同時可以透過雲端保存的歷史體檢結果，分析機床的性能變化曲線，進一步查找問題。

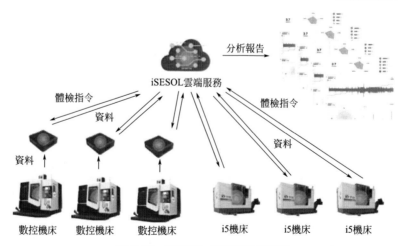

圖 6-36　iSESOL 機床體檢示意圖

目前 iSESOL 的機床體檢主要包括主軸激勵特性、動態精度、阻尼特性、響應特性及波動特性五項。其中，主軸激勵特性測試中使進給軸靜止，主軸按照一定規律旋轉，在主軸旋轉過程中採集各進給軸的速度

波動，透過對各進給軸的速度波動分析主軸的機械性能。當主軸機械性能較差（如徑向跳動較大）時，各進給軸的速度波動會明顯變大，同時導致被加工表面出現較密振紋。透過對比同類型機床的主軸激勵特性測試結果，可以發現主軸機械性能較差的設備，並對其進行相應處置。圖 6-37 為主軸激勵特性示意圖。

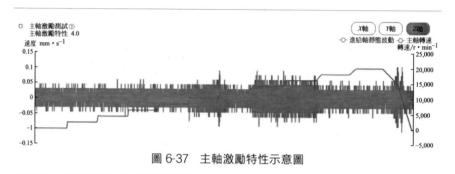

圖 6-37　主軸激勵特性示意圖

動態精度測試中使主軸靜止，兩進給軸做圓弧聯動，採集運動過程中兩軸回饋位置值，繪製圓誤差圖譜，分析在圓誤差圖譜中的最大誤差，用此作為評價機床動態精度的指標。該項指標越差說明機床的動態精度越差，在加工聯動圓弧時，會出現凸起或凹陷。圖 6-38 為動態精度測試示意圖。

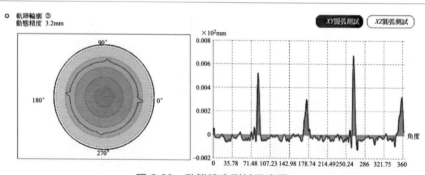

圖 6-38　動態精度測試示意圖

阻尼特性中使各進給軸在正負限位中勻速運動，採集過程中的進給軸輸出電流。對於裝配良好的進給軸，其行程中各處電流值應均勻一致。示意圖見圖 6-39。

響應特性中使各進給軸進行加速運動，採集其加速過程中的理論與回饋速度訊號，透過分析回饋速度與理論速度的偏差及回饋速度中的波動，判斷該軸的響應特性。該項指標低說明機床機電特性匹配較差。示意圖見圖 6-40。

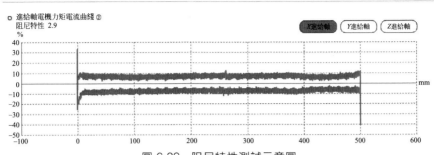

圖 6-39　阻尼特性測試示意圖

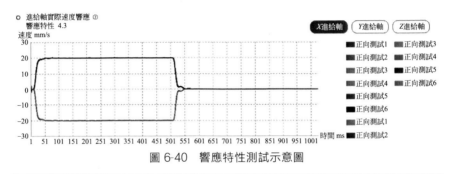

圖 6-40　響應特性測試示意圖

　　波動特性中使進給軸在正負限位中勻速運動，採集運動過程中的理論速度與回饋速度的偏差，即運動過程中的波動情況。如波動較大，則進給軸可能出現機械故障。示意圖見圖 6-41。

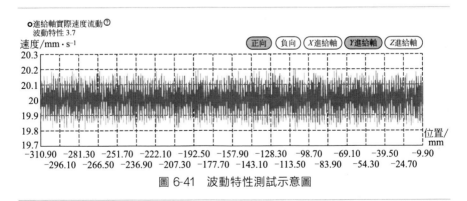

圖 6-41　波動特性測試示意圖

　　在獲得上述各項測試的結果後，綜合各項指標對機床進行綜合評分（見圖 6-42），以此作為機床性能評價依據。

　　下面透過某次維修案例介紹機床體檢在設備預維護中的使用。在某次定期體檢中，發現某機床波動特性檢測結果很差只有 2.4 分，從報告中查看具體結果發現其 y 軸在勻速運動時有極大的週期波動，如圖 6-43 所示。

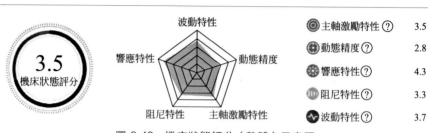

圖 6-42　機床狀態評分（整體）示意圖

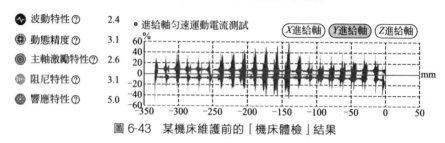

圖 6-43　某機床維護前的「機床體檢」結果

　　經現場檢修發現 y 軸絲杠螺母座中有異物，進行清洗後重新進行體檢可以發現波動特性得分上升，其對應圖形波動明顯減小（見圖 6-44）。

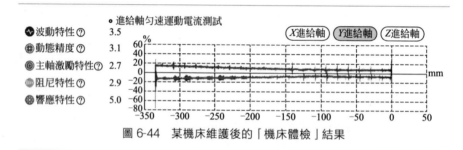

圖 6-44　某機床維護後的「機床體檢」結果

參考文獻

[1]　張映鋒．智慧物聯製造系統與決策[M]．北京：機械工業出版社，2018．

[2]　王芳，趙中寧．智慧製造基礎與應用[M]．北京：機械工業出版社，2018．

[3]　譚建榮．智慧製造：關鍵技術與企業應用[M]．北京：機械工業出版社，2017．

附錄

附錄 A　GMT 方法初始化過程

工序	W_1	W_2	W_3	W_4	W_5	W_6	W_1	W_2	W_3	W_4	W_5	W_6	W_1	W_2	W_3	W_4	W_5	W_6
O_{11}	2	3	X	5	2	3	2	3	X	5	2	3	4	3	X	5	2	3
O_{12}	4	3	5	X	3	X	4	3	5	X	5	X	6	3	5	X	5	X
O_{13}	2	X	5	4	X	4	2	X	5	4	X	4	2	X	5	4	X	4
O_{21}	3	X	5	3	2	X	3	X	5	3	4	X	5	X	5	3	4	X
O_{22}	4	X	3	3	X	5	4	X	3	3	X	5	6	X	3	3	X	5
O_{23}	X	X	4	5	7	9	X	X	4	5	9	9	X	X	4	5	9	9
O_{31}	5	6	X	4	X	4	5	6	X	4	X	4	7	6	X	4	X	4
O_{32}	X	4	X	3	5	4	X	4	X	3	7	4	X	4	X	3	7	4
O_{33}	X	X	11	X	9	13	X	X	11	X	11	13	X	X	11	X	11	13
O_{41}	9	X	7	9	X	6	9	X	7	9	X	6	11	X	7	9	X	6
O_{42}	X	7	X	5	6	5	X	7	X	5	8	5	X	7	X	5	8	5
O_{43}	2	3	4	X	X	4	2	3	4	X	X	4	4	3	4	X	X	4
O_{51}	X	4	5	3	X	4	X	4	5	3	X	4	X	4	5	3	X	4
O_{52}	4	4	6	X	3	5	4	4	6	X	5	5	6	4	6	X	5	5
O_{53}	3	4	X	5	6	X	3	4	X	5	8	X	5	4	X	5	8	X
O_{61}	X	3	7	4	5	X	X	3	7	4	7	X	X	3	7	4	7	X
O_{62}	6	2	X	4	3	X	6	2	X	4	5	X	8	2	X	4	5	X
O_{63}	5	4	3	X	X	4	5	4	3	X	X	4	7	4	3	X	X	4

工序	W_1	W_2	W_3	W_4	W_5	W_6	W_1	W_2	W_3	W_4	W_5	W_6	W_1	W_2	W_3	W_4	W_5	W_6
O_{11}	4	5	X	5	2	3	4	5	X	8	2	3	4	5	X	8	2	3
O_{12}	6	5	5	X	5	X	6	5	5	X	5	X	6	5	8	X	5	X
O_{13}	2	X	5	4	X	4	2	X	5	7	X	4	2	X	8	7	X	4
O_{21}	5	X	5	3	4	X	5	X	5	3	4	X	5	X	8	3	4	X
O_{22}	6	X	3	3	X	5	6	X	3	6	X	5	6	X	6	6	X	5
O_{23}	X	X	4	5	9	9	X	X	4	8	9	9	X	X	7	8	9	9
O_{31}	7	8	X	4	X	4	7	8	X	7	X	4	7	8	X	7	X	4
O_{32}	X	6	X	3	7	4	X	6	X	6	7	4	X	6	X	6	7	4
O_{33}	X	X	11	X	11	13	X	X	11	X	11	13	X	X	14	X	11	13
O_{41}	11	X	7	9	X	6	11	X	7	12	X	6	11	X	10	12	X	6
O_{42}	X	9	X	5	8	5	X	9	X	8	8	5	X	9	X	8	8	5
O_{43}	4	5	4	X	X	4	4	5	4	X	X	4	4	5	7	X	X	4
O_{51}	X	6	5	3	X	4	X	6	5	6	X	4	X	6	8	6	X	4
O_{52}	6	6	6	X	5	5	6	6	6	X	5	5	6	6	9	X	5	5
O_{53}	5	6	X	5	8	X	5	6	X	8	8	X	5	6	X	8	8	X
O_{61}	X	5	7	4	7	X	X	5	7	7	7	X	X	5	10	7	7	X
O_{62}	8	2	X	4	5	X	8	2	X	7	5	X	8	2	X	7	5	X
O_{63}	7	6	3	X	X	4	7	6	3	X	X	4	7	6	3	X	X	4

續表

工序	W_1	W_2	W_3	W_4	W_5	W_6	W_1	W_2	W_3	W_4	W_5	W_6	W_1	W_2	W_3	W_4	W_5	W_6
O_{11}	4	5	X	8	2	7	8	5	X	8	2	7	8	10	X	8	2	7
O_{12}	6	5	8	X	5	X	10	5	8	X	5	X	10	5	8	X	5	X
O_{13}	2	X	8	7	X	8	6	X	8	7	X	8	6	X	8	7	X	8
O_{21}	5	X	8	3	4	X	9	X	8	3	4	X	9	X	8	3	4	X
O_{22}	6	X	6	6	X	9	10	X	6	6	X	9	10	X	6	6	X	9
O_{23}	X	X	7	8	9	13	X	X	7	8	9	13	X	X	7	8	9	13
O_{31}	7	8	X	7	X	4	11	8	X	7	X	4	11	13	X	7	X	4
O_{32}	X	6	X	6	7	8	X	6	X	6	7	8	X	11	X	6	7	8
O_{33}	X	X	14	X	11	17	X	X	14	X	11	17	X	X	14	X	11	17
O_{41}	11	X	10	12	X	10	15	X	10	12	X	10	15	X	10	12	X	10
O_{42}	X	9	X	8	8	9	X	9	X	8	8	9	X	14	X	8	8	9
O_{43}	4	5	7	X	X	8	4	5	7	X	X	8	4	10	7	X	X	8
O_{51}	X	6	8	6	X	8	X	6	8	6	X	8	X	11	8	6	X	8
O_{52}	6	6	9	X	5	9	10	6	9	X	5	9	10	11	9	X	5	9
O_{53}	5	6	X	8	8	X	9	6	X	8	8	X	9	11	X	8	8	X
O_{61}	X	5	10	7	7	X	X	5	10	7	7	X	X	10	10	7	7	X
O_{62}	8	2	X	7	5	X	12	2	X	7	5	X	12	7	X	7	5	X
O_{63}	7	6	3	X	X	8	11	6	3	X	X	8	11	11	3	X	X	8
工序	W_1	W_2	W_3	W_4	W_5	W_6	W_1	W_2	W_3	W_4	W_5	W_6	W_1	W_2	W_3	W_4	W_5	W_6
O_{11}	8	10	X	8	7	7	8	10	X	8	7	7	8	10	X	14	7	7
O_{12}	10	5	8	X	10	X	10	5	14	X	10	X	10	5	14	X	10	X
O_{13}	6	X	8	7	X	8	6	X	14	7	X	8	6	X	14	13	X	8
O_{21}	9	X	8	3	9	X	9	X	14	3	9	X	9	X	14	9	9	X
O_{22}	10	X	6	6	X	9	10	X	6	6	X	9	10	X	6	12	X	9
O_{23}	X	X	7	8	14	13	X	X	13	8	14	13	X	X	13	14	14	13
O_{31}	11	13	X	7	X	4	11	13	X	7	X	4	11	13	X	13	X	4
O_{32}	X	11	X	6	12	8	X	11	X	6	12	8	X	11	X	6	12	8
O_{33}	X	X	14	X	16	17	X	X	20	X	16	17	X	X	20	X	16	17
O_{41}	15	X	10	12	X	10	15	X	16	12	X	10	15	X	16	18	X	10
O_{42}	X	14	X	8	13	9	X	14	X	8	13	9	X	14	X	14	13	9
O_{43}	4	10	7	X	X	8	4	10	13	X	X	8	4	10	13	X	X	8
O_{51}	X	11	8	6	X	8	X	11	14	6	X	8	X	11	14	12	X	8
O_{52}	10	11	9	X	5	9	10	11	15	X	10	9	10	11	15	X	10	9
O_{53}	9	11	X	8	13	X	9	11	X	8	13	X	9	11	X	14	13	X
O_{61}	X	10	10	7	12	X	X	10	16	7	12	X	X	10	16	13	12	X
O_{62}	12	7	X	7	10	X	12	7	X	7	10	X	12	7	X	13	10	X
O_{63}	11	11	3	X	X	8	11	11	9	X	X	8	11	11	9	X	X	8
工序	W_1	W_2	W_3	W_4	W_5	W_6	W_1	W_2	W_3	W_4	W_5	W_6	W_1	W_2	W_3	W_4	W_5	W_6
O_{11}	8	10	X	14	7	15	17	10	X	14	7	15	17	20	X	14	7	15
O_{12}	10	5	14	X	10	X	19	5	14	X	10	X	19	15	14	X	10	X
O_{13}	6	X	14	13	X	16	15	X	14	13	X	16	15	X	14	13	X	16

續表

工序	W_1	W_2	W_3	W_4	W_5	W_6	W_1	W_2	W_3	W_4	W_5	W_6	W_1	W_2	W_3	W_4	W_5	W_6
O_{21}	9	X	14	9	9	**X**	**18**	X	14	9	9	X	18	**X**	14	9	9	X
O_{22}	10	X	6	12	X	**17**	**19**	X	6	12	X	17	19	**X**	6	12	X	17
O_{23}	X	X	13	14	14	**21**	**X**	X	13	14	14	21	X	**X**	**13**	14	14	21
O_{31}	11	13	X	13	X	**12**	**20**	13	X	13	X	12	20	**23**	X	13	X	12
O_{32}	X	11	X	6	12	**16**	**X**	11	X	6	12	16	X	**21**	X	6	12	16
O_{33}	X	X	20	X	16	**25**	**X**	X	20	X	16	25	X	**X**	20	X	16	25
O_{41}	15	X	16	18	X	**18**	**24**	X	16	18	X	18	24	**X**	16	18	X	18
O_{42}	X	14	X	14	13	**17**	**X**	14	X	14	13	17	X	**24**	X	14	13	17
O_{43}	4	10	13	X	X	**16**	**13**	10	13	X	X	16	13	**20**	13	X	X	16
O_{51}	X	11	14	12	X	**8**	**X**	11	14	12	X	8	X	**21**	14	12	X	8
O_{52}	10	11	15	X	10	**17**	**19**	11	15	X	10	17	19	**21**	15	X	10	17
O_{53}	**9**	11	X	14	13	**X**	**9**	11	X	14	13	X	9	**21**	X	14	13	X
O_{61}	X	10	16	13	12	**X**	**X**	**10**	16	13	12	X	X	**10**	16	13	12	X
O_{62}	12	7	X	13	10	**X**	**21**	7	X	13	10	X	21	**17**	X	13	10	X
O_{63}	11	11	9	X	X	**16**	**20**	11	9	X	X	16	20	**21**	9	X	X	16
工序	W_1	W_2	W_3	W_4	W_5	W_6	W_1	W_2	W_3	W_4	W_5	W_6	W_1	W_2	W_3	W_4	W_5	W_6
O_{11}	17	20	**X**	14	7	15	17	20	X	14	**20**	15	17	20	X	**32**	20	15
O_{12}	19	15	**27**	X	10	X	19	15	27	X	**23**	X	19	15	27	**X**	23	X
O_{13}	15	X	**27**	13	X	16	15	X	27	13	**X**	16	15	X	27	**31**	X	16
O_{21}	18	X	**27**	9	9	X	18	X	27	9	**22**	X	18	X	27	**27**	22	X
O_{22}	19	X	**19**	12	X	17	19	X	19	12	**X**	17	19	X	19	**30**	X	17
O_{23}	X	X	**13**	14	14	21	X	X	13	14	**27**	21	X	X	13	**32**	27	21
O_{31}	20	23	**X**	13	X	12	20	23	X	13	**X**	12	20	23	X	**31**	X	12
O_{32}	X	21	**X**	6	12	16	X	21	X	6	**25**	16	X	21	X	**24**	25	16
O_{33}	X	X	**33**	X	16	25	X	X	33	X	**29**	25	X	X	33	**X**	29	25
O_{41}	24	X	**29**	18	X	18	24	X	29	18	**X**	18	24	X	29	**18**	X	18
O_{42}	X	24	**X**	14	**13**	17	X	24	X	14	**13**	17	X	24	X	**32**	13	17
O_{43}	13	20	**26**	X	X	16	13	20	26	X	**X**	16	13	20	26	**X**	X	16
O_{51}	X	21	**27**	12	X	8	X	21	27	12	**X**	8	X	21	27	**30**	X	8
O_{52}	19	21	**28**	X	10	17	19	21	28	X	**23**	17	19	21	28	**X**	23	17
O_{53}	9	21	**X**	14	13	X	9	21	X	14	**26**	X	9	21	X	**32**	26	X
O_{61}	X	10	**29**	13	12	X	X	10	29	13	**25**	X	X	10	29	**31**	25	X
O_{62}	21	17	**X**	13	10	X	21	17	X	13	**23**	X	21	17	X	**31**	23	X
O_{63}	20	21	**22**	X	X	16	20	21	22	X	**X**	16	20	21	22	**X**	X	16

附錄 B　RS 方法初始化過程

工序	W_1	W_2	W_3	W_4	W_5	W_6	W_1	W_2	W_3	W_4	W_5	W_6	W_1	W_2	W_3	W_4	W_5	W_6
O_{11}	2	3	X	5	**2**	3	2	3	X	5	**2**	3	2	3	X	5	2	3
O_{21}	3	X	5	3	2	X	3	X	5	**3**	**4**	X	3	X	5	**3**	4	X
O_{31}	5	6	X	4	X	4	5	6	X	4	**X**	4	5	6	X	**7**	X	**4**
O_{41}	9	X	7	9	X	6	9	X	7	9	**X**	6	9	X	7	**12**	X	6
O_{51}	X	4	5	3	X	4	X	4	5	3	**X**	4	X	4	5	**6**	X	4
O_{61}	X	3	7	4	5	X	X	3	7	4	**7**	X	X	3	7	**7**	**7**	X
O_{42}	X	7	X	5	6	5	X	7	X	5	**8**	5	X	7	X	**8**	8	5
O_{12}	4	3	5	X	3	X	4	3	5	X	**5**	X	4	3	5	**X**	5	X
O_{52}	4	4	6	X	3	5	4	4	6	X	**5**	5	4	4	6	**X**	5	5
O_{22}	4	X	3	3	X	5	4	X	3	**X**	X	5	4	X	3	**6**	X	5
O_{13}	2	X	5	4	X	4	2	X	5	4	**X**	4	2	X	5	**7**	X	4
O_{43}	2	3	4	X	X	4	2	3	4	X	**X**	4	2	3	4	**X**	**X**	4
O_{62}	6	2	X	4	3	X	6	2	X	4	**5**	X	6	2	X	**7**	5	X
O_{53}	3	4	X	5	6	X	3	4	X	5	**8**	X	3	4	X	**8**	8	X
O_{23}	X	X	4	5	7	9	X	X	4	5	**9**	9	X	X	4	**8**	9	9
O_{63}	5	4	3	X	X	4	5	4	3	X	**X**	4	5	4	3	**X**	X	4
O_{32}	X	4	X	3	5	4	X	4	X	3	**7**	4	X	4	X	**6**	7	4
O_{33}	X	X	11	X	9	13	X	X	11	X	**11**	13	X	X	11	**X**	11	13

工序	W_1	W_2	W_3	W_4	W_5	W_6	W_1	W_2	W_3	W_4	W_5	W_6	W_1	W_2	W_3	W_4	W_5	W_6
O_{11}	2	3	X	5	2	3	2	3	X	5	2	3	2	3	X	5	2	3
O_{21}	3	X	5	3	4	X	3	X	5	3	4	X	3	X	5	3	4	X
O_{31}	5	6	X	7	X	**4**	5	6	X	7	X	4	5	6	X	7	X	4
O_{41}	9	X	**7**	12	X	**10**	9	X	7	12	X	10	9	X	7	12	X	10
O_{51}	X	4	5	6	X	**8**	X	**4**	**12**	6	X	8	X	**4**	12	6	X	8
O_{61}	X	3	7	7	7	**X**	X	3	**14**	7	7	X	X	**7**	14	7	**7**	X
O_{42}	X	7	X	8	8	**9**	X	7	**X**	8	8	9	X	**11**	X	8	8	9
O_{12}	4	3	5	X	5	**X**	4	3	**12**	X	5	X	4	**7**	12	X	5	X
O_{52}	4	4	6	X	5	**9**	4	4	**13**	X	5	9	4	**8**	13	X	5	9
O_{22}	4	X	3	6	X	**9**	4	X	**10**	6	X	9	4	X	10	6	X	9
O_{13}	2	X	5	7	X	**8**	2	X	**12**	7	X	8	2	X	12	7	X	8
O_{43}	2	3	4	X	X	**8**	2	3	**11**	X	X	8	2	**7**	11	X	X	8
O_{62}	6	2	X	7	5	**X**	6	2	**X**	7	5	X	6	**6**	X	7	5	X
O_{53}	3	4	X	8	8	**X**	3	4	**X**	8	8	X	3	**8**	X	8	8	X
O_{23}	X	X	4	8	9	**13**	X	X	**11**	8	9	13	X	X	11	8	9	13
O_{63}	5	4	3	X	X	**8**	5	4	**10**	X	X	8	5	**8**	10	X	X	8
O_{32}	X	4	X	6	7	**8**	X	4	**X**	6	7	8	X	**8**	X	6	7	8
O_{33}	X	X	11	X	11	**17**	X	X	**18**	X	11	17	X	**X**	18	X	11	17

續表

工序	W_1	W_2	W_3	W_4	W_5	W_6	W_1	W_2	W_3	W_4	W_5	W_6	W_1	W_2	W_3	W_4	W_5	W_6
O_{11}	2	3	X	5	2	3	2	3	X	5	2	3	2	3	X	5	2	3
O_{21}	3	X	5	3	4	X	3	X	5	3	4	X	3	X	5	3	4	X
O_{31}	5	6	X	7	X	4	5	6	X	7	X	4	5	6	X	7	X	4
O_{41}	9	X	7	12	X	10	9	X	7	12	X	10	9	X	7	12	X	10
O_{51}	X	4	12	6	X	8	X	4	12	6	X	8	X	4	12	6	X	8
O_{61}	X	7	14	7	7	X	X	7	14	7	7	X	X	7	14	7	7	X
O_{42}	X	11	X	8	15	9	X	11	X	8	15	9	X	11	X	8	15	9
O_{12}	4	7	12	X	12	X	4	7	12	X	12	X	4	7	12	X	12	X
O_{52}	4	8	13	X	12	9	4	8	13	X	12	9	8	8	13	X	12	9
O_{22}	4	X	10	6	X	9	4	X	10	14	X	9	8	X	10	14	X	9
O_{13}	2	X	12	7	X	8	2	X	12	15	X	8	6	X	12	15	X	8
O_{43}	2	7	11	X	X	8	2	7	11	X	X	8	6	7	11	X	X	8
O_{62}	6	6	X	7	12	X	6	6	X	15	12	X	10	6	X	15	12	X
O_{53}	3	8	X	8	15	X	3	8	X	16	15	X	7	8	X	16	15	X
O_{23}	X	X	11	8	16	13	X	X	11	16	16	13	X	X	11	16	16	13
O_{63}	5	8	10	X	X	8	5	8	10	X	X	8	9	8	10	X	X	8
O_{32}	X	8	X	6	14	8	X	8	X	14	14	8	X	8	X	14	14	8
O_{33}	X	X	18	X	18	17	X	X	18	X	18	17	X	X	18	X	18	17

工序	W_1	W_2	W_3	W_4	W_5	W_6	W_1	W_2	W_3	W_4	W_5	W_6	W_1	W_2	W_3	W_4	W_5	W_6
O_{11}	2	3	X	5	2	3	2	3	X	5	2	3	2	3	X	5	2	3
O_{21}	3	X	5	3	4	X	3	X	5	3	4	X	3	X	5	3	4	X
O_{31}	5	6	X	7	X	4	5	6	X	7	X	4	5	6	X	7	X	4
O_{41}	9	X	7	12	X	10	9	X	7	12	X	10	9	X	7	12	X	10
O_{51}	X	4	12	6	X	8	X	4	12	6	X	8	X	4	5	6	X	8
O_{61}	X	7	14	7	7	X	X	7	14	7	7	X	X	7	7	7	7	X
O_{42}	X	11	X	8	15	9	X	11	X	8	15	9	X	11	X	8	15	9
O_{12}	4	7	12	X	12	X	4	7	12	X	12	X	4	7	5	X	12	X
O_{52}	8	8	13	X	12	9	8	8	13	X	12	9	8	8	6	X	12	9
O_{22}	16	X	10	14	X	9	16	X	10	14	X	9	8	X	9	14	X	9
O_{13}	14	X	12	15	X	8	14	X	12	15	X	17	14	X	12	15	X	17
O_{43}	14	7	11	X	X	8	14	7	11	X	X	17	14	7	23	X	X	17
O_{62}	18	6	X	15	12	X	18	6	X	15	12	X	18	6	X	15	12	X
O_{53}	15	8	X	16	15	X	15	8	X	16	15	X	15	8	X	16	15	X
O_{23}	X	X	11	16	16	13	X	X	11	16	16	22	X	X	23	16	16	22
O_{63}	17	8	10	X	X	8	17	8	10	X	X	17	17	8	22	X	X	17
O_{32}	X	8	X	14	14	8	X	8	X	14	14	17	X	8	X	14	14	17
O_{33}	X	X	18	X	18	17	X	X	18	X	18	26	X	X	30	X	18	26

工序	W_1	W_2	W_3	W_4	W_5	W_6	W_1	W_2	W_3	W_4	W_5	W_6	W_1	W_2	W_3	W_4	W_5	W_6
O_{11}	2	3	X	5	2	3	2	3	X	5	2	3	2	3	X	5	2	3
O_{21}	3	X	5	3	4	X	3	X	5	3	4	X	3	X	5	3	4	X
O_{31}	5	6	X	7	X	4	5	6	X	7	X	4	5	6	X	7	X	4

工序	W_1	W_2	W_3	W_4	W_5	W_6	W_1	W_2	W_3	W_4	W_5	W_6	W_1	W_2	W_3	W_4	W_5	W_6
O_{41}	9	X	7	12	X	10	9	X	7	12	X	10	9	X	7	12	X	10
O_{51}	X	4	5	6	X	8	X	4	5	6	X	8	X	4	5	6	X	8
O_{61}	X	7	7	7	7	X	X	7	7	7	7	X	X	7	7	7	7	X
O_{42}	X	11	X	8	15	9	X	11	X	8	15	9	X	11	X	8	15	9
O_{12}	4	7	5	X	12	X	4	7	5	X	12	X	4	7	5	X	12	X
O_{52}	8	8	6	X	12	9	8	8	6	X	12	9	8	8	6	X	12	9
O_{22}	8	X	9	14	X	9	8	X	9	14	X	9	8	X	9	14	X	9
O_{13}	14	X	12	15	X	17	14	X	12	15	X	17	14	X	12	15	X	17
O_{43}	14	**7**	23	X	X	17	14	7	23	X	X	17	14	7	23	X	X	17
O_{62}	18	**13**	X	15	**12**	X	18	13	X	15	**12**	X	18	13	X	15	12	X
O_{53}	15	**15**	X	16	15	X	15	**15**	X	16	27	X	15	**15**	X	16	27	X
O_{23}	X	**X**	23	16	16	22	X	**X**	23	16	**28**	22	X	**X**	23	**16**	28	22
O_{63}	17	**15**	22	X	X	17	17	15	22	X	**X**	17	17	**30**	22	X	X	17
O_{32}	X	**15**	X	14	14	17	X	15	X	14	**26**	17	X	**30**	X	14	26	17
O_{33}	X	**X**	30	X	18	26	X	X	30	X	**30**	26	X	**X**	30	X	30	26

工序	W_1	W_2	W_3	W_4	W_5	W_6	W_1	W_2	W_3	W_4	W_5	W_6	W_1	W_2	W_3	W_4	W_5	W_6
O_{11}	2	3	X	5	2	3	2	3	X	5	2	X	2	3	X	5	2	3
O_{21}	3	X	5	3	4	X	3	X	5	3	4	X	3	X	5	3	4	X
O_{31}	5	6	X	7	X	4	5	6	X	7	X	4	5	6	X	7	X	4
O_{41}	9	X	7	12	X	10	9	X	7	12	X	10	9	X	7	12	X	10
O_{51}	X	4	5	6	X	8	X	4	5	6	X	8	X	4	5	6	X	8
O_{61}	X	7	7	7	7	X	X	7	7	7	7	X	X	7	7	7	7	X
O_{42}	X	11	X	8	15	9	X	11	X	8	15	9	X	11	X	8	15	9
O_{12}	4	7	5	X	12	X	4	7	5	X	12	X	4	7	5	X	12	X
O_{52}	8	8	6	X	12	9	8	8	6	X	12	9	8	8	6	X	12	9
O_{22}	8	X	9	14	X	9	8	X	9	14	X	9	8	X	9	14	X	9
O_{13}	14	X	12	15	X	17	14	X	11	15	X	8	14	X	11	15	X	8
O_{43}	14	7	23	X	X	17	14	7	10	X	X	16	14	7	10	X	X	16
O_{62}	18	13	X	15	12	X	18	13	X	15	12	X	18	13	X	15	12	X
O_{53}	15	15	X	16	27	X	15	15	X	16	27	X	15	15	X	16	27	X
O_{23}	X	X	23	**16**	28	22	X	X	23	16	28	21	X	X	21	16	28	21
O_{63}	**17**	30	22	**X**	X	17	**17**	30	22	X	X	17	17	30	20	X	X	17
O_{32}	X	30	X	**30**	26	17	**X**	30	X	30	26	17	X	30	X	30	26	**17**
O_{33}	X	X	30	**X**	30	26	**X**	X	30	X	30	26	X	X	30	X	30	**41**

附錄 C FJSP 問題測試資料

MK01 10×6 問題

10　6　2

6　2 1 5 3 4 3 5 3 3 5 2 1 2 3 4 6 2 3 6 5 2 6 1 1 1 3 1 3 6 6 3 6 4 3

5　1 2 6 1 3 1 1 1 2 2 2 6 4 6 3 6 5 2 6 1 1

5　1 2 6 2 3 4 6 2 3 6 5 2 6 1 1 3 3 4 2 6 6 6 2 1 1 5 5

5　3 6 5 2 6 1 1 1 2 6 1 3 1 3 5 3 3 5 2 1 2 3 4 6 2

6　3 5 3 3 5 2 1 3 6 5 2 6 1 1 1 2 6 2 1 5 3 4 2 2 6 4 6 3 3 4 2 6 6 6

6　2 3 4 6 2 1 1 2 3 3 4 2 6 6 6 1 2 6 3 6 5 2 6 1 1 2 1 3 4 2

5　1 6 1 2 1 3 4 2 3 3 4 2 6 6 6 3 2 6 5 1 1 6 1 3 1

5　2 3 4 6 2 3 3 4 2 6 6 6 3 6 5 2 6 1 1 1 2 6 2 2 6 4 6

6　1 6 1 2 1 1 5 5 3 6 6 3 6 4 3 1 1 2 3 3 4 2 6 6 6 2 2 6 4 6

6　2 3 4 6 2 3 3 4 2 6 6 6 3 5 3 3 5 2 1 1 6 1 2 2 6 4 6 2 1 3 4 2

MK02 10×6 問題

10　6　3.5

6　6 3 3 4 5 1 3 6 6 2 2 5 3 2 6 5 3 4 6 1 1 5 6 3 3 4 3 2 6 6 5 1 2 6 2 6 3 5 6 3 3 2 2 1 5 4

6　5 6 1 5 6 1 3 2 4 4 2 2 6 3 5 6 1 5 2 2 2 4 3 3 3 3 2 2 1 5 4 6 3 3 4 5 1 3 6 6 2 2 5　3 6 6 1 1 5
6 3 3 4 3 2 6 6 5 6 5 3 4 6 2 4 6 6 3 6 1 2 3 3 2 2 1 5 4 5 3 5 1 4 2 3 6 3 5 2 6 4 1 1 5 2 4 5 5 3 3
6 3 5 6 3 1 4 4 6 3 6 5 3

6　5 3 5 1 4 2 3 6 3 5 2 5 6 1 5 6 1 3 2 4 4 2 1 2 6 6 1 1 5 6 3 3 4 3 2 6 6 5 5 1 4 4 5 2 3 6 3 5 4 6
4 1 1 5 2 4 5 5 3 3 6 3

6　6 5 3 4 6 2 4 6 6 3 6 1 2 5 1 4 4 5 2 3 6 3 5 4 1 4 3 5 6 3 1 4 4 6 3 6 5 3 5 6 1 5 6 1 3 2 4 4 2 2
2 4 3 3

6　5 6 3 1 4 4 6 3 6 5 3 2 6 5 3 4 5 3 5 1 4 2 3 6 3 5 2 6 5 3 4 6 2 4 6 6 3 6 1 2 1 2 6 5 6 1 5 6 1 3
2 4 4 2

5　6 4 1 1 5 2 4 5 5 3 3 6 3 1 5 2 6 5 3 4 6 2 4 6 6 3 6 1 2 6 3 3 4 5 1 3 6 6 2 2 5 3 5 6 3 1 4 4 6 3
6 5 3

6　2 2 4 3 3 5 3 5 1 4 2 3 6 3 5 2 6 5 3 4 6 2 4 6 6 3 6 1 2 5 6 3 1 4 4 6 3 6 5 3 5 1 4 4 5 2 3 6 3 5
4 5 6 1 5 6 1 3 2 4 4 2

5　1 2 6 2 6 5 3 4 5 6 1 5 6 1 3 2 4 4 2 5 1 4 4 5 2 3 6 3 5 4 2 2 4 3 3

6　1 4 3 6 5 3 4 6 2 4 6 6 3 6 1 2 5 6 3 1 4 4 6 3 6 5 3 6 4 1 1 5 2 4 5 5 3 3 6 3 2 6 3 5 6 5 6 1 5 6
1 3 2 4 4 2

MK03 15×8 問題

15　8　3

10　4 7 15 8 11 4 5 5 19 2 3 18 4 5 4 8 18 7 3 6 11 3 16 4 5 7 2 17 2 3 19 2 5 6 6 3 3 4 5 5 2 8 18
15 2 11 17 5 5 10 2 10 1 12 8 5 3 14 3 7 15 6 2 8 19

10　4 8 18 7 3 6 11 3 16 1 1 17 2 2 1 4 13 5 5 10 2 10 1 12 8 5 3 14 5 4 11 1 9 2 18 6 18 3 13 2 6
15 7 13 4 7 15 8 11 4 5 5 19 4 5 7 2 17 2 3 19 4 4 11 1 7 6 13 8 3 3 7 15 6 2 8 19

10　2 3 3 5 5 4 5 7 2 1 7 2 3 19 2 3 18 4 5 2 5 6 6 3 4 4 11 1 7 6 13 8 3 3 7 15 6 2 8 19 5 4 11 1 9
2 18 6 18 3 13 3 4 5 5 2 8 18 1 1 17 2 2 1 4 13

MK03 15×8 問題

10　2 3 18 4 5 2 3 3 5 5 5 4 11 1 9 2 18 6 18 3 13 4 4 11 1 7 6 13 8 3 2 6 15 7 13 4 5 7 2 1 7 2 3 19 1 5 2 4 8 18 7 3 6 11 3 16 1 1 17 2 5 6 6 3

10　2 6 15 7 13 3 7 15 6 28 19 1 5 2 4 7 15 8 11 4 5 5 19 5 4 11 1 9 2 18 6 18 3 13 4 5 7 2 1 7 2 3 19 3 4 5 5 2 8 18 2 5 6 6 3 2 3 3 5 5 5 5 10 2 10 1 12 8 5 3 14

10　2 2 1 4 13 2 6 15 7 13 2 3 18 4 5 4 8 18 7 3 6 11 3 16 5 4 11 1 9 2 18 6 18 3 13 5 5 10 2 10 1 12 8 5 3 14 4 4 11 1 7 6 13 8 3 4 7 15 8 11 4 5 5 19 2 5 6 6 3 2 3 3 5 5

10　5 5 10 2 10 1 12 8 5 3 14 4 4 11 1 7 6 13 8 3 2 2 1 4 13 1 1 17 2 6 15 7 13 4 5 7 2 1 7 2 3 19 1 5 2 5 4 11 1 9 2 18 6 18 3 13 2 3 18 4 5 3 7 15 6 28 19

10　3 7 15 6 28 19 1 1 17 4 7 15 8 11 4 5 5 19 2 6 15 7 13 5 5 10 2 10 1 12 8 5 3 14 4 4 11 1 7 6 13 8 3 5 4 11 1 9 2 18 6 18 3 13 2 2 1 4 13 2 3 18 4 5 2 3 3 5 5

10　1 1 17 5 5 10 2 10 1 12 8 5 3 14 4 8 18 7 3 6 11 3 16 3 7 15 6 28 19 2 6 15 7 13 4 4 11 1 7 6 13 8 3 1 5 2 2 2 1 4 13 5 4 11 1 9 2 18 6 18 3 13 4 7 15 8 11 4 5 5 19

10　1 1 17 2 6 15 7 13 3 4 5 5 2 8 18 5 4 11 1 9 2 18 6 18 3 13 4 4 11 1 7 6 13 8 3 2 3 18 4 5 2 5 6 6 3 3 7 15 6 28 19 4 8 18 7 3 6 11 3 16 5 5 10 2 10 1 12 8 5 3 14

10　2 2 1 4 13 3 7 15 6 28 19 4 8 18 7 3 6 11 3 16 2 3 18 4 5 2 5 6 6 3 1 1 17 2 3 3 5 5 3 4 5 5 2 8 18 5 5 10 2 10 1 12 8 5 3 14 5 4 11 1 9 2 18 6 18 3 13

10　4 4 11 1 7 6 13 8 3 3 4 5 5 2 8 18 4 8 18 7 3 6 11 3 16 1 1 17 5 4 11 1 9 2 18 6 18 3 13 3 7 15 6 28 19 1 5 2 2 3 3 5 5 4 7 15 8 11 4 5 5 19 2 2 1 4 13

10　5 5 10 2 10 1 12 8 5 3 14 1 5 2 2 3 18 4 5 4 5 7 2 1 7 2 3 19 2 6 15 7 13 4 8 18 7 3 6 11 3 16 4 7 15 8 11 4 5 5 19 5 4 11 1 9 2 18 6 18 3 13 2 5 6 6 3 4 4 11 1 7 6 13 8 3

10　4 8 18 7 3 6 11 3 16 3 4 5 5 2 8 18 2 2 1 4 13 4 5 7 2 1 7 2 3 19 2 5 6 6 3 2 3 18 4 5 2 6 15 7 13 1 5 2 5 4 11 1 9 2 18 6 18 3 13 1 1 17

10　5 5 10 2 10 1 12 8 5 3 14 2 5 6 6 3 2 6 15 7 13 4 7 15 8 11 4 5 5 19 4 8 18 7 3 6 11 3 16 1 1 17 5 4 11 1 9 2 18 6 18 3 13 3 4 5 5 2 8 18 2 3 18 4 5 4 5 7 2 1 7 2 3 19

MK04 15×8 問題

15　8　2

8　1 1 6 2 1 6 7 9 2 6 7 3 1 2 4 2 7 5 3 1 8 3 9 8 9 3 2 3 4 8 3 2 2 5 5 6 7 2 6 1 4 7

7　1 6 1 2 6 1 4 7 1 1 6 2 6 7 3 1 3 2 3 4 8 3 2 1 6 2 1 7 2

6　1 6 1 3 2 3 4 8 3 2 3 3 2 7 1 4 4 2 4 2 7 5 2 1 7 3 7 2 4 4 3 1

5　1 7 2 1 1 6 2 1 6 7 9 2 6 7 3 1 2 4 5 5 7

7　1 7 2 2 1 6 7 9 2 4 4 3 1 3 1 8 3 9 8 9 2 1 7 3 7 3 2 3 4 8 3 2 2 4 5 5 7

9　1 6 2 2 4 4 3 1 3 3 2 7 1 4 4 2 6 1 4 7 2 4 5 5 7 3 1 8 3 9 8 9 2 1 7 3 7 1 6 1 2 1 6 7 9

5　2 5 5 6 7 2 1 7 3 7 2 6 1 4 7 1 6 2 2 6 7 3 1

6　2 4 5 5 7 2 5 5 6 7 3 2 3 4 8 3 2 1 6 2 1 6 1 2 1 6 7 9

9　1 1 6 2 1 6 7 9 2 4 4 3 1 3 1 8 3 9 8 9 2 4 2 7 5 2 6 1 4 7 1 7 2 2 1 7 3 7 3 2 3 4 8 3 2

5　2 5 5 6 7 1 1 6 1 7 2 2 4 5 5 7 2 1 6 7 9

4　3 1 8 3 9 8 9 1 1 6 3 2 3 4 8 3 2 2 4 2 7 5

6　2 4 2 7 5 1 6 1 1 1 6 2 1 7 3 7 3 1 8 3 9 8 9 1 7 2

4　1 6 2 2 6 7 3 1 2 6 1 4 7 2 5 5 6 7

3　2 5 5 6 7 1 6 1 2 4 2 7 5

6　2 4 5 5 7 1 7 2 3 1 8 3 9 8 9 3 2 3 4 8 3 2 3 3 2 7 1 4 4 1 1 6

續表

MK05 15×4 問題

15	4 1.5

6　2 3 5 2 7 2 1 8 4 8 2 1 6 2 5 1 3 7 2 4 5 2 6 2 4 5 1 5

5　1 3 7 2 1 6 2 5 1 4 6 2 4 5 2 6 2 1 8 2 6

8　2 4 7 3 9 2 3 5 2 7 2 4 5 1 5 2 1 8 4 8 2 1 6 2 5 1 4 6 2 1 8 2 6 2 4 9 3 6

7　2 4 5 1 5 2 4 7 3 9 2 1 8 4 8 1 4 8 2 1 8 2 6 2 4 5 2 6 1 4 6

6　2 3 7 1 5 2 4 6 2 7 2 4 7 3 9 1 3 8 2 3 5 2 7 2 1 8 2 6

9　1 4 6 2 4 5 2 6 1 3 8 2 3 7 1 5 2 4 6 2 7 1 4 8 2 1 8 2 6 2 1 8 4 8 2 4 5 1 5

5　1 3 8 2 4 7 3 9 2 1 6 2 5 2 4 6 2 7 1 3 7

8　2 3 7 1 5 1 3 8 2 4 7 3 9 2 4 5 1 5 1 3 7 1 4 8 2 4 9 3 6 2 1 6 2 5

9　2 3 5 2 7 1 4 8 2 4 5 2 6 2 1 6 2 5 1 4 6 2 1 8 4 9 2 1 8 4 8 2 1 8 2 6 1 3 7

9　2 1 8 2 6 2 1 8 4 8 2 1 8 4 9 2 4 9 3 6 2 1 6 2 5 1 3 8 1 3 7 1 4 6 2 4 5 2 6

7　2 1 8 2 6 2 1 8 4 8 2 1 6 2 5 1 3 7 1 4 6 1 3 8 2 4 9 3 6

6　1 4 8 1 3 7 2 4 7 3 9 2 1 6 2 5 1 3 8 2 1 8 4 8

7　1 4 8 2 4 9 3 6 2 1 8 4 8 2 4 6 2 7 2 4 6 2 7 2 1 8 2 6 2 3 7 1 5

7　2 1 6 2 5 2 3 7 1 5 2 1 8 4 8 2 1 8 2 6 2 4 5 1 5 2 4 6 2 7 1 4 6

7　1 3 8 2 1 8 4 9 2 4 9 3 6 1 3 7 2 4 5 2 6 2 1 8 2 6 2 1 6 2 5

MK06 10×15 問題

10	15 3

15　4 2 8 6 3 7 2 9 5 2 9 7 1 2 5 7 4 1 4 9 1 2 7 10 4 2 1 1 8 2 3 7 5 3 8 5 8 5 1 3 8 8 2 5 3 8 10 9
3 5 6 1 1 6 2 5 2 5 1 9 9 1 5 7 4 6 2 10 6 1 2 2 7 9 5 6 2 4 8 7 2 5 2 1 5 8 4 2 1 8 3 7 3 10 2 8 9 4
5 3 7 5 3 7 9 3 3 9 4 5 8 1 1

15　5 1 3 8 8 2 5 3 8 10 9 5 7 4 1 4 9 1 2 7 10 4 3 5 6 1 1 6 2 5 2 1 5 8 4 2 1 8 3 7 2 4 8 7 2 2 10
6 1 2 3 10 2 8 9 4 5 2 7 9 5 6 3 7 5 3 7 9 3 3 7 5 3 8 5 8 3 9 4 5 8 1 1 2 9 7 1 2 2 1 1 8 2 4 2 8 6 3
7 2 9 5 5 2 5 1 9 9 1 5 7 4 6

15　2 1 1 8 2 2 7 9 5 6 2 10 6 1 2 2 4 8 7 2 5 2 1 5 8 4 2 1 8 3 7 3 9 4 5 8 1 1 2 9 7 1 2 3 7 5 3 7
9 3 5 7 4 1 4 9 1 2 7 10 4 4 2 8 6 3 7 2 9 5 5 1 3 8 8 2 5 3 8 10 9 3 10 2 8 9 4 5 5 2 5 1 9 9 1 5 7 4
6 3 5 6 1 1 6 2 3 7 5 3 8 5 8

15　3 5 6 1 1 6 2 5 2 5 1 9 9 1 5 7 4 6 5 1 3 8 8 2 5 3 8 10 9 5 2 1 5 8 4 2 1 8 3 7 2 4 8 7 2 2 10 6
1 2 3 7 5 3 8 5 8 2 9 7 1 2 3 7 5 3 7 9 3 3 9 4 5 8 1 1 4 2 8 6 3 7 2 9 5 2 1 1 8 2 5 7 4 1 4 9 1 2 7
10 4 2 7 9 5 6 3 10 2 8 9 4 5

15　3 10 2 8 9 4 5 2 1 1 8 2 3 9 4 5 8 1 1 2 9 7 1 2 3 7 5 3 8 5 8 5 2 1 5 8 4 2 1 8 3 7 3 5 6 1 1 6
2 3 7 5 3 7 9 3 4 2 8 6 3 7 2 9 5 2 10 6 1 2 5 7 4 1 4 9 1 2 7 10 4 2 7 9 5 6 5 2 5 1 9 9 1 5 7 4 6 5
1 3 8 8 2 5 3 8 10 9 2 4 8 7 2

15　3 7 5 3 8 5 8 5 1 3 8 8 2 5 3 8 10 9 2 7 9 5 6 3 5 6 1 1 6 2 5 2 5 1 9 9 1 5 7 4 6 2 4 8 7 2 2 9
7 1 2 5 2 1 5 8 4 2 1 8 3 7 5 7 4 1 4 9 1 2 7 10 4 4 2 8 6 3 7 2 9 5 2 1 1 8 2 3 7 5 3 7 9 3 2 10 6 1
2 3 9 4 5 8 1 1 3 10 2 8 9 4 5

15　3 5 6 1 1 6 2 3 10 2 8 9 4 5 3 7 5 3 8 5 8 5 1 3 8 8 2 5 3 8 10 9 2 1 1 8 2 2 9 7 1 2 5 2 1 5 8 4
2 1 8 3 7 3 7 5 3 7 9 3 5 7 4 1 4 9 1 2 7 10 4 3 9 4 5 8 1 1 2 10 6 1 2 4 2 8 6 3 7 2 9 5 2 7 9 5 6 2
4 8 7 2 5 2 5 1 9 9 1 5 7 4 6

15　5 7 4 1 4 9 1 2 7 10 4 3 7 5 3 7 9 3 3 7 5 3 8 5 8 2 1 1 8 2 3 5 6 1 1 6 2 5 2 5 1 9 9 1 5 7 4 6
3 10 2 8 9 4 5 3 9 4 5 8 1 1 2 9 7 1 2 4 2 8 6 3 7 2 9 5 5 1 3 8 8 2 5 3 8 10 9 2 4 8 7 2 2 10 6 1 2 5
2 1 5 8 4 2 1 8 3 7　2 7 9 5 6

續表

MK06 10×15 問題

15　4 2 8 6 3 7 2 9 5 3 9 4 5 8 1 1 3 7 5 3 8 5 8 5 7 4 1 4 9 1 2 7 10 4 5 2 1 5 8 4 2 1 8 3 7 2 4 8
7 2 2 9 7 1 2 3 10 2 8 9 4 5 5 1 3 8 8 2 5 3 8 10 9 2 10 6 1 2 5 2 5 1 9 9 1 5 7 4 6 3 7 5 3 7 9 3 2 7
9 5 6 2 1 1 8 2 3 5 6 1 1 6 2

15　2 1 1 8 2 4 2 8 6 3 7 2 9 5 3 10 2 8 9 4 5 3 7 5 3 8 5 8 3 7 5 3 7 9 3 2 10 6 1 2 2 7 9 5 6 3 9 4
5 8 1 1 5 7 4 1 4 9 1 2 7 10 4 5 2 5 1 9 9 1 5 7 4 6 5 1 3 8 8 2 5 3 8 10 9 3 5 6 1 1 6 2 5 2 1 5 8 4
2 1 8 3 7 2 4 8 7 2 2 9 7 1 2

MK07 20×5 問題

20　5　3

5　2 2 4 1 15 2 3 18 1 15 1 2 4 1 4 18 5 3 8 5 2 4 5 1 7 2 7

5　2 1 3 5 13 5 3 8 5 2 4 5 1 7 2 7 2 2 4 1 15 3 1 8 5 1 2 5 3 1 3 5 13 3 2

5　5 2 18 5 1 4 19 1 9 3 3 1 4 18 2 4 11 3 9 1 2 4 3 5 12 3 14 4 19

5　2 2 4 1 15 4 4 10 3 10 2 17 5 8 4 5 18 3 13 2 2 1 5 5 4 10 5 15 1 2 3 9 2 16 2 3 15 1 6

5　3 1 3 5 13 3 2 2 3 18 1 15 5 2 18 5 1 4 19 1 9 3 3 3 5 12 3 14 4 19 1 4 5

5　5 3 8 5 2 4 5 1 7 2 7 2 3 18 1 15 2 1 15 5 7 2 2 7 1 17 2 2 4 1 15

5　1 4 5 2 1 15 5 7 2 2 4 1 15 3 1 3 5 13 3 2 4 4 6 2 17 3 15 5 7

5　4 4 6 2 17 3 15 5 7 3 3 18 1 2 4 15 4 2 14 4 14 3 19 5 15 1 2 4 2 2 7 1 17

5　5 2 18 5 1 4 19 1 9 3 3 4 4 6 2 17 3 15 5 7 3 1 8 5 1 2 5 4 2 14 4 14 3 19 5 15 2 1 17 5 15

5　2 1 15 5 7 4 4 10 3 10 2 17 5 8 2 3 15 1 6 1 4 5 5 3 16 5 17 4 10 2 10 1 7

5　1 4 18 3 18 5 1 2 5 5 3 8 5 2 4 5 1 7 2 7 2 1 15 5 7 2 1 17 5 15

5　3 5 12 3 14 4 19 4 4 10 3 10 2 17 5 8 2 3 15 1 6 5 3 8 5 2 4 5 1 7 2 7 5 3 16 5 17 4 10 2 10 1 7

5　2 1 17 5 15 1 4 18 4 2 17 5 19 4 5 3 12 3 3 18 1 2 4 15 3 1 8 5 1 2 5

5　2 5 1 3 5 3 3 18 1 2 4 15 4 4 10 3 10 2 17 5 8 2 3 18 1 15 5 3 8 5 2 4 5 1 7 2 7

5　5 3 8 5 2 4 5 1 7 2 7 2 5 1 3 5 3 5 12 3 14 4 19 5 3 16 5 17 4 10 2 10 1 7 2 1 17 5 15

5　5 4 10 5 15 1 2 3 9 2 16 2 4 11 3 9 1 2 4 2 1 15 5 7 1 4 5

5　5 3 8 5 2 4 5 1 7 2 7 4 2 14 4 14 3 19 5 15 3 3 18 1 2 4 15 2 3 15 1 6 5 2 18 5 1 4 19 1 9 3 3

5　1 2 4 3 1 8 5 1 2 5 2 5 1 3 5 2 3 18 1 15 2 1 15 5 7

5　3 1 3 5 13 3 2 4 4 6 2 17 3 15 5 7 4 5 18 3 13 2 2 1 5 1 4 18 2 1 3 5 13

5　1 4 5 2 2 4 1 15 1 4 18 2 1 15 5 7 5 4 10 5 15 1 2 3 9 2 16

MK08 10×6 問題

10　6　2

6　2 1 5 3 4 3 5 3 3 5 2 1 2 3 4 6 2 3 6 5 2 6 1 1 1 3 1 3 6 6 3 6 4 3

5　1 2 6 1 3 1 1 1 2 2 2 6 4 6 3 6 5 2 6 1 1

5　1 2 6 2 3 4 6 2 3 6 5 2 6 1 1 3 3 4 2 6 6 6 2 1 5 5

5　3 6 5 2 6 1 1 1 2 6 1 3 1 3 5 3 3 5 2 1 2 3 4 6 2

6　3 5 3 3 5 2 1 3 6 5 2 6 1 1 1 2 6 2 1 5 3 4 2 2 6 4 6 3 3 4 2 6 6 6

6　2 3 4 6 2 1 1 2 3 3 4 2 6 6 6 1 2 6 3 6 5 2 6 1 1 2 1 3 4 2

5　1 6 1 2 1 3 4 2 3 3 4 2 6 6 6 3 2 6 5 1 1 6 1 3 1

5　2 3 4 6 2 3 3 4 2 6 6 6 3 6 5 2 6 1 1 1 2 6 2 2 6 4 6

6　1 6 1 2 1 1 5 5 3 6 6 3 6 4 3 1 1 2 3 3 4 2 6 6 6 2 2 6 4 6

6　2 3 4 6 2 3 3 4 2 6 6 6 3 5 3 3 5 2 1 1 6 1 2 2 6 4 6 2 1 3 4 2

續表

MK09 20×10 問題

20　10　3

12　2 2 10 1 1 11 1 8 17 1 8 14 1 1 10 2 2 16 10 18 2 9 6 2 12 4 7 9 4 11 3 10 1 16 2 5 19 1 7 1 9 11
1 4 16 1 2 5 5 7 9 9 9 4 6 8 14 6 16

13　1 8 17 2 5 6 4 11 2 2 10 1 11 2 5 9 8 8 2 2 16 3 11 4 1 8 5 14 10 15 6 12 4 6 10 8 15 7 5 2 8 2
5 19 1 7 4 7 9 4 11 3 10 1 16 1 1 10 4 1 16 3 11 7 17 4 7 1 4 16 4 3 11 5 8 7 11 9 17

11　4 6 10 8 15 7 5 2 8 2 5 9 8 8 2 2 16 10 18 2 2 10 1 11 5 7 9 9 9 4 6 8 14 6 16 1 4 16 2 5 19 1
7 1 1 10 2 5 6 4 11 2 2 16 3 11 1 3 14

11　4 1 8 5 14 10 15 6 12 2 5 19 1 7 4 4 11 8 16 9 15 1 6 1 8 14 1 4 16 1 8 17 4 1 16 3 11 7 17 4 7
4 10 6 8 13 5 5 2 8 1 3 14 4 7 9 4 11 3 10 1 16 1 1 10

14　1 8 17 1 4 16 1 5 9 4 10 6 8 13 5 5 2 8 4 1 16 3 11 7 17 4 7 2 2 16 10 18 4 6 10 8 15 7 5 2 8 1
8 14 2 5 6 4 11 4 2 5 7 13 10 10 5 11 5 7 9 9 9 4 6 8 14 6 16 2 5 9 8 8 4 1 8 5 14 10 15 6 12 2 5 19
1 7

11　4 2 5 7 13 10 10 5 11 2 2 16 10 18 1 1 10 1 3 14 1 5 9 5 7 9 9 9 4 6 8 14 6 16 1 8 17 1 8 14 1
2 5 4 6 10 8 15 7 5 2 8 4 4 11 8 16 9 15 1 6

14　1 8 14 1 8 17 2 5 9 8 8 1 4 16 1 1 10 4 2 5 7 13 10 10 5 11 1 2 5 2 5 6 4 11 5 7 9 9 9 4 6 8 14
6 16 4 4 11 8 16 9 15 1 6 5 2 8 1 19 8 13 6 14 10 18 4 6 10 8 15 7 5 2 8 4 1 16 3 11 7 17 4 7 2 2 16
10 18

13　1 1 10 4 10 6 8 13 5 5 2 8 1 5 9 4 7 9 4 11 3 10 1 16 1 9 11 4 2 5 7 13 10 10 5 11 4 6 10 8 15
7 5 2 8 1 2 5 5 2 8 1 19 8 13 6 14 10 18 5 7 9 9 9 4 6 8 14 6 16 2 2 10 1 11 4 1 16 3 11 7 17 4 7 2
5 6 4 11

11　1 8 17 1 2 5 1 1 10 4 16 2 5 6 4 11 4 7 9 4 11 3 10 1 16 5 2 8 1 19 8 13 6 14 10 18 1 9 11 2
9 6 2 12 2 2 10 1 11 2 5 9 8 8

12　1 4 16 4 4 11 8 16 9 15 1 6 1 3 14 4 2 5 7 13 10 10 5 11 1 9 11 5 7 9 9 9 4 6 8 14 6 16 2 5 6 4
11 4 1 16 3 11 7 17 4 7 2 2 10 1 11 2 2 16 3 11 4 1 8 5 14 10 15 6 12 1 1 10

10　1 9 11 1 5 9 5 2 8 1 19 8 13 6 14 10 18 1 4 16 4 4 11 8 16 9 15 1 6 2 5 9 8 8 4 7 9 4 11 3 10 1
16 1 3 14 1 1 10 4 1 16 3 11 7 17 4 7

11　4 10 6 8 13 5 5 2 8 4 4 11 8 16 9 15 1 6 1 4 16 2 9 6 2 12 4 6 10 8 15 7 5 2 8 4 7 9 4 11 3 10
1 16 1 2 5 1 8 14 5 7 9 9 9 4 6 8 14 6 16 2 5 6 4 11 2 2 16 10 18

11　1 2 5 1 3 14 2 9 6 2 12 1 5 9 4 2 5 7 13 10 10 5 11 4 1 16 3 11 7 17 4 7 2 2 10 1 11 1 8 17 2 5
19 1 7 1 1 10 4 7 9 4 11 3 10 1 16

10　4 3 11 5 8 7 11 9 17 1 1 10 2 2 16 10 18 2 2 10 1 11 4 6 10 8 15 7 5 2 8 4 4 11 8 16 9 15 1 6 1
4 16 4 1 16 3 11 7 17 4 7 4 7 9 4 11 3 10 1 16 2 2 16 3 11

12　1 1 10 4 4 11 8 16 9 15 1 6 4 2 5 7 13 10 10 5 11 5 2 8 1 19 8 13 6 14 10 18 2 5 6 4 11 2 9 6 2
12 1 2 5 4 10 6 8 13 5 5 2 8 1 4 16 2 2 16 3 11 2 2 10 1 11 4 6 10 8 15 7 5 2 8

14　1 8 17 4 4 11 8 16 9 15 1 6 1 3 14 2 9 6 2 12 1 8 14 4 6 10 8 15 7 5 2 8 4 7 9 4 11 3 10 1 16 4
2 5 7 13 10 10 5 11 4 1 8 5 14 10 15 6 12 2 2 10 1 11 4 1 6 4 3 11 5 8 7 11 9 17 2 5 19 1 7 4 10 6
8 13 5 5 2 8

13　5 2 8 1 19 8 13 6 14 10 18 1 9 11 4 7 9 4 11 3 10 1 16 1 8 17 4 10 6 8 13 5 5 2 8 2 5 6 4 11 1
1 10 4 6 10 8 15 7 5 2 8 2 2 10 1 11 2 2 16 10 18 4 1 16 3 11 7 17 4 7 1 3 14 2 5 19 1 7

11　5 2 8 1 19 8 13 6 14 10 18 5 7 9 9 9 4 6 8 14 6 16 2 5 6 4 11 4 10 6 8 13 5 5 2 8 1 3 14 4 3 11
5 8 7 11 9 17 1 9 11 2 2 10 1 11 4 2 5 7 13 10 10 5 11 1 8 14 4 1 8 5 14 10 15 6 12

13　1 3 14 2 2 10 1 11 4 7 9 4 11 3 10 1 16 2 2 16 10 18 2 2 16 3 11 4 4 11 8 16 9 15 1 6 4 1 16 3
11 7 17 4 7 4 2 5 7 13 10 10 5 11 4 10 6 8 13 5 5 2 8 2 5 9 8 8 1 2 5 4 6 10 8 15 7 5 2 8 1 5 9

續表

MK09 20×10 問題

13　4 1 16 3 11 7 17 4 7 4 2 5 7 13 10 10 5 11 4 6 10 8 15 7 5 2 8 1 3 14 2 5 6 4 11 4 4 11 8 16 9
15 1 6 1 5 9 1 1 10 1 8 17 2 9 6 2 12 5 2 8 1 19 8 13 6 14 10 18 2 2 16 3 11 2 2 16 10 18

MK10 20×15 問題

20　15　3

12　2 6 5 2 5 2 7 11 6 11 1 2 5 4 8 10 3 18 4 10 9 7 2 7 9 1 7 4 1 8 7 14 9 12 4 7 3 4 13 8 8 2 6 5
3 8 1 19 9 13 10 19 2 16 5 2 16 10 9 3 12 4 11 5 15 2 9 10 10 5 3 7 5 2 8 4 7 4 1 6 6 13 5 11 10 7

13　2 7 11 6 11 4 2 16 10 9 5 9 8 16 2 6 5 2 5 2 2 11 1 9 2 3 12 7 15 4 4 11 10 14 5 10 7 15 4 3 8
1 12 5 5 13 11 5 3 8 1 19 9 13 10 19 2 16 3 4 13 8 8 2 6 4 8 10 3 18 4 10 9 7 4 1 16 5 11 10 17 3 6
2 9 10 10 5 2 5 11 2 11

11　4 3 8 1 12 5 5 13 11 2 2 11 1 9 2 7 9 1 7 2 6 5 2 5 4 1 6 6 13 5 11 10 7 2 9 10 10 5 5 3 8 1 19
9 13 10 19 2 16 4 8 10 3 18 4 10 9 7 4 2 16 10 9 5 9 8 16 2 3 12 7 15 2 2 5 9 19

11　4 4 11 10 14 5 10 7 15 5 3 8 1 19 9 13 10 19 2 16 1 5 15 1 2 5 2 9 10 10 5 2 7 11 6 11 4 1 16
5 11 10 17 3 6 2 10 13 6 11 2 2 5 9 19 3 4 13 8 8 2 6 4 8 10 3 18 4 10 9 7

14　2 7 11 6 11 2 9 10 10 5 4 5 11 7 8 10 11 2 16 2 10 13 6 11 4 1 16 5 11 10 17 3 6 2 7 9 1 7 4 3
8 1 12 5 5 13 11 1 2 5 4 2 16 10 9 5 9 8 16 3 1 15 2 19 9 9 4 1 6 6 13 5 11 10 7 2 2 11 1 9 4 4 11 10
14 5 10 7 15 5 3 8 1 19 9 13 10 19 2 16

11　3 1 15 2 19 9 9 2 7 9 1 7 4 8 10 3 18 4 10 9 7 2 2 5 9 19 4 5 11 7 8 10 11 2 16 4 1 6 6 13 5 11
10 7 2 7 11 6 11 1 2 5 3 7 5 2 8 4 7 4 3 8 1 12 5 5 13 11 1 5 15

14　1 2 5 2 7 11 6 11 2 2 11 1 9 2 9 10 10 5 4 8 10 3 18 4 10 9 7 3 1 15 2 19 9 9 3 7 5 2 8 4 7 4 2
16 10 9 5 9 8 16 4 1 6 6 13 5 11 10 7 1 5 15 4 7 13 10 19 6 18 4 8 4 3 8 1 12 5 5 13 11 4 1 16 5 11
10 17 3 6 2 7 9 1 7

13　4 8 10 3 18 4 10 9 7 2 10 13 6 11 4 5 11 7 8 10 11 2 16 3 4 13 8 8 2 6 5 2 16 10 9 3 12 4 11 5
15 3 1 15 2 19 9 9 4 3 8 1 12 5 5 13 11 3 7 5 2 8 4 7 4 7 13 10 19 6 18 4 8 4 1 6 6 13 5 11 10 7 2 6
5 2 5 4 1 16 5 11 10 17 3 6 4 2 16 10 9 5 9 8 16

11　2 7 11 6 11 3 7 5 2 8 4 7 4 8 10 3 18 4 10 9 7 2 9 10 10 5 4 2 16 10 9 5 9 8 16 3 4 13 8 8 2 6
4 7 13 10 19 6 18 4 8 5 2 16 10 9 3 12 4 11 5 15 4 1 8 7 14 9 12 4 7 2 6 5 2 5 2 2 11 1 9

12　2 9 10 10 5 1 5 15 2 2 5 9 19 3 1 15 2 19 9 9 5 2 16 10 9 3 12 4 11 5 15 4 1 6 6 13 5 11 10 7 4
2 16 10 9 5 9 8 16 4 1 16 5 11 10 17 3 6 2 6 5 2 5 2 3 12 7 15 4 4 11 10 14 5 10 7 15 4 8 10 3 18 4
10 9 7

10　5 2 16 10 9 3 12 4 11 5 15 4 5 11 7 8 10 11 2 16 4 7 13 10 19 6 18 4 8 2 9 10 10 5 1 5 15 2 2
11 1 9 3 4 13 8 8 2 6 2 2 5 9 19 4 8 10 3 18 4 10 9 7 4 1 16 5 11 10 17 3 6

11　2 10 13 6 11 1 5 15 2 9 10 10 5 4 1 8 7 14 9 12 4 7 4 3 8 1 12 5 5 13 11 3 4 13 8 8 2 6 3 7 5 2
8 4 7 1 2 5 4 1 6 6 13 5 11 10 7 4 2 16 10 9 5 9 8 16 2 7 9 1 7

11　3 7 5 2 8 4 7 2 2 5 9 19 4 1 8 7 14 9 12 4 7 4 5 11 7 8 10 11 2 16 3 1 15 2 19 9 9 4 1 16 5 11
10 17 3 6 2 6 5 2 5 2 7 11 6 11 5 3 8 1 19 9 13 10 19 2 16 4 8 10 3 18 4 10 9 7 3 4 13 8 8 2 6

10　2 5 11 2 11 4 8 10 3 18 4 10 9 7 2 7 9 1 7 2 6 5 2 5 4 3 8 1 12 5 5 13 11 1 5 15 2 9 10 10 5 4
1 16 5 11 10 17 3 6 3 4 13 8 8 2 6 2 3 12 7 15

12　4 8 10 3 18 4 10 9 7 1 5 15 3 1 15 2 19 9 9 4 7 13 10 19 6 18 4 8 4 2 16 10 9 5 9 8 16 4 1 8 7
14 9 12 4 7 3 7 5 2 8 4 7 2 10 13 6 11 2 9 10 10 5 2 3 12 7 15 2 6 5 2 5 4 3 8 1 12 5 5 13 11

14　2 7 11 6 11 1 5 15 2 2 5 9 19 4 1 8 7 14 9 12 4 7 1 2 5 4 3 8 1 12 5 5 13 11 3 4 13 8 8 2 6 3 1
15 2 19 9 9 4 4 11 10 14 5 10 7 15 2 6 5 2 5 2 9 10 10 5 2 5 11 2 11 5 3 8 1 19 9 13 10 19 2 16 2 10
13 6 11

續表

MK10 20×15 問題

13　4 7 13 10 19 6 18 4 8 5 2 16 10 9 3 12 4 11 5 15 3 4 13 8 8 2 6 2 7 11 6 11 2 10 13 6 11 4 2 16
10 9 5 9 8 16 4 8 10 3 18 4 10 9 7 4 3 8 1 12 5 5 13 11 2 6 5 2 5 2 7 9 1 7 4 1 16 5 11 10 17 3 6 2
2 5 9 19 5 3 8 1 19 9 13 10 19 2 16

11　4 7 13 10 19 6 18 4 8 4 1 6 6 13 5 11 10 7 4 2 16 10 9 5 9 8 16 2 10 13 6 11 2 2 5 9 19 2 5 11
2 11 5 2 16 10 9 3 12 4 11 5 15 2 6 5 2 5 3 1 15 2 19 9 9 1 2 5 4 4 11 10 14 5 10 7 15

13　2 2 5 9 19 2 6 5 2 5 3 4 13 8 8 2 6 2 7 9 1 7 2 3 12 7 15 1 5 15 4 1 16 5 11 10 17 3 6 3 1 15 2
19 9 9 2 10 13 6 11 2 2 11 1 9 3 7 5 2 8 4 7 4 3 8 1 12 5 5 13 11 4 5 11 7 8 10 11 2 16

13　4 1 16 5 11 10 17 3 6 3 1 15 2 19 9 9 4 3 8 1 12 5 5 13 11 2 2 5 9 19 4 2 16 10 9 5 9 8 16 1 5
15 4 5 11 7 8 10 11 2 16 4 8 10 3 18 4 10 9 7 2 7 11 6 11 4 1 8 7 14 9 12 4 7 4 7 13 10 19 6 18 4 8
2 3 12 7 15 2 7 9 1 7

智慧製造系統與智慧工廠

作　　者：王進峰

發 行 人：黃振庭

出 版 者：崧燁文化事業有限公司

發 行 者：崧燁文化事業有限公司

E-mail：sonbookservice@gmail.com

粉 絲 頁：https://www.facebook.com/
　　　　　sonbookss/

網　　址：https://sonbook.net/

地　　址：台北市中正區重慶南路一段六十一號八
　　　　　樓 815 室

Rm. 815, 8F., No.61, Sec. 1, Chongqing S. Rd.,
Zhongzheng Dist., Taipei City 100, Taiwan

電　　話：(02) 2370-3310

傳　　真：(02) 2388-1990

印　　刷：京峯彩色印刷有限公司（京峰數位）

律師顧問：廣華律師事務所 張珮琦律師

國家圖書館出版品預行編目資料

智慧製造系統與智慧工廠 / 王進峰
著 . -- 第一版 . -- 臺北市：崧燁文
化事業有限公司 , 2022.03
　　面；　公分
POD 版
ISBN 978-626-332-194-6
487

電子書購買

臉書

定　　價：620 元

發行日期：2022 年 03 月第一版

◎本書以 POD 印製